中文版

AutoCAD 2013
室内装潢设计
从入门到精通

麓山文化 编著

机械工业出版社

全书共分为 5 篇，第 1 篇为室内装潢原理篇（第 1～4 章），介绍了室内设计内容、装饰风格、人体工程学、工程预算、室内设计程序，家装功能区域设计、公共空间界面、色彩设计、陈列设计，以及室内装潢制图、规范、常用问题等内容；第 2 篇为 AutoCAD 软件基础篇（第 5～8 章），介绍了 AutoCAD 的基本操作、基本图形绘制、图形的快速编辑、室内装潢绘图模板的创建等内容；第 3 篇为家装设计实战篇（第 9～12 章），以现代风格小户型、中式风格三居室和欧式风格别墅三个典型案例，按照家庭装潢设计的流程，依次讲解了平面布置、地面、顶棚、空间立面、给排水、电气的设计和相应施工图的绘制方法；第 4 篇为公装设计实战篇（第 13～16 章），以专卖店、办公室、酒店大堂、酒吧 4 个案例，分别介绍了商业空间、办公空间、休闲娱乐空间的设计方法；第 5 篇为详图及施工图打印篇（第 17～18 章），介绍了室内设计施工详图的绘制及施工图打印输出的方法。

本书附赠 DVD 多媒体学习光盘，配备了全书主要实例近 560 分钟的高清语音视频教学，并赠送 7 小时 AutoCAD 基础功能视频讲解，详细讲解了 AutoCAD 各个命令和功能的含义与用法。还特别赠送了 2000 多个精美的室内设计常用 CAD 图块，包括沙发、桌椅、床、台灯、人物、挂画、坐便器、门窗、灶具、龙头、雕塑、电视、冰箱、空调、音箱、绿化配景等，即调即用，可极大提高室内设计工作效率，真正的物超所值。

本书知识丰富、内容全面，密切结合工程实际，具有很强的操作性和实用性，十分适合建筑设计，室内外装饰装潢设计、环境设计、房地产等相关专业设计师、工程技术人员和在校师生学习。

图书在版编目（CIP）数据

中文版 AutoCAD 2013 室内装潢设计从入门到精通/麓山文化编著.—2 版.—北京：机械工业出版社，2012.7
ISBN 978-7-111-39197-5

Ⅰ.①中…　Ⅱ.①麓…　Ⅲ.①室内装饰设计—计算机辅助设计—AutoCAD 软件
Ⅳ.①TU238-39

中国版本图书馆 CIP 数据核字（2012）第 168699 号

机械工业出版社（北京市百万庄大街 22 号　邮政编码 100037）
策划编辑：曲彩云　　责任编辑：曲彩云
责任印制：杨　曦
北京中兴印刷有限公司印刷
2012 年 8 月第 2 版第 1 次印刷
184mm×260mm · 25.25 印张·624 千字
0001—4000 册
标准书号：ISBN 978-7-111-39197-5
　　　　　ISBN 978-7-89433-558-6（光盘）
定价：59.00 元（含 1DVD）

凡购本书，如有缺页、倒页、脱页，由本社发行部调换
电话服务　　　　　　　　　　策划编辑：(010)88379782
社服务中心　:(010)88361066　网络服务
销售一部　　:(010)68326294　教材网:http://www.cmpedu.com
销售二部　　:(010)88379649　机工官网:http://www.cmpbook.com
读者购书热线:(010)88379203　机工官博:http://weibo.com/cmp1952
封面无防伪标均为盗版

前　言

随着国民经济的快速发展和我国城市化进程的加快，住房逐渐成为人们消费的热点，房地产业由此而获得了持续高速的发展。蓬勃发展的房地产业，极大地带动了装饰装修行业的发展。最新统计数据表明，近 3 年来，我国建筑装饰行业的总产值以年均 20％左右的速度递增，全国家装行业总产值每年递增 30％以上。

行业发展带来的是人才的巨大需求。室内装潢设计涉及很多方面的知识，既要求熟悉室内环境设计原理，又要求能够灵活地使用辅助设计软件绘制相应的施工图。本书针对目前室内设计现况，以多个实际工程案例，详细介绍了使用 AutoCAD 进行家装和公装设计的方法，包括从设计构思到施工图绘制的整个流程。

AutoCAD 是美国 Autodesk 公司开发的专门用于计算机绘图和设计工作的软件。自 20 世纪 80 年代 Autodesk 公司推出 AutoCAD R1.0 以来，由于其具有简便易学、精确高效等优点，一直深受广大工程设计人员的青睐。迄今为止，AutoCAD 历经了十余次的扩充与完善，如今它已经在航空航天、造船、建筑、机械、电子、化工、美工、轻纺等很多领域得到了广泛应用。

本书具有以下特色：

1．体系完整　内容全面	本书既阐述了室内装潢设计的原理，又有 AutoCAD 软件的基础教学，一本相当于多本。即使没有任何基础的初学者，也能轻松入门，全面提高
2．图文并茂　轻松掌握	全书采用图文对应的方式进行讲解，清晰易懂，让读者在学习过程中轻松掌握书中的知识，快速成长为室内装潢设计高手
3．案例实战　贴近实际	全书所有案例都是已经施工的实际工程案例，具有很强的实用性和实战性，读者可以举一反三，积累行业设计经验，灵活、快速应用到实际工作中
4．视频教学　快乐互动	本书配套光盘中包含书中实例的源文件和实例制作过程的高清语音视频教学，可以帮助读者形象直观地理解和学习书中的内容，并熟练掌握 AutoCAD2013 的使用方法

读者对象

- AutoCAD 初学与进阶人员；
- 正在学习使用 AutoCAD 进行建筑室内装潢设计的人员；
- 由其他软件或者旧版本用户过渡到 AutoCAD 新版软件的专业设计人员；
- 培训机构、大专院校、职业学校师生。

本书由麓山文化编著，参加编写的有陈运炳、申玉秀、陈志民、李红萍、李红艺、李红术、陈云香、陈文香、陈军云、彭斌全、林小群、刘清平、钟睦、江凡、张洁、刘里锋、朱海涛、廖博、喻文明、易盛、陈晶、张绍华、黄柯、何凯、黄华、陈文轶、杨少波、杨芳、刘有良等。

由于作者水平有限，书中错误、疏漏之处在所难免。在感谢您选择本书的同时，也希望您能够把对本书的意见和建议告诉我们。作者联系邮箱：lushanbook@gmail.com

编　者

目 录

第2篇 AutoCAD 软件基础篇

第3篇 家装设计实战篇

第 4 篇　公装设计实战篇

第 5 篇　详图及施工图打印篇

第 1 章
室内设计基础

本章导读

室内设计旨在为满足人们使用功能及视觉感受的要求,而对目前现有的建筑物内部空间进行的加工、改造的过程。

本章主要概述室内设计基础知识,包括室内设计的形式法则、设计风格及人体工程学在室内设计中的应用,装饰材料的分类与使用及工程预算知识等,目的是使读者对室内设计有初步的了解,为后面学习室内施工图的绘制奠定良好的基础。

本章重点

- ⚙ 室内设计概述
- ⚙ 室内设计内容
- ⚙ 室内设计形式法则
- ⚙ 室内设计风格概述
- ⚙ 室内设计与人体工程学
- ⚙ 室内设计装饰材料
- ⚙ 室内设计的工程预算

1.1 室内设计概述

对建筑内部空间所进行的设计称为室内设计。它是运用物质技术手段和美学原理,为满足人类生活、工作的物质和精神要求,根据空间的使用性质、所处环境的相应标准而营造出美观舒适、功能合理、符合人类生理与心理要求的内部空间环境,与此同时还应该反映相应的历史文脉、环境风格和气氛等文化内涵。

室内设计以人在室内的生理、心理和行为特点为前提,运用装饰、装修、家具、陈设、音响、照明、绿化等手段,并综合考虑室内各环境因素来组织空间,包括空间环境质量、艺术效果、材料结构和施工工艺等,结合人体工程学、视觉艺术心理、行为科学,从生态学的角度对室内空间作综合性的功能布置及艺术处理,以获得具有完善物质生活及精神生活的室内空间环境。

1.2 室内设计内容

室内设计是对建筑设计的继续、深化、发展以及修改和创新,应该综合考虑功能、形式、材料、设备、技术、造价等多种因素,包括视觉环境、心理环境、物理环境以及技术构造和文化内涵的营造。

1.2.1 室内空间设计

空间设计是进一步调整空间的尺度和比例,解决好空间的序列以及空间的衔接、过渡、对比、统一等关系,是对建筑物所提供的本身内部空间进行组织、调整、完善和再创造,是对建筑空间的细化设计。

今天的室内设计观念是三维、四维的室内环境设计,由于室内设计受建筑设计的制约较大,这就要求室内设计师在进行设计构思的时候,应充分体会建筑的个性,深入了解原建筑的设计意图,然后进行总体的功能分析,对人流动向及结构等因素进行分析了解,决定是延续原有设计的逻辑关系,还是对建筑的基本条件进行改变。如图 1-1 所示为一室内空间设计案例。

1.2.2 室内建筑、装饰构件设计

室内的实体构件主要是指天花、墙面、地面、门窗、隔断以及护栏、梁柱等。而室内设计的装饰构件的设计,就是在此基础上,根据形式与功能原则和原有建筑空间的结构构造方式对其进行具体深化的设计,设计的要求是满足私密性、风格、审美、文脉等生理和心理方面的需求。

这些实体的形式,包括界面的形状、尺度、色彩、材质、虚实、机理等因素,可从空间的宏观角度来确定。除此之外,室内建筑、装饰构件的设计还包括与水、暖、电等设备管线的交接和协调以及各种构件的技术构造等问题,如图 1-2 所示。

图 1-1 室内空间设计

图 1-2 室内装饰构件设计

1.2.3　室内家具与陈设设计

实际上，大多数情况下室内设计师在室内设计中往往是以选择与摆放家具为主。室内的家具与陈设设计一般指在室内空间中，设计师对家具、艺术品、软装、绿化等元素进行的规划和处理。以创造温馨和谐的室内环境，突出室内空间风格，调节室内环境色调，体现室内环境的地域特色，反映个体的审美取向，如图 1-3 所示。

当代室内陈设设计的原则是满足人们的心理需求，符合空间的色彩要求，符合陈设品的肌理要求以及触感要求。此外，布置灯具的同时还要考虑对光与色的要求。

1.2.4　室内物理环境设计

适当的温度、湿度、良好的通风、适当的光照以及声音环境等，都是衡量环境质量的重要内容，如图 1-4 所示。

室内环境应该从生理、心理上适应各种不同人群的需求，这就要求作为室内设计主导者的室内设计师对其应有一定程度的了解，虽然未必都称为每个领域的专家，但是也要懂得具体的运用，以便在工作中能配合专业人员开展工作。

总之，室内设计是物质与精神、科学与艺术、理性与感性并重的一门学科，旨在对人们的生活、工作和休息的空间进行改造，提高室内空间的生理和生活环境质量。

图 1-3　室内家具与陈设设计

图 1-4　室内物理环境设计

1.3　室内设计形式法则

"形式追随功能"这一著名论断由西方传入而来。该论断的提出者是 19 世纪美国雕塑家霍雷肖·格里诺，美国芝加哥学派的路易斯·沙利文首先将其引入到室内设计的领域中来，即建筑设计最重要的是完善的功能，然后再加上适当的形式，因此摆正了功能与形式的关系。

在室内环境设计中应该坚持"以人为本"的设计原则，充分体现对人的关怀，比如，空间的舒适性与安全性以及人情味，对老弱病残孕的关注等。这里所说的包括功能和使用要求、精神和审美要求都要符合经济原则，使各要素之间处于一种辨证统一的关系。

1.3.1 功能和使用的要求

室内环境设计应该结合人体工程学、建筑物理学、社会学、心理学等学科，满足人类对环境的舒适、健康、安全、卫生、方便等众多方面的不同需求，这当中包括空间的宜人尺度、采暖、照明、通风、室内色调的总体效果等方面的内容，都属于室内环境设计的使用层面。

室内设计就是基于功能原则，任何设计行为都要满足既定的功能，这也是判断设计结果成功与否的一个重要条件之一。

1.3.2 精神和审美的要求

室内设计师要运用审美心理学、环境心理学原理去影响人的情感，使其升华到预期的设计效果。通过空间中实体与虚体的形态、尺度、色彩、材质、虚实、光线等表意性因素来抚慰心灵，以有限的物质条件创造出无限的精神价值，提高空间的艺术质量，创造出恰当的风格、氛围和意境，是用于增强空间的表现力和感染力的审美层面内容。

室内设计的精神就是要影响人们的情感，乃至影响人们的意志和行动，于是就要研究人们的认识特征和规律，和研究人们的情感与任何环境的相互作用。室内环境设计如果能明确地表达出某种构思和意境，那它将会产生强烈的艺术感染力，更完善地发挥其在精神方面的作用。

1.3.3 满足现代技术的要求

根据预算的具体投资情况，购选恰当的材料，运用合适的技术手段，这属于室内环境设计的构造层面的内容。

现代室内环境设计置身于现代科学技术迅猛发展的洪流之中，要使室内设计更好的满足精神功能的要求，除了要求室内设计师对材料构造方面有一定的了解和涉猎之外，还要能最大限度地利用现代科学技术的发展成果。把艺术和技术融合在一起，二者取得协调统一，对室内环境的创新改造有很密切的关系。

1.3.4 满足地区特点与民族风格的要求

在北欧及非洲国家，地方主义设计风格利于体现其比较悠久的历史文化和民族传统。

与现代功能、工艺技术相结合，删除琐碎细节，进行简化或符号处理，立足本地区的地理环境、气候特点，追求有地域特征和文化特色的设计风格，可以突出形式特征和文脉感。

地方主义设计风格常常借助地方材料和吸收当地技术来达到设计目的，但是在设计中不单纯地反映为仿古和复旧，而是会借此来反映某地区的风格样式、民族风情以及艺术特色，对自身传统的内在特征进行强化处理和再创造。

如图 1-5 和图 1-6 所示即为体现了中西方不同地域特点的设计风格。

1.3.5 安全和方便的要求

人的需求层次论表示，人在满足较低层次的需求之后，就会表示出对更高层次需求的追求。

在室内环境设计中，安全和方便原则是功能原则、精神审美原则，技术性原则，地域性原则之后一个值得重视的原则。因此，室内各空间的组合，功能区域的划分，材料的选择，结构技术的运用，无一不与安全挂钩。

室内环境的设计，旨在最大限度地满足人们在区域内生活、工作、休息的舒适度。每个特定场合的设计，都要充分考虑该使用人群的生活习惯、工作特点。住宅设计中要兼顾各个不同年龄层次人群的需求，办公空间设计中要考虑工作的作业半径，以求人们能在最舒适的范围内进行作业，公共场合的设计要根据人流量的大小来设计人群来往的活动路线，以期达到无拥挤，有序的状态。

图 1-5 中式风格表现

图 1-6 欧式风格表现

1.4 室内设计风格概述

所有的室内装饰都有其特征，这个特征又有明显的规律性和时代性。把一个时代的室内装饰特点以及规律性的精华提炼出来，在室内的各面造型及家具造型的表现形式，称之为室内装饰风格。每一种风格的形式都与地理位置、民族特征、生活方式、文化潮流、风俗习惯、宗教信仰有密切关系，可称之为民族的文脉。装饰风格就是根据文脉结合时代的气息创造出各种室内环境和气氛。

1.4.1 新中式风格

新中式风格不是对传统元素的一味堆砌，而是在设计上继承了唐代、明清时期家具理念的精华，将其中的经典元素加以提炼和丰富，同时改变原有布局中等级、尊卑等封建思想，给传统家居文化注入新的气息，也为现代家居蒙上古典的韵味。新中式风格家具使用的材料以木质材料居多，颜色多以花梨木和紫檀色为主，讲究空间的借鉴和渗透。

新中式风格一改以往传统家具"好看不好用，舒心不舒身"的弊端，古物新用。比如，将拼花木窗用来做墙面装饰、条案改书桌、博古架改装饰架等，在新中式风格的使用中屡见不。

如图1-7所示，该居室的设计融合了现代与古典的设计元素，传统的太师椅进行了喷白处理，墙面青砖纹理的装饰，手绘墙的运用以及现代风格沙发的点缀，让人充分感受到传统家居与现代家居结合的魅力。

1.4.2 现代简约风格

欧洲现代主义建筑大师密斯的名言"简单就是美"被认为是代表着现代简约主义的核心思想。

简洁明快的简约主义，以简洁的表现形式来满足人们对空间环境的那种感性、本能的和理性的需求。将设计的元素、色彩、材料、照明简化到最少的程度，但是对色彩、材料的质感要求很高，这是简约主义的风格特色。因此，虽然简约的空间设计都非常含蓄，但是却往往能达到以简胜繁、以少胜多的效果，如图1-8所示。

简约主义是在20世纪80年代对复古风潮的叛逆和极简美学的基础上发展起来的，90年代初期开始融入室内设计领域。

简约主义设计风格，能让人们在越来越快的生活节奏中找到一种能够彻底放松，以简洁和纯净来调节转换精神的空间。

简约主义特别注重对材料的选择，所以，在选材方面的投入，往往不低于施工部分的支出。

图 1-7 新中式风格

图 1-8　现代简约风格

1.4.3　欧式古典风格

欧式古典风格中体现着一种向往传统、怀念古老珍品、珍爱有艺术价值的传统风格的情结，是人们在以现代的物质生活不断得到满足的同时所萌发出来的，如图 1-9 所示。

欧式古典风格作为欧洲文艺复兴时的产物，设计风格中继承了巴洛克风格中豪华、动感、多变的视觉效果，也汲取了洛可可风格中唯美、律动的处理元素，受到了社会上层人士的青睐。

相同格调的壁纸、帷幔、外罩、地毯、家具等装饰织物，陈列着富有欣赏价值的各式传统餐具、茶具的饰品柜，给古典风格的家居环境增添了端庄、优雅的贵族气氛，其中流露出来的尊贵、典雅的设计哲学，成为一些成功人士享受快乐的理念生活的一种真实写照。

1.4.4　美式乡村风格

美式乡村风格带着浓浓的乡村气息，摒弃了繁琐和奢华，以享受为最高原则，将不同风格中的优秀元素汇集融合，强调"回归自然"，在面料、沙发的材质上，强调它的舒适度，感觉起来宽松柔软，突出了生活的舒适和自由，如图 1-10 所示。

美式乡村风格起源于 18 世纪拓荒者居住的房子，具有刻苦创新的开垦精神，体现了一路拼搏之后的释然，激起人们对大自然的无限向往。

美式乡村风格色彩及造型较为含蓄保守，以舒适机能为导向，兼具古典的造型与现代的线条、人体工学与装饰艺术的家具风格，充分显现出自然质朴的特性。不论是感觉笨重的家具，还是带有岁月沧桑的配饰，都在告诉人们美式风格突出了生活的舒适与自由。

图 1-9　欧式古典风格

图 1-10　美式乡村风格

⚙ 1.4.5　地中海风格

对于久居都市的人们而言，地中海古老而遥远，宁静而深邃，给人以返璞归真的感受，体现了更高生活质量的要求，如图 1-11 所示。

　　地中海的色彩多为蓝、白色调的天然纯正色彩，如矿物质的色彩。材料的质地较粗，并且有明显、纯正的肌理纹路，木头多用原木。

1.4.6　新古典风格

　　欧洲丰富的文化艺术底蕴，开放创新的设计思想及其尊贵的姿容，一直以来颇受大众喜爱。"行散神聚"是新古典主义风格的主要特点。从简单到繁杂、从整体到局部，精雕细啄，镂花刻金，给人一丝不苟的印象，用现代的手法还原古典的气质，具备了古典与现代的双重审美效果。保留了材质、色彩的大致风格，仍然可以很强烈地感受到传统的历史痕迹和浑厚的文化底蕴。同时又摒弃了过于复杂的肌理和装饰，简化了线条。

　　新古典风格注重线条的搭配以及线条与线条的比例关系，白色、黄色、暗红、金色是欧式风格中常见的主色调，少量白色糅合，使色彩看起来明亮大方。常见的壁炉、水晶灯、罗马柱是新古典风格的点睛之笔，如图 1-12 所示。

图 1-11　地中海风格

图 1-12　新古典风格

1.4.7 东南亚风格

东南亚风格崇尚自然，原滋原味，注重手工工艺而拒绝同质精神，其风格家居设计实质上是对生活的设计，比较符合时下人们追求时尚环保、人性化及个性化的价值理念，于是迅速深入人心。

色彩主要采用冷暖色搭配，装饰注重阳光气息，如图1-13所示。

1.4.8 日式风格

日式风格有浓郁的日本特色，以淡雅、简洁为主要特点，采用清晰的线条，注重实际功能。居室有较强的几何感，布置优雅、清洁，半透明樟子纸、木格拉门和榻榻米木地板是其主要风格特征。

日式风格不推崇豪华奢侈、金碧辉煌，以淡雅节制、深邃禅意为境界的设计哲学，将大自然的材质大量运用于居室的装饰装修中，如图1-14所示。

图 1-13　东南亚风格

图 1-14　日式风格

1.5　室内设计与人体工程学

1.5.1　人体工程学概述

人体工程学是研究人—机（物）—环境相关的科学，除了建筑设计及室内设计之外，还被广泛用于军事、工业、农业、交通运输、企业管理等其他领域。

"国际人类功效学会"给人体工程学下的定义为：人体工程学是研究人在工作环境中的解剖学、生理学、心理学等诸方面的因素，研究人—机器—环境系统中的交互作用着的各组成部分（即健康、安全、舒适、效率等）在工作、生活、休憩的环境中，如何达到最优化的问题。

人体工程学的主要作用在于通过对心理、生理、力学以及解剖学等学科特性的正确认识，使室内各个环境因素符合、适应人类的工作及生活需要，从而提高安全性、舒适性和工作效率。

1.5.2　感觉、知觉与室内设计

由于外界环境的刺激信息作用于人的感官而引起的各种生理、心理反应称为人的感觉、知觉。感觉、知觉是人类认识周围环境的重要手段。

深入了解人类的感觉、知觉特征，不但有利于了解人的生理、心理现象，还能为室内环境设计确定适宜于人的标准提供参考，比如，适宜的光线、温度、噪声以及空气质量等，有助于根据人类的特点去建立环境与人的最

适应关系，改善生活质量，提高工作效率，对室内设计有着重要的指导意义。

1.5.3 行为心理与室内设计

环境心理学是心理学、行为学的分支学科，是研究人类行为与环境关系的一门学科，着重从心理学和行为学的角度探讨人与环境的最优关系。

空间设计应以人为本，只有在深入分析人、重视人的行为心理需求的基础上进行的空间设计，才能为人所接受和喜爱。

环境行为研究不仅涉及使用者的生理需要、活动模式需要，还包括使用者心理和社会文化的需要，是对传统设计三原则，即实用、经济、美观的深化和发展。

1.5.4 人体的基本尺度

人体尺度问题是人体工程学的最基本内容，在工业产品设计、建筑与室内设计、家具设计、军事工业及劳动保护领域被广泛运用，如图 1-15 所示。

室内设计师应用尺度的测量学结果，科学、合理地确定室内环境空间的各种尺度关系，对于提高环境质量、保证舒适、安全、高效等方面具有很大的指导意义。

室内空间设计应用的人体尺寸包括结构尺寸和动能尺寸。

结构尺寸即人体的静态尺寸，是指人在标准的固定状态下测得的尺寸数据。其静态姿态大致可归纳为立姿、坐姿、蹲姿、跪姿、卧姿等。

动能尺寸即人体的动态尺寸，是指人体在进行活动时测得的尺寸，是由关节的活动、转动产生角度的变化及与肢体配合产生的范围尺寸。动能尺寸的测量结果对于确定工作台及各种柜架、拉手、扶手的长度、宽度、高度、进深等各种尺寸具有极大的参考价值。

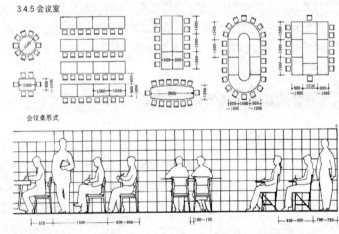

图 1-15 人体的基本尺度

1.5.5 特殊人群设计

在以数量众多的"正常人"的身体条件为设计依据和标准的同时，不应该忽略和忘记在人群中占有相当比例的特殊人群，其中包括老人、残疾人以及病弱者和儿童。

20 世纪初，在建筑学界产生了一种新的建筑设计方法——"无障碍设计"，旨在运用现代科学技术建设和改造环境，为广大的老弱病残孕提供行动方便和安全空间，创造一个"平等、和谐、参与"的环境。

无障碍设计要求在城市道路、公共建筑物和居住区的规划、设计、建设应方便老弱病残孕的通行和使用。如城市道路应满足坐轮椅者、扶拐杖者通行和方便眼疾者的通行，建筑物应考虑在空间出入口、底面、电梯、扶手、厕所、柜台等处设置残疾人可使用的相应设施和方便残疾人通行等。

图 1-16 所示为国际通行的无障碍标志，图 1-17 所示是专门为残障人士设计的无障碍卫生间。

图 1-16　无障碍标志

图 1-17　无障碍卫生间

1.6　室内设计装饰材料

1.6.1　装饰材料概述

材料是设计方案、构思等概念得以实现的物质基础和手段。作为室内设计师，不但应熟知材料的物理性能和外观特点，还必须了解材料的各种结构的可能性和加工特点，以及与之相适应的施工工艺和价格问题，善于运用现今最新的物质技术手段，使之符合经济、美观、耐用等原则，完美的呈现设计计划，推动设计向前发展。

装饰材料包括天花装饰材料、墙面装饰材料、地面装饰材料以及相应的室内配套设施（如家具陈设、卫生洁具、厨房设备、灯具及电器）等。装饰材料依附于建筑材料尤其是结构材料而存在，可以为空间增加图案、色彩、质地等的变化。

1.6.2　装饰材料的选材原则

1.　实用性原则

装饰材料应具有一定的强度和耐久性，且应根据室内的具体使用功能、环境条件和使用部位，符合防水、防滑、抗冲击、耐磨、抑制噪声、阻燃、隔热及透光、反光、耐酸碱腐蚀等具体要求，对建筑物应起一定的保护作用。

2.　美观性原则

材料的形状、色彩、质地、图案及轻重、冷暖、软硬等属性作用于人的视觉、触觉等感官，会引起人们不同的生理、心理反映，材料的选择应符合人类的心理和生理的要求。空间环境的氛围和情调的形成，很大程度取决于材料本身所具有的天然属性，还有对材料的人为加工以及不同施工工艺的不同方式所形成的外观形式特点。

3.　经济性原则

就我国目前的消费水平而言，美观、适用、耐久、价格适中的材料在今后很长一段时间内都会占据市场的主导地位。

4.　安全、节能与环保原则

含有较高放射性元素的石材、过于光滑的地材、易燃及容易发挥有毒气体（比如木材加工中的胶黏剂中含有的甲醛就是对环境的一种严重的危害）等的不合格和劣质材料都会对人体健康有害及具有潜在的危险，作为室内设计师应有责任避免使用这类材料，保护业主和使用者的切身利益。

同时还要考虑原材料的来源丰富，避免使用珍稀动植物，避免过度的能耗，以维持地球的生态平衡为己任。

1.6.3　装饰材料的分类

1．木材

木材资源丰富，容易获得，材质较轻，弹性和韧性较好，且易加工和涂饰。在现代各类装饰工程中，木材的使用极其广泛，用量极高。例如，墙面、地面、天花的龙骨、面层及绝大部分的家具、门窗、栏杆、扶手等处都离不开木材的使用。

室内装饰设计中天然木材制品包括地板、门窗、龙骨、木线条以及雕刻制品等。但是人造板材是目前室内装修以及家具制作中最常用的板材，其优点是幅面大，表面光洁平整，易加工，成本适中。

胶合板常用的有 3cm、5cm、9cm 等，既可作为基层板材来使用，也可用做装饰性好的优良木材，是室内装修和家具制作的常用饰面板材。

细木工板也称大芯板，握钉力好，强度、硬度俱佳，但是平整度稍差，与密度板和刨花板是目前室内装饰工程中使用较多的基层板材，如图 1-18 所示

2．石材

石材由于具有外观丰富、坚固耐用、防水防腐等诸多优点而被广泛应用。

大理石硬度不大，较花岗石要软，易进行锯解、雕琢、磨光等加工，纯大理石为白色。大理石多用于酒店、商场、机场等大型公共场所的地面、墙面及柱面等处的铺贴，但因其抗风性耐候性差，一般不会用于室外。如图 1-19 所示为各种材质的大理石。

聚酯型人造石材具有重量轻、强度较高、耐腐蚀、耐酸碱、花色繁多等众多优点，被广泛应用于酒店、办公、居室等室内空间的工作台面、窗台等处，以及卫生洁具的制作。

图 1-18　大芯板（细木工板）

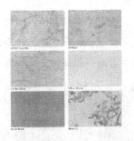

图 1-19　各种材质大理石

3．建筑陶瓷

陶瓷制品由于性能优良，坚固耐用，防水防腐且颜色多样，质感丰富，已成为现代建筑与室内装饰的重要材料。

玻化砖具有超强度、超耐磨等优点，是所有瓷砖中最硬的一种，多用于室内客厅、餐厅及玄关的装饰。

陶瓷锦砖又称马赛克，如图 1-20 所示。自重轻，花色质感多样丰富，利于镶拼成各种图案，甚至是具象的图形，对于圆弧、圆形表面可进行连续铺贴。使用于建筑物的外墙、地面等处的铺贴。

4．玻璃

现代建筑中，玻璃的使用满足了人类对光和透明以及扩大视野的要求，改善了建筑内部与外部的相互关系，如图 1-21 所示。

平板玻璃是现代建筑工程中使用较多的材料之一，也是玻璃深加工的基础材料，可控制光线和视野，能够在

采光的同时满足私密性的要求。

中空玻璃是使用两层或两层以上的玻璃制成的，具有保温、隔音等功能，且不易结露，减少建筑物能耗。

安全玻璃是在玻璃中加入钢丝、乙烯衬片，以提高其力学强度和抗冲击性，降低破碎的危险。常见的种类有钢化玻璃、夹丝玻璃以及夹层玻璃。

图 1-20　马赛克

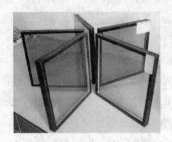

图 1-21　玻璃

5．织物

织物材料可分为天然纤维和化学纤维两大类。织物能通过自身材料的质感、纹路、色彩和图案等特征以及通过打摺、折叠、拉伸等方式形成松软、自然的独特外观，给我们带来轻柔、亲切感，柔化室内空间，且具有抑制噪声以及保暖等作用，如图 1-22 所示。

室内空间中的织物主要用于室内墙面、地面、天花及窗帘、床上用品以及家具蒙面等处，可以相当容易地填补、分隔空间，改变空间层次，烘托、渲染环境的气氛。

6．建筑涂料

建筑涂料是具有装饰性和保护性或其他特殊功能（如吸音）的物质。其施工工艺简便，适用于各种材料的表面，可任意调成所需颜色，工效高，经济性好，维修方便，因而应用极其广泛，如图 1-23 所示。

涂料的种类主要有有机涂料、无机涂料、溶剂型涂料和水性涂料等。

图 1-22　窗帘织物

图 1-23　墙面乳胶漆

7．水泥和混凝土

水泥是砂浆和混凝土的主要组成材料，水泥和砂粒形成水泥砂浆，水泥砂浆不但用于结构的筑砌以及筑砌面层的装饰，还用于石材、陶瓷墙地砖的铺贴，如图 1-24 所示。

混凝土在土木工程中被大量使用，随着设计观念的改变，可显露模板的凹凸花纹，具有自然粗狂视觉效果的清水混凝土甚至被作为装饰加以裸露。

8. 常用的地面装饰材料

用于地面装饰的材料多种多样，有涂料类材料和铺贴类材料（主要指地砖、石材、地板等）。由于地毯具有良好的抑制噪声功能，还有温暖、弹性、防滑等优点，也被大量运用于室内地面的装饰中，如图 1-25 所示。

图 1-24　水泥

图 1-25　地毯

9. 常用的墙面装饰材料

用于墙面装饰的材料品种繁多，包括墙布、灰浆、涂料、陶瓷、木材、石材等。由于壁纸具有色彩质感多样、工效高、工期短等优点，不仅被广泛用于墙面装饰，也可用于顶棚饰面，是目前国内使用量较大的一种饰面材料，如图 1-26 所示。

10. 常用的天花装饰材料

建筑室内的吊顶分为直接式吊顶和悬吊式吊顶。

直接式吊顶可以使用涂料、壁纸、墙布等饰面材料在空间上部的结构底面直接进行装饰。悬吊式吊顶除了要使用上述的饰面材料之外，还需要有吊筋、龙骨及装饰面层等组成的复杂的吊顶系统，这些材料多为工厂预制，所以施工方便快捷，如图 1-27 所示。

图 1-26　壁纸的运用

图 1-27　悬吊式吊顶

1.7　室内设计的工程预算

工程定额预算是室内装修工程比较重要的一个组成部分，是工程后期结算定额的标准与根据。一个工程预算到底需要多少钱，在一个相对地区，存在着一个市场价格，俗称行价。市场价格受地域、竞争及物价的影响而呈现出不同的态势。相对的，在同一地区不同的设计单位所给予的价格受到工程质量、设计质量和广告开支的影响不同也相对不同。

工程定额预算的编制方法为：套用定额或单位估价表，计算直接费。将计算出来的工程量，按照定额项目计量编号所要求的单位，逐一与定额中的人工费、材料费和机械费等相乘，其总额即为该项目的直接费。依此逐个将各部分装修用料量乘以各自单价后累加，就得出了装修工程的总材料费用。

根据工程投资限额与建筑材料标准的不同,房屋装修预算费用差价极大,所以在装修时要从科学和艺术的角度精心分析,选用合适的材料,并使之合理搭配,做好事先的预算工作。

室内装饰工程预算清单如图 1-28 所示。

	XXXX装饰设计(概)算										
客户名称:			建筑面积:	工程(预)算清单	工程地点:				时间: 年 月 日		
序号	工程项目	单位	工程造价			其中					备注
			数量	单价	金额	主材	辅材	机械	人工	损耗	
一、客厅、餐厅及过道											
1-101	顶面乳胶漆	M²	31.4	21.5	675.1	8.0	1.5	1.0	11.0	0.0	刮腻子,立邦美得丽胶漆三遍
1-102	墙面乳胶漆	M²	52.4	21.5	1126.6	8.0	1.5	1.0	11.0	0.0	刮腻子,立邦美得丽乳胶漆滚一遍,批一遍,刷一遍
1-103	墙面抹灰	M²	31.4	23.7	744.2	10.80	4.60	0.15	8.00	0.15	水泥砂浆抹砖墙
1-104	墙面抹灰	M²	52.4	23.7	1241.9	10.80	4.60	0.15	8.00	0.15	水泥砂浆抹砖墙
1-105	门套	M	4.9	43.8	214.6	23.5	4.5	1.5	13.0	1.3	木工板立架,木工板贴墙,饰面板饰面,实木线条封边
1-106	60*11实木门套线	M	4.9	20.2	99.0	14.6	0.5	0.5	3.5	1.1	线条定元,按2米/支运算
1-107	装饰木材圆清漆	M²	4.9	45.3	222.0	20.30	4.20		19.80	1.00	生漆油漆,刮腻子,蜡色,三底二面
1-108	轻型清漆	M³	1	380.4	380.4	260.00	23.20	2.10	95.00		饰面板饰面,木工板立架,实木封边,百叶门
1-109	轻型清漆	M³	1.5	45.3	68.0	20.30	4.20		19.80	1.00	生漆油漆,刮腻子,蜡色,三底二面
小计					4771.6						
二、主卧、阳台1											
2-101	顶面乳胶漆	M²	14.6	21.5	313.9	8.0	1.5	1.0	11.0	0.0	刮腻子,立邦美得丽乳胶漆三遍
2-102	顶面抹灰	M²	14.6	23.7	346.0	10.80	4.60	0.15	8.00	0.15	水泥砂浆抹砖墙
2-103	墙面抹灰	M²	34.7	23.7	822.4	10.80	4.60	0.15	8.00	0.15	水泥砂浆抹砖墙
2-104	墙面乳胶漆	M²	34.7	21.5	746.1	8.0	1.5	1.0	11.0	0.0	刮腻子,立邦美得丽乳胶漆滚一遍,批一遍,刷一遍
2-105	阳台地面铺地砖	M²	7.8	39.2	305.8	20.20			17.00	2.00	主材价格按预价计价,损耗按实计算
2-106	房间门	樘	1.0	340.0	340.0	260.00			80.0		公司定购(包安装)款式造价格一样
2-107	门套	M	4.8	43.8	210.2	23.5	4.5	1.5	13.0	1.3	木工板立架,木工板贴墙,饰面板饰面,实木线条封边
2-108	60*11实木门套线	M	9.6	20.2	193.9	14.6	0.5	0.5	3.5	1.1	线条定元,按2米/支运算
2-109	装饰木材圆清漆	M²	4.6	45.3	208.4	20.30	4.20		19.80	1.00	生漆油漆,刮腻子,蜡色,三底二面
2-110	大衣柜	m²	5.80	330.4	1916.0	210.00	23.20	2.10	95.00	5%	木工板立架,抽屉墙板杉木板,实木封边,抽屉底板九厘板合门上吊质
小计					5402.7						

图 1-28 工程预算清单

第 2 章
居住空间设计基础

本章导读

　　室内设计工作的展开与完成,都有一定的过程。本章主要介绍室内设计的程序与表达、各功能空间的设计要点及主要事项,部分施工工艺,灯具及家具陈设的布置与选用,怎样最大限度的达到人居之间的统一和谐,本章最后还展示了一套欧式别墅的室内装潢图片,让读者更加直观地感受并了解室内设计。

本章重点

- ⚙ 部分施工工艺了解
- ⚙ 客厅的设计
- ⚙ 餐厅的设计
- ⚙ 卧室的设计
- ⚙ 书房的设计
- ⚙ 厨房的设计
- ⚙ 卫生间的设计
- ⚙ 室内居住空间装潢效果欣赏

2.1 室内设计的程序与表达

在设计工作中,按时间的先后依次安排设计步骤的方法称为设计程序。室内设计的步骤在大体上可以分为四个阶段,即方案调查阶段、方案设计阶段、方案实施阶段和方案评估阶段,不同阶段会有不同的侧重点,应有针对性地解决每个阶段所面临的问题。

2.1.1 室内装潢设计的工作流程

室内装潢设计工程的工作流程大概如下:

设计师接受设计装潢业务→到现场进行勘察测量→拍照→根据测量结果绘制原始结构图→在原始结构图上绘制初步设计方案→针对初步设计方案与客户进行设计沟通→修改方案→确定方案→绘制方案施工图、详图及所需的效果图→预算审核→制作报价单→报价、议价、签约→客户交付工程预付款→工程项目经理布置各部门工程任务→消防审核报审→按照工程进度表来进行材料采购→工程队按照各类工种的施工顺序依次进入施工现场→按合同及工程进度表来收取工程款→工程竣工、水电验收→工程总结算→工程的售后服务。

2.1.2 室内装修竣工验收

在总体工程完成后,业主要对装修工程的整体质量及效果进行最终的验收,以支付剩余工程款项。验收一般分效果验收、工艺验收、水电验收、功能验收。

1. 效果验收

业主可以根据装修前期所绘制的设计图样及所签订的合同作为根据,仔细观察室内整体装饰装修的情况,判断整体设计风格、色彩、灯光、功能及居室周边小环境的营造效果是否符合设计图样。

2. 工艺验收

工艺验收是比较重要的一个方面,验收的仔细与否,关系到后期的使用效果。如做清水漆,对饰面板表面钉眼、缝隙等需用颜色相同的腻子粉修补整齐、平滑,以及一些不同功能空间的划分和高度是否合理等工艺水平。

3. 水电验收

卫生间应进行 24 小时的闭水试验,无渗漏现象。给排水管的安装都符合上热下冷,左热右冷,横平竖直。应通过实际操作和运行来检查质量状况,要按照国家或行业颁布的相关检验规范验收其排管、布线是否符合标准,与此同时应该对相应的设备设施进行实际操作及开启。

4. 功能验收

对居室内的各个不同空能分区的划分及使用功能进行验收,如厨房的操作流线是否合理,个人空间私密性的设置,老人房、小孩房的设计是否符合特定人群的居住特点,是否存在安全隐患等。

2.1.3 室内设计的程序

如果没有图样的项目,就需要到现场进行勘察与测量。这将有助于室内设计师更直观地把握建筑空间的各种自然条件和制约条件,若是能够对现有空间进行拍照,可以避免日后对现场进行的再次核查。

设计人员应通过多种方式尽可能多地了解用户的想法和要求,并对其进行分析和评价,明确工程性质、规模、使用特点、投资标准以及设计时间等,以便开展设计工作。

收集、分析与项目相关的设计规范和标准，了解、熟悉有关的资料和信息，能使设计人员在有限的时间内能够尽可能多地熟悉和掌握有关信息，并能够获得灵感和启发。

1. 方案设计阶段

利用各种图示语言表达对各种功能、形式、经济等问题的解决方式，并通过各种符号、线条等来表示设计方案中的对象和情景表象。

设计者要与用户进行多次对话与讨论，不断地对方案进行修正和完善，直到最终定稿。

方案确定之后，就可以进入施工图的绘制阶段。室内设计师与承包者、施工人员及工程中涉及的其他专业人员进行交流与协作，是保证工作成功的重要手段。

2. 设计方案实施阶段

施工前，设计者向施工单位解释图样，进行图样的技术交底，并且要作为用户代表，经常性地赴现场审查与技术和设计相关的细节，及时解决现场与设计发生的矛盾，有时候还要根据现场的情况修改补充图样，监督方案实施状况，保证施工质量。施工结束后还应协助进行水电验收等程序。

3. 方案评估阶段

该阶段指工程在交付使用后用户对其的评估，其目的在于了解是否达到了预期的设计意图，以及用户对该工程的满意程度。这一过程不仅有利于用户利益和工程质量，同时也有利于设计师本身为未来的设计和施工增加、积累经验及改进工作方法。

2.1.4　室内设计的表达

室内设计的思维建立在图形思维基础之上，设计的传递在很大程度上依赖于不同的表达方式，通过图形、模型等视觉手段来比拟实际建成的效果，比其他形式更加直观、可信。

1. 草图

草图可以使设计师脑海中朦胧的方案构思准确地得以捕捉，可将抽象思维有效地转换成可视的形象，以记录这些暂不决定的所有选择。其绘制技巧在于快速、随意、高度抽象地表达设计概念，无需涉及过多的细节，如图2-1 所示。

2. CAD 制图

由于计算机的普及，计算机绘图软件也逐渐代替了以往沿用的借助绘图工具进行手绘的方法。

CAD 制图软件按一定的比例将实际建筑缩小，结合各种代表墙体、门窗、家具、设备及材料的通用线条和符号、图例，简洁、精确地对建筑空间加以表达，如图2-2 所示，且图样方便储存、复制与修改。

CAD 制图包括平面布置图、天花布置图、顶面布置图、立面布置图、剖面图与局部大样详图。

3. 模型的表达

如图 2-3 所示，室内模型通常不做顶棚，为的是

图 2-1　草图表达

方便观看，某些大型的工程会制作尺度大的模型，它们具有更大的直观性效果，方便从多种角度进行观测和研究。

其缺点是制作费时且价格昂贵。

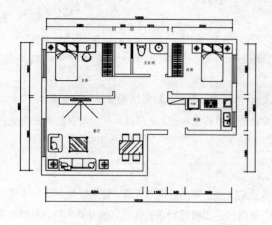

图 2-2 CAD 图形表达

图 2-3 模型表达

2.1.5 室内施工流程

室内装饰装修的施工流程可分为：

地面工程施工工艺流程→木工工程施工工艺流程→墙面装饰施工工艺流程→油漆涂料施工工艺流程→吊顶工程装饰工艺流程→电路灯具施工工艺流程→卫浴洁具安装工艺流程→管路改造工程工艺流程→厨房设备施工工艺流程→铝合金门窗的工艺流程→清洁施工现场流程→家具摆设流程→业主验收流程→办理移交手续流程。

2.1.6 部分施工工艺了解

1. 木地板装饰基本工艺流程

实铺地板要先安装地龙骨，然后再进行木地板的铺装。

龙骨的安装方法：应先在地面做预埋件，以固定木龙骨，预埋件为螺栓及铅丝，预埋件间距为 800mm，从地面钻孔下入。

木地板的安装方法：实铺实木地板应有基面板，基面板使用大芯板。

地板铺装完成后，先用刨子将表面刨平刨光，将地板表面清扫干净后涂刷地板漆，进行抛光上蜡处理。

2. 墙面砖铺贴基本工艺流程

基层处理时，应全部清理墙面上的各类污物，并提前一天浇水湿润。混凝土墙面应凿除凸起部分，将基层凿毛，清净浮灰。或用 107 胶的水泥砂浆拉毛。抹底子灰后，底层 6~7 成干时，进行排砖弹线。

正式粘贴前必须粘贴标准点，用以控制粘贴表面的平整度，操作时应随时用靠尺检查平整度，不平、不直的，要取下重粘。

瓷砖粘贴前必须在清水中浸泡两小时以上，以砖体不冒泡为准，取出晾干待用。铺粘时遇到管线、灯具开关、卫生间设备的支承件等，必须用整砖套割吻合。镶贴完，用棉丝将表面擦净，然后用白水泥浆擦缝。

3. 吊顶施工基本工艺流程

首先应在墙面弹出标高线，在墙的两端固定压线条，用水泥钉与墙面固定牢固。依据设计标高，沿墙面四周弹线，作为顶棚安装的标准线，其水平允许偏差±5mm。

遇藻井吊顶时，应从下固定压条，阴阳角用压条连接。注意预留出照明线的出口。吊顶面积大时，应在中间铺设龙骨。

吊点间距应当复验，一般不上人吊顶为 1200~1500mm，上人吊顶为 900~1200mm。

面板安装前应对安装完的龙骨和面板板材进行检查，符合要求后再进行安装。

2.2 室内各功能区域的装潢设计

2.2.1 客厅的设计

客厅是居家设计的重点。作为家庭的活动中心，客厅也是家庭居住环境中最大的生活空间。它的主要功能是家庭会客、看电视、听音乐、家庭成员聚谈等。由于客厅具有多功能的使用性、面积大、活动多、人流导向相互交替等特点，因此在设计时应充分考虑环境空间弹性利用，突出重点装修部位。在家具配置设计时应合理安排，充分考虑人流线路以及各功能区域的划分。然后再考虑灯光色彩的搭配以及其他各项客厅的辅助功能设计。

1. 客厅的分区

客厅一般可划分为玄关区、会客区、用餐区、学习区等。在满足客厅多功能需要的同时，应注意整个客厅的协调统一，局部美化装饰应注意服从整体的视觉美感。

2. 客厅的色彩设计

客厅的色彩设计应有一个基调，一般的客厅色调都采用较淡雅或偏冷些的色调。采用什么色彩作为基调，应体现主人的爱好。色调主要是通过地面、墙面、顶面来体现的，如图 2-4 所示。而装饰品、家具等只起调剂、补充的作用。向南的客厅有充足的日照，可采用偏冷的色调，朝北客厅可以用偏暖的色调。

3. 客厅的照明设计

客厅要依照空间的属性不同配置不同的灯，这样，平凡的空间便会因灯光的设置而与众不同。为客厅设计不同用途的多种照明方案，使室内光线层次感增强，让空间气氛变得温馨。因此在各个照明器具或不同组合的线路上要设置开关或调光器，采用落地灯、台灯和摇头聚光灯等可动式灯具来局部照明，与起居室使用形式相应，使之移动，能显示出变换气氛的设计，如图 2-5 所示。

图 2-4 客厅的色彩设计

图 2-5 客厅的照明设计

客厅的灯光具有实用性和装饰性。根据客厅的各种用途，需要安装以下几种灯光：

➢ 照明灯：给某项具体的任务提供照明，比如阅读报纸、看电视、玩电脑等。目前室内照明基本上是用钨丝灯，不过还是有一些其他的选择。

➢ 背景灯：为整个房间提供一定亮度，烘托气氛。

➢ 展示灯：为房间里的某个特殊部位提供照明，如一幅画、一件雕塑或者一组饰品。

➢ 钨丝灯：使用最广泛，但是使用寿命相对较短而且功耗大。要根据墙壁和天花板来选择照明，比如，深色的墙面会吸收光线，就需要较强的灯光。在选购灯具时，应该注意灯罩与灯光是否相配，一味注意外形，只会适得其反。

4. 客厅的家具与饰物

客厅的摆设必须动线流畅。现代家庭厅内沙发须面向大门及电视，背门则忌。客厅宜添置适当饰物以求生趣盎然。布置最好和主人身份相配。例如，文人可摆字画以显示高雅气质，从政者放置幸运竹象征高风亮节，生意人用金元宝招财树以求财源滚滚等。

5. 客厅设计的注意事项

在客厅的设计中有一些要注意的事项如下：

➢ 墙壁与天花板的色调宜用淡雅系列。尽量避免复杂而眩目的色彩。

➢ 盆栽水景等物不可太多，否则阴湿太重，会造成反效果。

➢ 酒柜或柜子要紧贴墙壁，才不会阻碍动线，也使房间感到宽敞舒适，原木系列为首要选择。

➢ 门口旁边的鞋柜不可太高，通常高度为成人的臀部以下。

➢ 恶形怪状的木偶或艺术品不要放置。

总而言之，客厅设计要做到舒适方便、热情亲切、丰富充实，使人有温馨祥和的感受。

2.2.2 餐厅的设计

餐厅的色彩一般都是随着客厅的，因为目前国内多数的建筑设计，餐厅和客厅都是相通的，这主要是从空间感的角度来考量的。对于餐厅的色彩和灯光的使用，宜采用暖色系，因为在色彩心理学上来讲，暖色有利于促进食欲。

餐厅是家庭成员进餐的场所，餐桌餐具的选择需要注意与空间大小的配合，小空间配大餐桌，或者大空间配小餐桌都是不合适的。所以，先测量好所喜好的餐桌尺寸后，拿到现场做一个全比例的比较，这样会比较合适，避免过大过小造成的不便。

餐厅的地面装饰多采用易于清洁、防滑的材料，墙面装饰以简单美观大方为主，可以使用镜子进行装饰，天花也要选择不易沾染油烟同时又方便清洁的材料。

餐桌与桌椅一般是配套的，但若分开选购，需要注意保持一定的人体工程学距离（椅面到桌面的距离以30cm左右为宜），过高或过低都会影响正常食用姿势，引起胃部不适。

餐厅设计如图2-6所示。

2.2.3 卧室的设计

卧室是人们经过一天紧张的工作后最好的休息和独处的空间，它应具有安静、温馨的特征，从选材、色彩、室内灯光布局到室内物件的摆设都要经过精心设计，如图2-7所示。

1. 卧室设计材料的选择

卧室应选择吸音性、隔音性好的装饰材料，如触感柔细美观的织物，具有保温、吸音功能的地毯。像大理石、花岗石、地砖等较为冷硬的材料都不太适合卧室使用。

　　窗帘可以选择半透明的窗纱或者是双重花边的窗帘，因其具有遮光性、防热性、保温性及隔音效果良好的特点。

　　由于一般在主卧室中都配备了主卫生间，所以在设计的时候要兼顾地毯以及木地板的怕潮湿的特性，可以在卧室与卫生间之间用大理石、地板砖设置门槛石，以防潮气，或者是将卧室的地面略抬高于卫生间，也是比较常用的处理方法之一。

图 2-6　餐厅的设计　　　　　　　　　　　　　图 2-7　卧室的设计

2．卧室的照明设计与色彩设计

　　卧室是休息的地方，让主人在这里消除一天工作的辛劳，除了提供易于安眠的柔和的光源之外，更重要的是要以灯光的布置来缓解白天紧张的生活压力。

　　卧室的照明应以柔和为主，灯光的种类可分为照亮整个室内的天花板灯、床灯以及低的夜灯，天花板灯应安装在光线不刺眼的位置；床灯可使室内的光线变得柔和，充满浪漫的气氛；夜灯投出的阴影可使室内看起来更宽敞。

　　卧室的色彩一般选择暖和的、平稳的中间色，如乳白色、粉红色、米黄色等。

3．卧室的布局设计

　　因为床铺的摆设直接影响到人的睡眠状况，所以一般情况下床铺都摆在靠墙角的地方，而床头都靠向墙壁的一侧。室内的家具陈设都应尽可能地简洁实用，家具与床铺至少要间隔 70cm，以方便走动。

　　一般情况下，卧室门不直对厨房门，是为防止其湿热气与卧房门相对流；不正对卫浴间门口，因为沐浴后的水气与厕所的氨气极易扩散至卧房中，且卧房中又多为吸湿气的布品，会令环境更为潮湿；不宜正对储藏室之门，储藏室多有霉气、易藏污纳垢。

　　床不可对镜，人在半清醒状态，容易被镜中影像吓到，精神不得安宁；电视机不宜正对床前，可改为侧或改置柜内作抽取式的电视柜；床不可背门，门外之人一览无遗床上的一切，毫无完全感，也影响休息。

　　卧室光线不宜太强，床不可临近强光。床是静息之所，强光易使人心境不宁。所以床避免置于窗下，否则可装上窗帘以降低光线。

2.2.4 书房的设计

1. 书房的设计要点

书房的照明是以功能性为主的,可以考虑使用色度较接近早晨柔和太阳光的、光源稳定且散热效率高的灯具,以减轻长时间阅读造成的眼睛疲劳。

书架隔板的跨度最好在 1m 以内,为的是防止置书后容易产生变形。

取最佳位置安排好工作区(电脑台、书桌)与存放区(资料柜、书架)。

为了营造一个安静的工作学习区,书房的位置最好远离客厅、门厅等处。

2. 书房设计的材料选择

因为人在嘈杂的环境中工作效率要比安静环境中低得多,所以在装修书房时要选用隔音、吸音效果好的装饰材料。天花一般采用吸音石膏板吊顶,墙壁则多采用 PVC 吸音板或软包布等装饰,地面可安置吸音效果佳的地毯,而窗帘则要选择较厚的材料,以阻挡窗外的噪声。

书房的天花板色调应选用典雅、明净、柔和的浅色,如淡蓝色、浅米色、浅绿色等,以营造一个放松、舒缓的工作、学习环境,提高工作与学习的效率。

3. 书房的照明设计

书房的照明设计务必要做到"明",如图 2-8 所示。因为作为主人读书和写字的场所,对于照明和采光的要求应该很高。

人眼在过于强或弱的光线中工作,都会对视力产生很大的影响。所以写字台最好放在阳光充足但不直射的窗边,这样在工作疲劳时还可凭窗远眺一下休息眼睛。书房内一定要设有台灯和书柜用射灯,方便主人阅读和查找书籍。但要注意,台灯光线要均匀地照射在读书和写字的地方,不宜离人太近,以免强光刺眼。

4. 书房的布局设计

书房空间较小,空间布局就显得尤为重要。书房内一般陈设有写字台、电脑桌、书柜、坐椅、沙发等,如图 2-9 所示;写字台、坐椅的形状要精心设计,做到坐姿合理舒适,操作方便自然。在色调方面应尽量使用冷色调,不过也要依据家居的设计风格及主人的爱好来确定,风格要典雅、古朴、清幽、庄重。

书橱里点缀些工艺品,墙上挂装饰画,以打破书房里略显单调的氛围。书房里的藏书应进行分类存放,便于查阅,使书房井然有序,充分利用空间。桌上的台灯应灵活、可调,以确保光线的角度、亮度,除此之外还可以适当地布置一些盆景、字画以体现书房的文化氛围。

图 2-8 书房照明设计　　　　　　　　　　图 2-9 书房布局设计

2.2.5　厨房的设计

1.　创造中心工作台

水槽、灶台和冰箱，三角工作区曾经被视为厨房设计的黄金法则，但是这个概念正在被打破。首先，烤箱、微波炉等厨房设备的增加，令我们根本无法遵循三角工作动线，而厨房的开放，更向三角形提出了挑战。如果可以的话，最好在厨房里设一个中心工作台，集合储物、备餐、烹饪区等于一体，家人和朋友也可以一起动手，共同分享其中的乐趣。边做饭边交流，自然而亲切。

2.　照明设计

吊柜下方、吊柜和地柜内部、天花、烹饪区都应该安装照明设备，天花照明容易在某一区域留下阴影，从而影响人做饭时的操作。如果是切菜区域，还存在极大的危险。吊柜下方的照明最好能调节角度，适合不同做饭人的身高和视线角度。柜子内部灯的开关应该和柜门开合相连，使用起来更方便 。

3.　为转角添加魅力

橱柜遇到转角位置，内部的空间很难再放东西。可以采取安装转盘或者可伸缩的拉篮，至此能将空间完全利用。而圆盘拉篮是最理想的解决方案，同时需要将橱柜也设计成圆弧形，既美观，又实用。

4.　配置早餐台

橱柜中的早餐台除去吃早餐之外，做饭间隙可以在这里休息，还可以作为备餐台在餐前或是餐后对食物进行补充或整理、采购回来在这里整理食物，早餐台让你在厨房里变得更从容，如图 2-10 所示。

5.　物品的收纳

对于厨房收拾不尽的物品，最好的方法就是进行分类收纳，如图 2-11 所示。先分好区域，再考虑抽屉或者柜子内部的分类，使用拉篮、分隔件，类别分得越细致查找时越容易。调料盒、盘子托等特殊的分隔件是一笔不小的花销，不过为了日后使用方便，还是不能吝惜。

图 2-10　配备早餐台

图 2-11　收纳设计

2.2.6　卫生间的设计

1.　卫生间的设计原则

卫生间的装饰设计要注意通风、防潮和采光，电线电器的选择和放置应该符合电器安全规程的规定。

地面装饰材料应该采用防水、防滑、耐磨的瓷砖或者是石材。

顶面装饰材料可以使用塑料板材、防水涂料做装饰，目前市面上较流行的集成吊顶使用也比较广泛，还可以根据设计风格和要求使用其他的材料进行装饰。

地坪应该向排水口倾斜，以便积水能够快速地通过排水口排出去。

2. 卫生间的空间尺度

理想的卫生间应该在 $5 \sim 8m^2$，最好卫浴分区或卫浴分开。3 m^2 是卫生间的面积底限，刚刚可以把洗手台、坐便器和沐浴设备统统安排在内。3 m^2 大小的卫生间选择洁具时，必须考虑留有一定的活动空间，洗手台，坐便器最好选择小巧的；淋浴要靠墙角设置，淋浴器可以采用一字形淋浴板或简易花洒。另外，可利用浴室镜达到扩大小空间的视觉效果，并且方便梳妆打扮。

门口的缝隙应由平时的下方通风改为上方通风，这样可以避免大量的冷气吹到身上。布局合理的卫生间应当有干燥区和非干燥区之分。非干燥区不利于储物，即使是干燥区，卫生纸、毛巾、浴巾等如果长期放置，也一定要用隔湿性好的塑料箱存放，避免受潮，要保证它们拿出来使用时没有一点水气。

卫生间的空间尺度设置如图 2-12 所示。

3. 卫生间的照明设计

明卫可以有自然光照射进来，而暗卫的所有光线都来自于灯光和瓷砖自身的反射。卫生间应选用柔和而不直射的灯光；如果是暗卫而空间又不够大时，瓷砖不要用黑色或深的，应选用白色或浅色调的，使卫生间看起来宽敞明亮，如图 2-13 所示。

4. 卫生间装修建议

卫生间的设计基本上以方便、安全、易于清洁及美观大方为主，由于卫生间水汽较重，所以内部的材料要以防水为主。

浴缸是卫生间的内角，其形状、大小、颜色在选择上都要注意，窗户的采光并不是很重要的，最重要的是通风透气。卫生间的照明，一般有柔和的亮度就足够了。卫生间内的湿度非常适合放置植物，在湿气的滋润下，植物能生长茂盛，为空间增添生气。

图 2-12 卫生间的空间尺度

图 2-13 卫生间的照明

2.3 室内居住空间装潢效果欣赏

一套欧式古典风格的室内设计图如图 2-14~图 2-21 所示，供读者参考学习。

图 2-14 电视背景墙的设计

图 2-15 沙发背景墙的设计

图 2-16 休闲区的设计

图 2-17 过道的设计

图 2-18 主卧室的设计

图 2-19 女儿房的设计

图 2-20 厨房的设计

图 2-21 卫生间的设计

第 **3** 章
公共建筑空间设计基础

本章导读

公装，指的是公共建筑空间的装修，例如包括办公室、医院、商场、KTV、餐厅等。本章首先对公装设计的一些基础知识进行讲解，包括公装设计基础、装修风格、人体工程学理论知识，这是成长为一个优秀设计师必须掌握的内容。

本章介绍了公装的设计程序及方法，界面的表示方法，及公共空间的色彩、陈列及绿化设计，读者可以配合文章的插图来进行了解。

本章重点

- ⚙ 空间设计方法
- ⚙ 界面设计方法
- ⚙ 商业购物、公共厅堂环境
- ⚙ 文教科研、办公、会议、图书馆环境
- ⚙ 各类餐厅、娱乐场所环境
- ⚙ 展示陈列、纪念性环境
- ⚙ 室内公共空间陈设设计及布置原则
- ⚙ 室内公共空间的绿化

3.1 公共空间设计基础

室内公共空间设计，是围绕建筑既定的空间形式，以"人"为中心，依据人的社会功能需求和审美需要，设立空间主题创意，运用现代手段进行再度创建，赋予空间个性、灵性，并通过视觉艺术传达方式表达出来的创作活动。

3.1.1 室内公共空间设计范围及分类

公共建筑空间室内设计是为了给人们提供进行各种社会活动所需要的、理想的活动空间，如娱乐、办公、购物、观赏、旅游、餐饮等室内活动空间。

按公共建筑空间功能和使用性质的不同，可以将公共空间设计分为以下几大类别，不同性质的公共建筑空间，其设计方法和思路也不同。

文教建筑：幼儿园、学校、图书馆；

医疗建筑：医院、诊所、疗养院；

商业建筑：商店、商场、超市、专卖店；

旅游建筑：宾馆、酒店、旅馆；

观演建筑：影剧院、大会堂、音乐厅；

办公建筑：办公楼、营业厅；

体育建筑：体育馆、游泳池；

展览建筑：展览馆、博物馆；

休闲建筑：网吧、咖啡厅、健身、美容、洗浴、游戏厅；

交通建筑：车站、港口、候机楼；

科研建筑：机房、实验室。

3.1.2 室内公共空间设计程序

要解决实际的室内设计问题，还必须了解室内设计的程序和方法，以下从4个阶段来分别进行说明。

1. 调研阶段

此阶段的主要任务是进行设计调查，全面搜查各种相关信息和资料，为更加科学、合理地进行方案设计做准备。根据建筑单位提供的设计要求，对设计对象进行现场勘察，了解自然、地理、建筑环境和个人空间的衔接关系、功能性质、空间形态等内容，以现场获取设计灵感。其中室内设计等级、适用对象、投资标准、设计规范、设计风格、期限要求、防火等级等各种要求，逐项记录备案，并落实整理调研以备商讨方案。

经过与建筑单位沟通取得共识后，接受任务委托书，签订合同，标明设计要求、设计进度、收费标准和方法等。

2. 设计准备

根据建筑单位的设计任务书和合同，进一步分析各个厅室的技术指标、投资标准、设施条件、家具配件等要求，依各个空间功能目标酝酿设计方案。

如会议室类型的室内设计根据空间比例、形态、室内空间主次顺序、家具覆盖率、界面装修手段、室内物理环境指标等构想在内的总体计划。

3.　设计阶段

在调研和设计准备阶段之后，即可确立空间主题思想和整体创意方案。这个阶段设计的问题错综复杂，设计师首先要熟悉掌握的设计资料，明确设计内容，了解建筑结构，提供空间预期效果方案和初步规划供审查。

根据审查和对空间的进一步理解，对室内空间作总体规划，按照功能和室内设计目标，做总体局部规划，确定室内动线，调整室内三维尺度比例关系，审视各部位的科学性。分别设定水平界面的天花板，地面等造型标高，设定垂直界面墙面和室内分隔物的位置等。按照空间总体构思，形成空间形体构成，然后再作家具、照明、景物、设施、设备、艺术品的布局，进一步按照它们的造型、实地、工艺、色彩和选用型号等具体安排，经建设单位确认后进行施工设计，按合同期限，提供完整的设计方案详细施工图。

4.　施工阶段

在所有的前期工作都准备完毕、图样确认无误后，就可以进入现场施工了。施工是实施设计的最终手段，施工质量的优劣又直接关系到设计的最终目标，不可忽视。

在整个过程中，施工人员应该严格按照前期的图样进行施工，遇到现场与图样有冲突的地方，需要立即与设计师进行确认，假如图样有误，需要按照实际情况进行变更，然后将变更后的图样通过相关部门进行审查、盖章，通过后方可重新交予工人照图施工。

设计师在施工中应随时检查图样的实施情况，沟通各个环节，工程施工完毕，配合质检、建筑单位按图样进行验收。

3.2　公共空间设计方法

空间设计是通过设计师创造出建筑内部理想的时空环境，这个环境具有两层意义：一是物质意义，二是精神意义，两者的关系是辨证统一的关系。

◎ 3.2.1　空间设计方法

对室内空间的多种处理手法，可以归纳成以下一些类型。

1.　结构空间

通过对结构外露部分的观赏，来领悟结构构思及营造技艺所形成的空间美的环境，可称为结构空间，建筑结构的现代感、科技感、真实感、力度感和安全感比起繁琐和虚假的装饰更具有震撼人心的美，如图 3-1 所示。

2.　封闭空间

封闭空间是一种相对独立的空间，是用限定性比较高的维护实体包围起来的，具有很强的领域感、安全感和私密性。随着维护实体限定性的降低，封闭性也会相应减弱，而与周围环境的渗透性相对增加，在不影响特定的封闭机能的原则下，为了缓和因封闭造成的单调、闭塞，往往采用灯光、窗户和镜面等扩大空间感和加强空间的层次，如图 3-2 所示。

3.　开敞空间

开敞空间是相对于封闭空间而言的一种空间形式。主要取决于是否有侧界面，侧界面的围合程度等因素。开敞空间一般用作室内外的过渡空间，具有一定的流动性和趣味性，体现了一种开放性的心理需求。它强调了空间与周围环境的交流渗透，如图 3-3 所示。

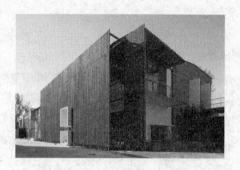

图 3-1 结构空间

图 3-2 封闭空间

4. 动态空间

动态空间引导人们从"动"的角度观察周围事物,把人们带到一个由空间和时间相结合的"第四空间",可利用对比强烈的图案和动态的线条,使空间分割灵活且序列多变,具有一定的引导性,或者包含一些动态的元素,例如:喷泉、瀑布、花草树木、变幻的灯光和禽鸟等,如图 3-4 所示。

图 3-3 开敞空间

图 3-4 动态空间

5. 静态空间

人们热衷于创造动态空间,但是仍不能排除对静态空间的需要,静态空间和动态空间正好相反。基于动静结合的生理和活动规律,静态空间依然具有重要的位置,静态空间一般来说限定性比较强,趋于封闭性,是空间序列的结果,具有私密性,如图 3-5 所示。

6. 悬浮空间

悬浮空间是在室内空间的垂直方向的划分,采用悬吊结构构成的空间形式,因为上层空间的底界面不是依靠墙和柱子支撑,而是依靠吊杆悬浮,因此在视觉空间上给人以通透完整的感觉,并且底层空间的利用也更为灵活和自由。

7. 流动空间

流动空间是把空间看作是一种生动的力量,在空间设计中,避免静止的结合,而追求连续的运动空间。空间在水平和垂直方向都采取了象征性的分隔。而且爆出最大限度的交融和连续。为了增强动感,往往借助流畅的极富动态的、有方向引导性的线型。在某些需要隔音和保持一定小气候的空间,经常采用透明度大的隔断,以保持与周围环境的通透,如图 3-6 所示。

图 3-5　静态空间　　　　　　　　　　　　　　　　　图 3-6　流动空间

8．模糊空间

模糊空间的范围没有十分完备的隔离形态，是一种超越功能和形式界限的中性空间。它是将同种类的功能融合在一个空间当中，避免用墙体进行硬性分割。在有限的空间当中创造出无限的实用功能。模糊空间可以借助各种隔断、家具、陈设、水体、照明、色彩、材质、结构构件及改变标高等因素形成，这些因素往往也会形成重点装饰，如图 3-7 所示。

9．共享空间

共享空间的产生是为了适应各种频繁的社会交往和丰富多彩的旅游生活需要，它往往处于大型公共活动中和交通枢纽。这类的空间保持区域界定的灵活性，含有多种更多样的空间要素和设施，使人们在精神上和物质上都有较大的挑选性，是综合性、多用途的灵活空间。共享空间经常引用大量的自然景物和观光电梯，使空间充满动感和生命力，如图 3-8 所示。

图 3-7　模糊空间　　　　　　　　　　　　　　　　　图 3-8　共享空间

10．母子空间

母子空间是对空间的二次限定，是在原空间中，用实体或象征性手法再限定出小空间的一种空间模式，如图 3-9 所示。这些小空间往往是因为有规律的排列而形成一种重复的韵律。它们具有一定的领域感和私密性，又与大空间有相应的沟通，是一种满足人们在大空间内各得其所、融洽相处的一种空间形式。

许多子空间往往因为有规律的排列而形成一种重复的韵律，它们既有一定的领域感和私密性，又与大空间有相当的沟通，很好的满足群体与个体在大空间中各得其所、融洽相处的一种空间类型。

由于人的意识与行为有时存在模棱两可的现象，"是"与"不是"的界限不完全是以"两极"的形式出现。于是，反映在空间中就出现一种超越绝对界限的，具有多种功能含意的，充满了复杂与矛盾的中性空间。

11．不定空间

对于不定空间，人们在注意选择的情况下，接受那些被自己当时心境和物质需要所认可的方面，使空间形式与人的意识流吻合起来，使空间的功能更为深化，从而更能充分地满足人们的需要。

12．凹入空间

凹入空间是在室内某墙面或局部凹入的空间。凹入空间受到的干扰非常少，其领域与私密性随凹入的深浅不同。可作为休息、交谈、进餐和睡眠等用途空间。凹入空间的顶棚要比大空间的顶棚低，避免破坏空间的私密性，是否设置凹入空间，要视母空间墙面结构及周围环境而定，不可勉强为之。

13．交错空间

现代的室内空间设计，已不满足于封闭规整的六面体和简单的层次划分。交错空间是通过多种功能空间之间的交错而形成的一种公共活动空间。它在水平方向上往往采用垂直维护面的交错配置，形成空间的穿插交错，在垂直方向则打破了上下对位，而创造上下交错覆盖，俯仰相望空间的特点。

14．下沉空间

室内地面局部下沉，可限定出一个范围比较明确的空间，这种空间模式称之为下沉式空间。这种空间的地面比周围的地面低，有较强的维护感。下沉的深度和阶数，要根据环境条件和使用要求而定。在高差边界可布置柜架、绿化、围栏或陈设物等。

15．外凸空间

如果凹入空间的垂直围护面是外墙，并且开较大的窗洞，便是外凸式空间了，这种空间是室内凸向室外的部分，与室外空间有着很好的融合，视野开阔。

16．迷幻空间

迷幻空间的特色是追求神秘、幽深、新奇、动荡、变幻莫测的戏剧般的空间效果，如图 3-10 所示。在空间造型上，有时设置不惜牺牲实用性，而利用扭曲、断裂、倒置、错位等手法，家具和陈设奇形怪状，以形式为主，不求使用。照明讲究五光十色，跳跃变幻的光影效果，在色彩上突出浓艳娇媚，线型讲究懂事，图案抽象。为了在有限的空间内创造无限的、古怪的空间感，经常运用不同角度的镜面玻璃的折射，使空间更加迷幻。

图 3-9　母子空间

图 3-10　迷幻空间

17.　地台空间

室内地面局部抬高,抬高面的边缘划分出的空间称为地台空间。由于地面高,为众目所向,其空间性格是外向的,具有收纳性和展示性。直接把台面当坐席、床位,或在台上陈物。台下贮藏并安置各种设备,这是设备与地面结合,充分利用空间,创造新颖空间的好办法。

3.2.2　界面设计方法

室内空间界面主要是指墙面、地面、天棚和各种隔断。它们有各自的功能和结构特点。在绝大多数空间里,这几种界面之间的边界是分明的,但是有时也由于某种特殊功能和艺术造型上的需要,边界并不分明,甚至混为一体、不同界面的艺术处理都是对形、色、光和质等造型因素的恰当运用。

1.　表现结构的面

这种因结构外露而形成的面,具有现代感,形成吸引视线的交点,如有些建筑的木结构屋顶或者采光顶棚,及一些管线等结构外露设施的排列,本身显示出一种结构材质的原始美和韵律美,体现出科技性,如图 3-11 所示。

2.　表现材质的面

由各种不同材质构成的面,体现出不同的设计风格。例如:混凝土或砖面的墙,给人一种不加修饰的工业气息,文化石和泥土墙面给人一种浓郁的乡土气息等,如图 3-12 所示。

图 3-11　表现结构的面　　　　　　　　　　图 3-12　表现材质的面

3.　表现几何形体的面

在空间中,运用简练而富有变化的几何形体,使之相互穿插,可以打破空间的单调感,构成装饰性很强的完美空间造型,如图 3-13 所示。

4.　表现光影的面

光影是通过光源与物体结合而成的一种界面形式。它既可以依附于界面也可以独立存在于空间当中。它既是点光源的并列和连接,也可以是线光源的延续,或者是界面自身通过内部技术手段发出光影,如图 3-14 所示。

图 3-13　表现几何立体的面 　　　　　　　　　　　图 3-14　表现光影的面

5．面与面的自然过渡

在装修过程中，通过使用同一材质，或进行圆角化处理，使天花与墙体、墙体与地面两个界面自然衔接，形成统一与延伸，如图 3-15 所示。

6．表现层次变化的面

墙面的层次变化，加强了空间的层次感，在视觉上给人以空间延展的感觉，改变人们的视觉方向，天花板的层次变化，可以起到限定空间的作用，通过棚顶的高低变化，增加了空间的领域性，如图 3-16 所示。

图 3-15　面与面的过渡 　　　　　　　　　　　图 3-16　表现层次变化的面

7．运用图案的面

在一些界面的处理上，可以运用一些图案来进行。例如，绚丽多彩的壁画，图案生动的壁毯，或者通过材料图案化来处理，来进行装饰、烘托室内气氛，如图 3-17 所示。

8．表现倾斜的面

这种界面打破了常见方形空间的呆板，使室内空间增加了动感。在处理上，可以运用凹入的墙体、弧形的空间、倾斜的吊顶、灵活的悬挂装饰物和刻意修饰的斜面隔断。这种空间模式不仅仅充分利用了空间，还丰富了空间，如图 3-18 所示。

图 3-17　运用图案的面

图 3-18　表示倾斜的面

9. 表现动态的面

动态的结构（瀑布、流水、旋转楼梯）、光影的处理（舞台灯光）及特殊材质（用热熔玻璃装饰的墙面）的运用，都可以形成动态的面，如图 3-19 所示。

10. 具有趣味性的面

这是在娱乐空间和幼儿园等空间内常用的界面处理方式。它利用一些卡通造型等趣味形象，使空间更富于活力、娱乐性墙，如图 3-20 所示。

图 3-19　表现动态的面

图 3-20　具有趣味性的面

11. 开有洞口的面

在界面上开一些洞口，使限定性的空间减少封闭感，加强了与外部空间的沟通，使之相融合。小面积的开洞还具有艺术装饰的效果，丰富的了空间的层次，展现了现代造型艺术。

12. 仿自然形态的面

借助自然形态的材质，接近自然状态。在装修中，各种石材、木材及纺织物都可以达到模仿自然的能力。作为调节身心的仿自然环境，是现代室内装饰的一个趋势，如图 3-21 所示。

13. 有主题性的面

运用图片或具象的图形衬托空间性质的一种界面处理方式。如绘有音乐、体育等相关图像的主题酒吧等，如图 3-22 所示。

图 3-21　仿自然的面　　　　　　　　　　　　　　图 3-22　有主题性的面

14．有悬挂物或覆盖物的面

在界面上覆以一定的悬挂或覆盖物，可以活跃室内气氛，覆盖物多变的造型也具有很好的装饰效果，如图 3-23 所示。

15．导向性的面

灯光的延续、空间层次的延伸，界面的材质颜色分布，都具有一定的导向作用，如图 3-24 所示。

图 3-23　有悬挂物的面　　　　　　　　　　　　　图 3-24　导向性的面

16．绿化植物的面

绿化植物是室内空间装饰手法中重要手段之一。它满足于人们回归自然的心理需求，在阳光充沛的空间内，绿色植物的出现别具一格并充满生机。通过攀岩、悬吊的绿色界面，意境清幽，令人赏心悦目，如图 3-25 所示。

17．运用虚幻手法的面

不同的装饰材料的镶嵌和穿插，如镜面与气体材料的运动，虚虚实实，给人以一种虚幻的迷离的空间效果，如图 3-26 所示。

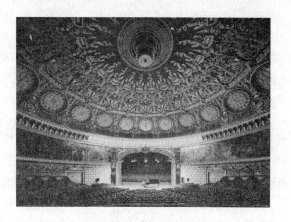

图 3-25　绿化植物的面　　　　　　　　　　　　图 3-26　运用虚幻手法的面

3.3　公共空间色彩设计

随着现代社会的发展,人们生活的公共空间的功能性分类也越加细致,人们对色彩的视觉生理反映和心理调节作用及色彩的情感传递因素要求也越来越高。由于空间的功能性不同,设计的要求也各不相同,因此,我们有必要从内在的功能性和实用性进行分类研究。

3.3.1　商业购物、公共厅堂环境

商业购物是消费环境,主要是人们购买物质生活用品之地,其使之是展示出售商品,商品也就成了客观的主要对象。因此,室内环境色彩的设计应以突出商品为目的。在对天顶、墙面、柱子、货柜架等色彩设计时,应该以简明淡雅的中性灰色为主,依次来衬托出色彩丰富、琳琅满目的商品。在视觉上强调其商品的形象和光艳的色泽。同时,在照明设计上,除强调光照度要满足人们的需要外,还应该强调光和色彩相互配合,合理利用和吸引人们的视觉和注意力,刺激人们的购买欲望。在暖黄色面衬托的空间里,玻璃展示柜、窗,玲珑剔透,精致的首饰品在聚光灯的直射下,闪亮璀璨,十分诱人,强烈地吸引着人们的注意力,如图 3-27 所示。当然,灯光的色彩设计,应以不影响和改变商品自身的色调为基本要求,多以无色灯光为主,如图 3-28 所示。

图 3-27　商业购物灯光色彩设计　　　　　　　　图 3-28　专卖店色彩设计

在大型商场的内部空间,由于建筑面积广,商品种类多等因素,可借助色彩的不同设计来划分类别不同的小空间(文具、服装、食品、电气和珠宝等),使之在大的统一的色彩空间中求局部的变换,通过色彩的差异性将

局部空间分类表示出来。

公共厅堂的内部空间（内厅、大厅、过厅和休息厅等）是公共服务性场所，由于往来的人各有不同而停留休息的时间较短，其空间的色彩设计应加强色调统一的效果，以轻松、明亮较活泼的中性色调为主，以适合大多数人的色彩品位需要。有时，也可以配合一些绿色植物、装饰壁画、雕塑等，以门厅里的色彩相互协调，达到视觉和心理的自然调节。

3.3.2 文教科研、办公、会议、图书馆环境

此类内部公共环境，多为限定性的静态空间环境。因其内部的功能需要，在色彩设计上，多以柔和、明亮、淡雅的中性色为主，天棚的色彩和照明应单纯明亮，避免闪光和强烈的色彩，墙面色彩多用纯度低、明度高的白色、浅灰色和含亮灰色的粉绿、粉黄、粉紫蓝等中间色调，而地面宜采用明度较低的暗色调。以此构成室内简洁、清爽明快而稳重的色调，营造出一个安宁、平静、轻松的色彩环境，使人们在这样的环境里工作、学习时注意力集中，思路更为敏捷，学习工作效率更高，如图 3-29 所示。

3.3.3 各类餐厅、娱乐场所环境

随之物质文明与精神文明的提高，各种中西餐厅、歌舞厅、迪斯科舞厅、卡拉 OK 厅等随处可见，已成为公共环境中比较典型的空间环境。

作为餐厅的室内装饰虽有不同的风格特点，但是其色彩作为一种特殊的表达方式，直接影响到人们从视觉到味觉的心理感觉。对于这种环境的色彩感觉和处理，应以纯度较低、明度较高、色彩对比适宜的红、橙、黄等暖色系为主，同时

图 3-29　图书馆示例

还应避免色彩过分花乱刺眼或灰暗沉闷，这样才能给人以温馨的甜味，引申人们的视野，如图 3-30 所示。在餐饮空间的灯光照明设计时，不宜采用有色光，以免破坏食物的"色"而影响到"味"。当然，有时为了营造独特的环境气氛，也可以采用特别的色调处理。如在西餐厅使用黄色调使人产生一种温馨浪漫的感受，在专营生猛海鲜的餐厅里，以蓝色为主调，营造出一个特殊的环境，使人如荡漾在蓝色的海洋里。

在设计娱乐性空间环境色彩时，最好是以强烈而富有对比色为主，色彩纯度宜高、明度偏暗，使之色彩具有刺激感。加之在各种有色灯光的闪耀照射下，增强室内空间色彩的桀纣感，构成了强烈的色彩和光声效应。

3.3.4 展示陈列、纪念性环境

这类空间环境，因其自身的功能需要，应为庄重、沉静的空间环境。所以，在考虑环境色彩时，不宜用对比强烈、花哨杂乱的色调，宜用沉稳、含蓄的色彩来突出强调要展示和表现的主题。由于被展示陈列的物品本身具有色彩，因此，其衬托背景及其空间环境的色彩可采用较为单纯的色彩，形成背景深、物体明，或背景浅、物体深的色调搭配关系，如图 3-31 所示。

在色彩选用时，应尽量准确的传达出色彩的象征意义和一些专用色彩、形象符号的含义，使色彩寓意具有一定的文化思想内涵。总之，公共空间环境的色彩设计，应强调色彩的统一效果，以人为设计主体，图书色彩的公共属性，相应的抑制个性色彩，排除色彩设计上的极端倾向，以达到室内色彩环境与人相融，协调一致。

图 3-30 餐厅示例

图 3-31 博物馆示例

3.4 公共空间陈列设计

在室内空间设计确定之后，其局部设计包含有家具与饰物品的陈列和摆设。作为设计师，对陈设的认识应该是全方位的、总体的艺术把握与经营，注重室内总体艺术氛围的创造，而不应该仅仅堪称是家具与摆设的陈设布置，要从陈设品中表达出一定的思想内涵和文化精神，并对空间形象的塑造、气氛的表达、渲染，起到烘托和画龙点睛的作用。

3.4.1 室内公共空间陈设设计及布置原则

公共空间的陈设设计和布置要遵循以下原则：

- 在充分了解空间性质和功能要求的条件下，才能进行符合空间要求的陈设设计与布置。
- 陈设布置要注意空间和尺度的关系。大空间的陈设尺寸要大一点，小空间的陈设要有一个适中的尺度，明显的陈设要轮廓感突出、色彩明朗。
- 公共空间的陈设布置要有一定的艺术性并创造符合设计意图的气氛，如宾馆陈设要配合点缀室内亲切、恬静的气氛，政治性的厅堂要考虑民族传统特色。
- 室内公共空间的总体色彩效果应以典雅、低纯度为主，局部可用高纯度色或对比色处理，陈设在室内环境中起到鲜艳丰富，对比突出的作用。

3.4.2 室内公共空间家具功能

家具设计要满足人们的要求，在室内公共空间中，对于家具功能，有以下几种分类：

1. 使用性功能

为人们的生活服务。家具的主要功能就是辅助人们的生活、学习、起居和工作，为人们的生活提供便利的条件。

分割组织空间、调整空间构图。为了提高空间的利用率，增强室内空间的灵活性，可以利用家具来进行空间的分割、组合，以起到调整空间的作用，如图 3-32 所示。

2. 精神性功能

陶冶审美情趣。家具的选择也反映了人们的审美情趣，人们生活空间里家具是不可或缺的一部分，因此人们也不可避免要接受家具艺术的熏陶和影响。

反映文化传统。家具的布置也反映了地区和民族特性。随之现代建筑空间处理的日益明快，在室内环境中配置具有民族特色的家具，能反映民族文化传统，如图 3-33 所示。

形成特定气氛。公共空间的艺术气氛是通过各个因素组成的结构，其中家具的配置也是十分重要的环节。同一空间内，家具不同，其空间气氛是不同的。

图 3-32　家具的使用性功能

图 3-33　家具的精神性功能

3.4.3　室内公共空间的绿化

公共空间的绿化主要作用有以下 4 点：

1. 美化环境

绿化对环境的美化作用主要有两个方面：一绿化植物本身的美—色彩、形态和气味等，二是植物通过不同的组合与室内环境有机地配置所产生的环境效果。从形态、质感、色彩和空间产生对比更加美化了环境。在室内环境色彩中，人工痕迹较强，而植物色彩以绿色为主调，加上各种色彩花卉，为室内增添了不少情趣，如图 3-34 所示。

❑　**内外空间的过渡与延伸**

将绿化引进室内，使室内空间具有自然界外部空间的因素，有利于内外空间的过渡，同时还能借助绿化，使室内景色互渗互借，扩大室内空间感。

❑　**空间的限定与分割**

限定空间主要是通过绿化布置对室内空间进行再组织，使各部分既保持各自的功能特点，又不失整个空间的整体性，也可通过绿化将两个不同功能的空间互相沟通、互相渗透。及利用绿化控制大空间的尺度感。

❑　**空间的填充与利用**

室内的墙角等难以利用的空间，可以布置绿化，使这些空间成为室内空间的有机组成部分。用绿化装饰剩余空间，可使空间景象一新，如图 3-35 所示。

2. 净化环境

绿化能通过自身的生态特点起到改善室内气候条件、净化环境的作用。通过室内的绿化来调整室内温度、湿度、既经济又实惠。另外，花草树木有良好的吸音作用，同时，植物能吸收二氧化碳，放出氧气，从而净化室内空气，有效地吸收辐射热，起到调节温度的良好效果。

图 3-34　室内绿化与空间　　　　　　　　　　图 3-35　空间的填充与利用

3.4.4　室内公共空间饰物

饰物是人们在室内活动中的道具和精神食粮，是公共空间设计的主要内容之一，饰物陈设必须在满足生活、动作、学习、休息等要求的同时，符合形式美原则，形成一定的气氛和意境，给人以美的感受，要从选择陈设内容上，确定陈设布局，形成陈设风格等，这些都需要充分考虑室内公共空间的性质和用途。

公共空间饰物可以分为使用饰物和欣赏性饰物两类。

实用饰物。这种饰物既有实用加之又有装饰性，包括瓷器、漆器、陶器、陶瓷制品、塑料制品、竹编、草编制品等。

欣赏饰物。欣赏饰物主要其装饰作用，如木雕、牙雕、石雕、贝雕、金属雕、玉雕、泥塑、书、画、金石、古玩、砖、瓦、武器等，室内装饰欣赏饰物中有很多品种是反映某地区特点和民族文化传统，具有浓郁的乡土气息，如泥塑、剪纸、刺绣、蜡染等，如图 3-36 所示。在室内陈设中，书画往往不是不可缺少的内容，有时还布置一些装饰性较强的盆景。

图 3-36　公共空间饰物

3.5 公共空间室内设计欣赏

图 3-37～图 3-39 所示是某专卖店装饰设计案例,供读者参考学习。

图 3-37 橱窗设计

图 3-38 前台

图 3-39 洽谈区

第 4 章
室内设计制图的基本知识

本章导读

在室内设计中，图样是表达设计师设计理念的重要工具，也是室内装饰施工的必备依据，在图样的制作过程中，应该遵循统一的制图规范。本章着重介绍室内设计制图的基本知识及注意事项，使初学者对室内设计制图有一个比较全面的认识及了解，为后面的深入学习打下基础。

本章重点

- ⚙ 图纸幅面
- ⚙ 常用的绘图比例
- ⚙ 尺寸的规范标注
- ⚙ 文字说明
- ⚙ 地面面积及墙地砖的计算
- ⚙ 墙面面积及墙纸用量的计算

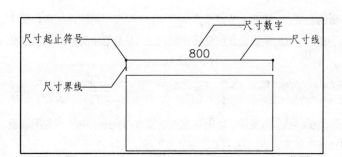
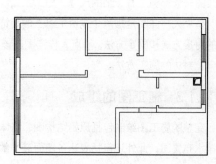

4.1 室内设计制图内容

4.1.1 施工图与效果图

机械工程学科给施工图下的定义为，表示施工对象的全部尺寸、用料、结构、构造以及施工要求，用于指导施工用的图样。

室内设计施工图是在丈量原建筑空间尺寸的基础上，按照特定的设计原则，在图样上表示对房屋所进行的改良装修设计。施工图必须详细完整地表达所要进行的技术改造、材料的构成、施工工艺等，是设计师、材料商与业主进行沟通的主要依据，也是具体指导每个工种、工序进行具体施工的关键，如图4-1所示。

设计师为表达设计意图及设计构思，通常会绘制效果图，对自己本身的设计构思进行形象化再现。目前比较普及的绘制方法是使用电脑软件3ds max进行绘制，兼以手绘效果图进行补充说明，如图4-2所示。

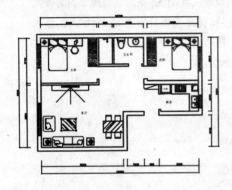

图4-1 施工图

图4-2 效果图

4.1.2 施工图的分类

按照施工对象与施工工艺的不同，对施工图的绘制并不是一成不变的。一般说来，施工图可以分为平面图、立面图、剖面图、节点大样详图等。

在对原始房屋进行丈量尺寸之后，首先开始绘制平面图。在平面图上要清晰地表示房屋的原始框架及对其进行的改造、各功能分区的布置、地面及顶面布置、给排水及开关等的布置。

在立面图上要能清晰地表示房屋的标高，墙面顶面装饰所使用的各种材料，施工工艺，门窗的位置和尺寸等，直观详细的表示有利于施工人员进行准确的施工，对施工质量起到了一定的保证作用。

剖面图是将装饰面剖切，用来表达结构构成的主要方式，材料的使用方法以及主要支撑构件的相互关系等。剖面图一般都标注有详细的尺寸、施工工艺以及施工要求等。

节点大样详图是指两个或两个以上的装饰面的汇交点，按照水平或垂直的方向切开之后，用来标注装饰面之间的对接方式和固定方法。节点大样详图应该详细的表达出装饰面之间连接处的构造，并且标注有详细的尺寸和收口、封边的施工方法。

4.1.3 施工图的组成

完整的施工图绘制包括原始结构图、墙体改动图、平面布置图、地面布置图、顶面布置图、电气布置图以及给排水布置图，此外还包括表达各墙面装饰的立面布置图，表达施工工艺的节点图等。

1．原始结构图

原始结构图是在对房屋进行实地丈量之后，由室内设计师将丈量结果在图样上绘制出来的。在图样上必须将原始房屋的框架结构、各空间之间的关系以及尺寸，门洞窗洞的具体位置及尺寸等表达清楚。平面布置图、地面布置图等都是在此基础上进行绘制，如图 4-3 所示。

2．墙体改动图

对需要进行拆建的墙体在图样上清楚地表达出来，方便施工，如图 4-4 所示。

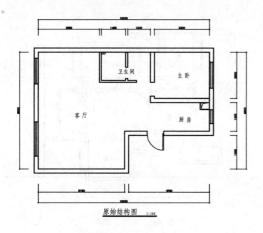

图 4-3　原始结构图

图 4-4　墙体改动图

3．平面布置图

平面布置图是在原始结构图的基础上，室内设计师为了表达自己的设计意图及设计构思，将各个功能区进行划分及室内设施定位而绘制的一种图样，并且根据业主的需求进行一定的改动与调整，如图 4-5 所示。

4．地面布置图

地面布置图用来表示地面的铺贴方式，包括使用的材料、尺寸、施工工艺以及铺贴花样等形式，如图 4-6 所示。

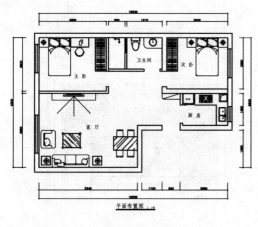

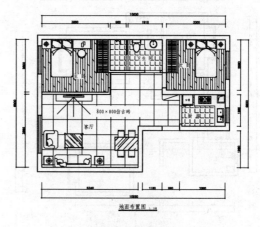

图 4-5　平面布置图

图 4-6　地面布置图

5. 顶面布置图

主要用来表示顶面的造型和灯具的布置，以及室内空间组合的标高关系和安装尺寸等。图样上所要表示的内容包括使用的装饰材料、施工工艺、各种造型以及灯具的安装尺寸等，并用标注文字以及标高加以表示说明，如图4-7所示。有时根据需要绘制某处的剖面详图来更详细地表达构造和做法。

6. 电气布置图

主要用来表示室内各区域的配电情况，包括照明、插座以及开关的铺设方式及安装说明等，如图4-8所示。

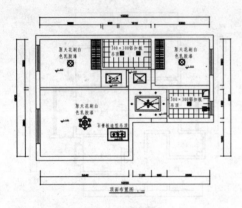

图 4-7 顶面布置图

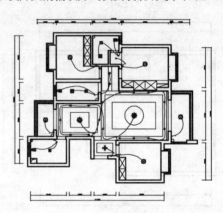

图 4-8 电气布置图

7. 给排水布置图

在家庭的装修中，管道有给水和排水两个部分，同时又包括热水系统和冷水系统。绘制给排水布置图，用以表示室内给水排水管道、开关等用水设施的布置和安装情况，如图4-9所示。

8. 立面图

立面图是一种与垂直界面平行的正投影图，它能够反映垂直界面的形状、装修做法和其上的陈设，如图4-10所示。

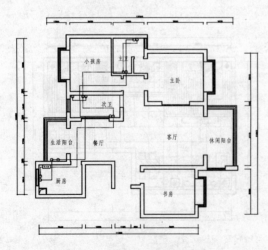

图 4-9 给排水图

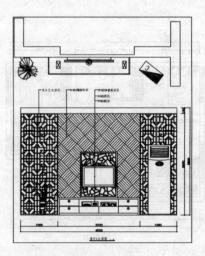

图 4-10 立面图

4.2　室内设计制图要求和规范

4.2.1　图样幅面

图样幅面即绘制图样所用图样的大小。根据国家标准的规定，按照图面的长和宽的大小来确定图幅大小的等级。在室内设计中，经常使用的图幅有 A0（也称 0 号图幅，依此类推）、A1、A2、A3 以及 A4，其中 A3 为最常用的图样幅面尺寸。

绘制图样时应该优先采用　　　　　　　　　　　　　　　　　　　表 4-1 中规定的基本图幅。表中 B、L 分别表示图样的短边和长边，A、C 分别代表图框线到图幅边缘之间的距离。

4.2.2　常用的绘图比例

比例是指图样中的图形与所要表示的实物之间相应要素的线性尺寸之比，比例应该以阿拉伯数字表示，一般写在图名的右侧，字高应比图名字高小一号或两号。

下面列出常用的绘图比例，读者可以根据自己的实际情况灵活使用。

平面图常用的比例：1:50、1:100、1:200 等。

立面图常用比例：1:20、1:30、1:50、1:100 等。

顶面布置图常用比例：1:50、1:100 等

构造详图常用比例：1:1、1:2、1:5、1:10、1:20 等。

表 4-1　图幅标准尺寸　　　　　　　　　　　　　　　（单位：mm）

尺寸代号	幅面代号				
	A0	A1	A2	A3	A4
B×L	541×1189	594×841	420×594	297×420	210×297
C	10			5	
A	25				

图样短边不得加长，长边可加长，加长尺寸应符合表 4-2 的规定。

表 4-2　图样长边加长尺寸　　　　　　　　　　　　　（单位：mm）

幅面尺寸	长边尺寸	长边加长后尺寸
A0	1189	1486、1635、1783、1932、2080、2230、2378
A1	841	1051、1261、1471、1682、1892、2102
A2	594	743、891、1041、1189、1338、1486、1635、1783、1932、2080
A3	420	630、841、1051、1261、1471、1682、1892

4.2.3　尺寸的规范标注

在图样中除了按比例正确地绘制出图形外，还必须标出完整的实际尺寸，施工时应该以图样上所标注的尺寸为准，不得从图形上量取尺寸作为施工的依据。

图上的尺寸单位一般都以毫米（mm）为单位。

图样上的一个完整的尺寸标注包括：尺寸线、尺寸界线、尺寸起止符号、尺寸数字 4 个部分，如图 4-11 所示。

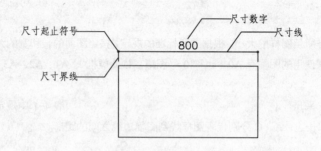

图 4-11　尺寸标注的组成

在进行标注的时候，尺寸标注应该力求准确、清晰以及美观大方，同一张图样中标注风格应该保持一致。尺寸线应尽量标注在图样轮廓线以外，从内到外依次标注从小到大的尺寸，不能把大尺寸标在内，把小尺寸标在外面，如图 4-12 所示。

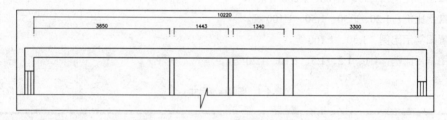

图 4-12　正确的尺寸标注

4.2.4　文字说明

在施工图的绘制中，用图线方式表示不充分和无法用图线表示的地方，就需要进行文字说明。比如：构造做法、材料名称、构配件名称以及统计表和图名等。文字说明是图样内容的重要组成部分，制图标准对文字标注中的字体、字体的大小、字体字号搭配方面做了一些具体的规定。

一般原则为：字体端正、排列整齐，清晰准确，美观大方，避免过于个性化的文字标注。

字体：一般标注推荐使用仿宋字，标题可以使用楷体、隶书、黑体字等。例如：

楷体　制图规范（三号）　　制图规范（二号）

黑体　制图规范（四号）　　制图规范（二号）

仿宋　制图规范（三号）　　制图规范（二号）

隶书　制图规范（三号）　　制图规范（一号）

字体的大小：标注的文字高度要适中。同一类文字采用统一大小的文字，较大的字较概括性的说明内容，较小的字用于较细致的说明内容。

4.3　制图常见问题及解决方法

在制作报价清单的时候，经常需要对室内的总体面积进行计算，包括地面和墙面的面积，以确定使用材料的数量，配合材料价格及人工单价来计算工程总造价。

4.3.1　地面面积及墙地砖的计算

下面以本书第 8 章绘制的小户型为例，讲解地面面积的计算方法。

1．地面面积的计算

【案例4-1】：　计算室内地面面积

01 调用 COPY/CO 命令，复制一份平面布置图，删除上面的家具图形，如图 4-13 所示。

02 调用 PLINE/PL 命令，沿着内墙线走一遍，如图 4-14 所示。

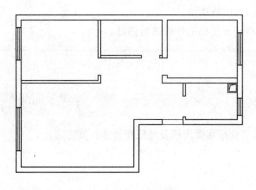

图 4-13　整理图形

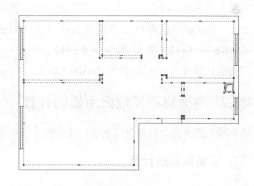

图 4-14　绘制多段线

03 调用 MOVE 命令，将所绘制的多段线图形移动到一旁，如图 4-15 所示。

04 选择多段线图形，调用 LIST 命令，在弹出的文本窗口中，可以看到所绘制图形的面积大小，如图 4-16 所示。

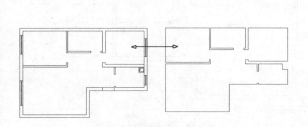

图 4-15　移动图形

图 4-16　CAD 文本窗口

提示： 如果绘图单位为毫米，将"面积"的数值往左进四位，才是真实的面积。比如"面积：562364"，进四位后为 56.2364，则真实的面积为 56.2364m²。

2. 墙地砖的计算

目前建材市场上常见的地砖规格有 300mm×300mm、400mm×400mm、500mm×500mm、600mm×600mm、800mm×800mm、1000mm×1000mm 等。

在购买材料的时候，常常要根据地面的面积来计算所需要的地砖数量，地砖的数量有这么几种计算方法：

❑ **粗略的计算法**

房间地面面积÷每块砖面积×（1+10%）=用砖数量（注：公式中的 10%为地砖的损耗量）

❑ **常用的计算法**

地砖的片数=房间铺设地砖的面积/[（块料长+灰缝宽）×（块料宽+灰缝宽）]×（1+损耗率）。

例如：选用规格为 600mm×600mm 的釉面砖进行铺贴，拼缝宽为 0.002m，损耗率为 1%，则 110m² 所需要的片数为：

110/[（0.6+0.002）×（0.6+0.002）]×（1+0.01）≈308 片。

❑ **精确的计算法**

（房间的长度÷砖的长度）×（房间的宽度÷砖的宽度）=用砖数量

比如：房间的长度为 6m，宽度为 5m，采用 500mm×500mm 规格的地砖进行铺贴。

长：6m÷0.5=12（块），宽:5m÷0.5=10（块）

用砖的总量为：长×宽=12×10=120（块）。

4.3.2 墙面面积及墙纸用量的计算

墙面面积是计算涂料用量或者墙纸用量的主要依据，本节介绍墙面面积及墙纸用量的计算方法。

1. 墙面面积的计算

课堂举例【案例4-2】：计算卫生间墙面面积

01 调用 COPY 命令，复制小户型的平面布置图，删除家具图形。

02 调用 PLINE/PL 命令，沿着卫生间的内墙线走一遍，如图 4-17 所示。

03 调用 MOVE 命令，将多段线图形移动到一边，如图 4-18 所示。

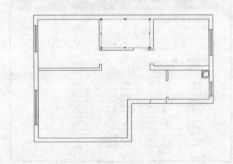

图 4-17　绘制多段线

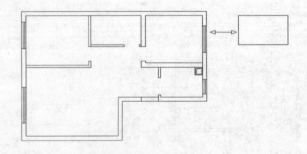

图 4-18　移动多段线图形

04 选择多段线图形，调用 LIST 命令，在弹出的文本窗口中，可看到"长度"数值，如图 4-19 所示。

利用查询得到的房间周长数值乘以已知墙面完成高度，即可算出墙面面积。

计算墙面面积的公式为：9.10m（长度）×2.55m（墙面完成的高度）=23.205m²。

2．墙纸用量的计算

❑　粗略的计算法

地面面积×3（3 面墙）÷（壁纸每卷平方米数）＋1（备用）＝所需壁纸的卷数；

❑　精确计算法

所需壁纸的总幅数/单卷壁纸所能裁切的幅数＝所需壁纸的卷数。

注：1.要粘贴壁纸墙面的长度/壁纸宽度＝所需壁纸的总幅数；

2.壁纸长度/房间高度＝单卷壁纸所能裁切的幅数；

3.不同高度的墙面需要分开计算，汇总求和。而且不同的图案对壁纸的用量会造成影响。

图 4-19　文本窗口

技巧：因墙纸的规格都是固定的，所以在计算它的用量时，要考虑墙纸的实际使用份量，一般都以房间的实际高度减去踢脚线及顶线的高度。除此之外，房间的门、窗面积也要在使用份量数中减去。该计算方法使用于素色或碎花墙纸。在墙纸的拼贴过程中要考虑对花，图案越大，损耗越大，所以要比实际用量多买 10%左右。

4.4　图形文件的输入与输出

在 AutoCAD 中不仅可以插入格式为.jpg 的文件，也可以将.dwg 图形文件输出为其他类型（例如.jpg、.dwf、.wmf、.bmp 等）的文件，以下简单介绍其使用方法。

1．插入图像参照

在绘图过程中，插入图片文件，可以为绘图提供参照，提高绘图质量及效率。

【案例4-3】：　插入光栅图像参照

01 选择【插入】|【光栅图像参照】命令，弹出如图 4-20 所示的"选择参照文件"对话框。

02 选择需要插入的图形文件，单击【打开】按钮，弹出"附着图像"对话框，如图 4-21 所示，单击【确定】按钮。

图 4-20　"选择参照文件"对话框

图 4-21　"附着图像"对话框

03 鼠标在绘图区任意单击，确定图片的插入点，鼠标由下往上呈对角线方向拖动，如图 4-22 所示，单击鼠标，即完成图片的插入，如图 4-23 所示。

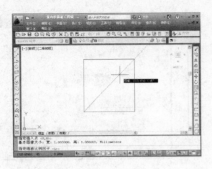
图 4-22　拖动鼠标

图 4-23　完成图片插入

2. 转换 dwg 文件

将 CAD 文件转换为图片格式，可以在没有安装 AutoCAD 软件的电脑上观看。

 【案例4-4】：　转换 DWG 文件为 PDF 格式

01 打开一张 AutoCAD 平面图，如图 4-24 所示。

02 选择图形文件，选择【文件】|【输出】命令，如图 4-25 所示。

图 4-24　打开 CAD 图形文件

图 4-25　选择【输出】命令

03 在弹出的"输出数据"对话框中，选择一般图像浏览软件能够查看的图像类型，如 WMF、BMP 格式等，单击【确定】按钮，如图 4-26 所示。用其他查看图片的工具打开输出的文件，如图 4-27 所示。

图 4-26　选择输出文件类型

图 4-27　查看输出图形

第 5 章

AutoCAD 2013 基本操作

本章导读

　　本章学习 AutoCAD 2013 的基础知识和基本操作，主要有 AutoCAD 2013 的工作界面、图形文件显示控制、命令的调用方法以及新增功能等，使读者快速熟悉 AutoCAD 2013 软件。

本章重点

- 使用鼠标的操作来输入
- 使用键盘输入
- 使用命令行
- 使用菜单栏
- 使用工具栏
- 缩放视图
- 平移视图
- 重画与重生成
- 栅格
- 捕捉
- 正交
- 对象捕捉
- 自动追踪
- 动态输入

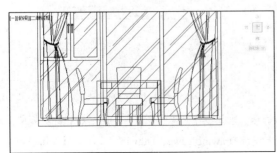

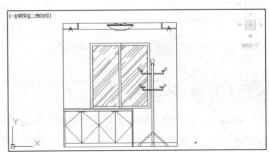

5.1 AutoCAD 2013 的工作界面

启动 AutoCAD 2013 后就进入到该软件的界面中。AutoCAD 2013 的操作界面由标题栏、应用程序按钮 、菜单栏、绘图区、十字光标、命令行、状态栏、工具栏和滚动条等元素组成，如图 5-1 所示。

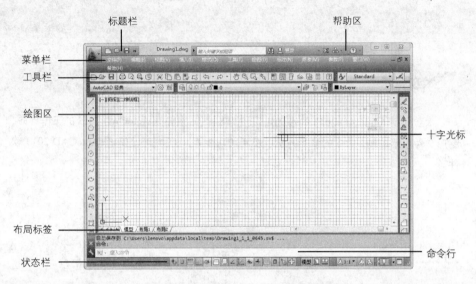

图 5-1　AutoCAD 2013 的工作界面

> **提示：** AutoCAD 2013 共有"草图与注释"、"三维基础"、"三维建模"和"AutoCAD 经典"4 种工作空间界面，展开快速访问工具栏工作空间列表、单击状态栏切换工作空间按钮 或【工具】|【工作空间】菜单项，在弹出的列表中可以选择所需的工作空间，如图 5-2 与图 5-3 所示。为了方便各版本 AutoCAD 用户学习，本书以最为常用的"AutoCAD 经典"工作空间进行讲解。

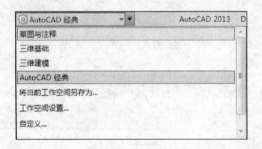

图 5-2　快速访问工具栏工作空间列表

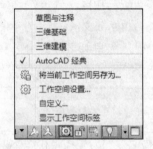

图 5-3　状态栏切换工作空间按钮菜单

5.1.1 标题栏

AutoCAD 工作界面的最上端是标题栏。标题栏中显示了当前工作区中图形文件的路径和名称。如果该文件是新建文件，还没有命名保存，AutoCAD 会在标题栏上显示 Drawing1.dwg、Drawing2.dwg、Drawing3.dwg…作为默认的文件名，如图 5-4 所示。

图 5-4　标题栏

通过工作界面中标题栏右侧的按钮，还能进行界面的最大化显示、最小化显示、还原以及关闭等常规操作。

5.1.2　应用程序按钮

工作界面的左上角为应用程序按钮，用鼠标左键单击该按钮，通过弹出菜单可以进行文件的新建、打开、保存、打印、发布、输出等操作，此外，通过该菜单中的"最近使用的文档"命令，还可以对之前打开的图形文件进行快速预览，功能十分强大，如图 5-5 所示。

5.1.3　快速访问工具栏

AutoCAD 2013 的快速访问工具栏默认位于应用程序按钮的右侧，包含了最常用的快捷工具按钮，如图 5-6 所示。

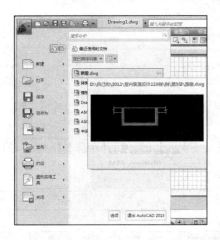

图 5-5　应用程序按钮菜单

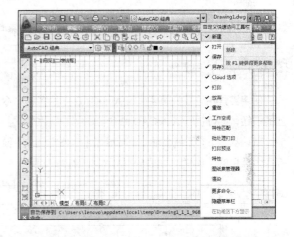

图 5-6　快速访问工具栏及下拉菜单

通过单击该工具栏中的按钮，可以快速进行文件的创建、打开、保存、另存以及打印等操作，还可以进行操作的重做与取消。单击该按钮右侧的下拉按钮，在如图 5-6 所示的下拉菜单中可以定制快捷访问工具栏中的按钮，以及控制菜单栏的显示和隐藏。

5.1.4　菜单栏

菜单栏位于标题栏的下方，由【文件】、【编辑】、【视图】、【插入】、【格式】、【工具】、【绘图】、【标注】、【修改】、【参数】、【窗口】和【帮助】共 12 个主菜单组成，如图 5-7 所示。

图 5-7　菜单栏

在菜单栏中，每个主菜单又包含数目不等的子菜单，有些子菜单下还包含下一级子菜单，如图 5-8 所示，这些菜单中几乎包含了 AutoCAD 的全部功能和命令。

图 5-8　主菜单下的子菜单

5.1.5　工具栏

使用工具栏可以快速地执行 AutoCAD 中的各种命令。工具栏上的每一个图标都代表一个命令按钮，单击相应的按钮，即可执行 AutoCAD 命令。

默认状态下，系统会显示【标准】、【工作空间】、【绘图】、【绘图次序】、【特性】、【图层】、【修改】和【样式】等几个常用的工具栏，如图 5-9 所示。

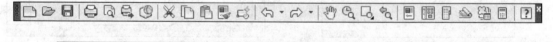

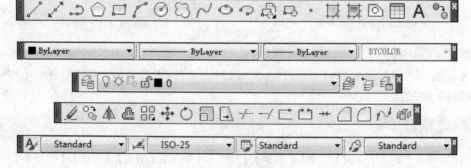

图 5-9　常用的工具栏

在任意工具栏上右击，都会弹出工具栏快捷菜单，在快捷菜单中可以选择打开或关闭工具栏。在该快捷菜单中，已显示的工具栏前面会显示一个 " ✔ " 符号，如图 5-10 所示。

5.1.6　绘图窗口

绘图窗口是绘制与编辑图形及文字的工作区域。一个图形文件对应一个绘图窗口，每个绘图窗口中都有标题栏、滚动条、控制按钮、布局标签、坐标系图标和十字光标等元素，如图 5-11 所示。绘图窗口的大小并不是一成不变的，用户可以通过关闭多余的工具栏以增大绘图空间。

图 5-10　工具栏列表菜单

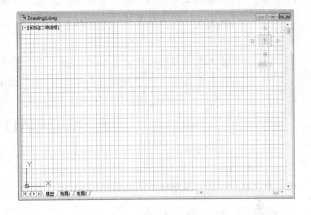

图 5-11　绘图窗口

5.1.7　命令行

命令行位于绘图窗口的下方，用于显示用户输入的命令，并显示 AutoCAD 的提示信息，如图 5-12 所示。

用户可以用鼠标拖动命令行的边框以改变命令行的大小，另外，按 **F2** 键还可以打开 **AutoCAD** 文本窗口，如图 5-13 所示。该窗口中显示的信息与命令行中显示的信息相同，当用户需要查询大量信息时，该窗口就会显得非常有用。

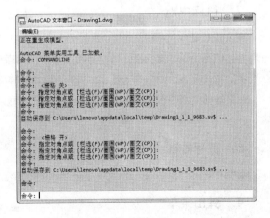

图 5-13　AutoCAD 文本窗口

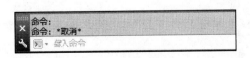

图 5-12　命令行

5.1.8　状态栏

状态栏位于绘图窗口的下方，用于显示当前 AutoCAD 的工作状态，如图 5-14 所示。

图 5-14　状态栏

状态栏主要包含三大功能，具体的分类如下：

> 坐标显示区域：位于状态栏左侧，用于显示鼠标当前位置的 X、Y、Z 三个轴向的具体坐标值，方便位置的参考与定位。

> 辅助绘图工具区域：位于坐标区域右侧，提供了【推断约束】、【捕捉模式】、【栅格显示】、【正交模式】、【极轴追踪】、【对象捕捉】等辅助绘图功能按钮，通过这些工具可以有效提高绘制的准确度与效率。

> 综合工具区域：位于状态栏的右侧，提供了【模型】、【快速查看布局】、【快速查看图形】、【注释比例】等按钮，通过这些按钮可以快速地实现绘图空间的切换、预览以及工作空间调整等功能。

5.2 AutoCAD 命令的调用

在 AutoCAD 中，命令的调用方法是很灵活的。菜单命令、工具栏按钮、命令和系统变量的功能是相同的，可以选择某一菜单，或是单击某个工具按钮，或在命令行中使用快捷键输入命令和系统变量来执行相应的命令。

5.2.1 通过鼠标操作

在绘图区中，光标通常显示为"十"字线形式。当光标移至菜单选项、工具或是对话框内时，光标会变成一个箭头。在此时，无论光标是呈"十"字线形式还是箭头形式，当单击或按住鼠标键时，都会执行相应的命令或动作。在 AutoCAD 中，鼠标键是按照下述规则定义的。

1. 鼠标左键

在 AutoCAD 中，鼠标的左键通常称为选择拾取键。在绘制图形时，经常需要直接选择对象，或者使用窗口等方式选择对象，有时也需要单击或双击对象，这些操作都需要使用鼠标左键来完成。

2. 鼠标中键

在 AutoCAD 中，鼠标的中键通常有 3 个作用：移动画面、放大或缩小画面和显示全部图形。

按住鼠标中键，鼠标指针将变为手的形状，然后移动鼠标，画面就会随着鼠标的移动而移动。

在通常情况下，向前滚动鼠标中键，将放大当前的画面；向后滚动鼠标中键，将缩小当前的画面。

如果当前文档中包含太多的图形，而没有全部显示出来，则可以双击鼠标中键，即可实现显示全部的图形内容。

3. 鼠标右键

鼠标右键相当于 Enter 键，用于结束当前使用命令，此时系统将根据当前的绘图状态而弹出不同的快捷菜单。

4. 弹出菜单

当 Shift 键和鼠标右键组合使用的时候，系统将弹出一个快捷菜单，用于设置捕捉对象，如图 5-15 所示。

5.2.2 使用键盘输入

在 AutoCAD 中，每一个命令都有其对应的快捷键，用户可以使用输入快捷键的方法来提高工作效率，并且通过键盘除了可以输入命令以及系统变量之外，还可以输入文本对象、数值参数、点的坐标或是对参数进行选择。

5.2.3　使用命令行

可以在 AutoCAD 命令行提示下输入命令和对象参数等内容，因为默认情况下"命令行"是一个可固定的窗口。在"命令行"中可以显示执行完的命令提示，在"命令行"或"CAD 文本窗口"中可以显示一些输出的命令。

在"命令行"窗口中右击，CAD 将显示一个快捷菜单。通过快捷菜单可以选择最近使用过的 6 个命令、复制选定的文字以及全部命令历史等，如图 5-16 所示。

5.2.4　使用菜单栏

AutoCAD 中的全部功能和命令几乎在菜单栏中都能找得到，使用菜单栏执行命令，只需单击菜单栏中的主菜单，在弹出的子菜单中选择需要执行的命令即可。

5.2.5　使用工具栏

工具栏中包含了 AutoCAD 中的多数命令，只要在工具栏中找到与其相对应的图标按钮，使用鼠标单击该按钮即可快速执行相应的命令。

5.2.6　命令的重复与撤销

在执行完一个命令后，按回车键可以重复执行命令，或者单击鼠标右键，在弹出的快捷菜单中选择"重复××命令"选项，如图 5-17 所示，即可重复执行该命令。

图 5-15　捕捉快捷菜单

图 5-16　命令行快捷菜单

图 5-17　快捷菜单

图 5-18 所示是正在执行的命令。按下 Esc 键可以退出当前正在执行的命令，如图 5-19 所示。

图 5-18　正在执行的命令

图 5-19　撤销命令

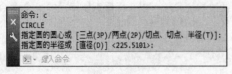

5.2.7 命令的放弃与重做

已经完成效果的命令，可以使用放弃操作，取消其产生的效果。如图 5-20 所示命令行显示，刚刚执行了【圆】绘制命令，单击【标准】工具栏中的【放弃】按钮，或者按下 Ctrl+Z 组合键，即可取消其绘制效果，如图5-21 所示。

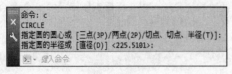

图 5-20　命令行

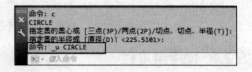

图 5-21　放弃命令

对于错误的放弃操作，则又可以通过重做操作进行还原。

如图 5-22 所示为已放弃的绘制矩形的操作，单击【标准】工具栏中的【重做】按钮，或者按下 Ctrl+Y 组合键，即可重做已放弃的操作，如图 5-23 所示。

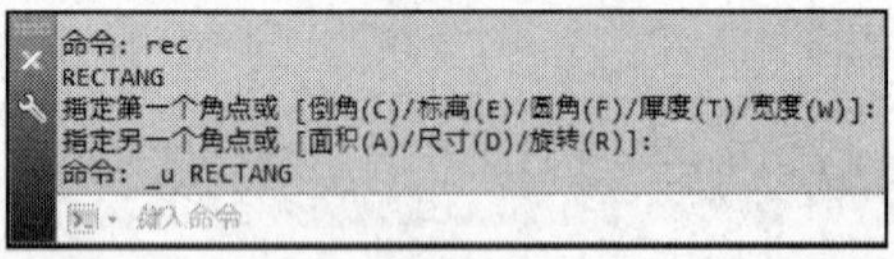

图 5-22　放弃操作

图 5-23　重做操作

5.3　图形显示的控制

在 AutoCAD 中，可以使用多种方法来观察绘图窗口中绘制的图形，以便灵活观察图形的整体效果或局部细节。

5.3.1 缩放视图

通过缩放视图，可以放大或缩小图形的屏幕显示尺寸，而图形的真实尺寸保持不变。在 AutoCAD 2013 中，常用的几种缩放视图的方法如下：

> 工具栏：单击【缩放】工具栏各按钮。
> 菜单栏：选择【视图】|【缩放】子菜单命令。
> 命令行：ZOOM / Z。
> 鼠　标：上下滚动鼠标中键。

1. 实时缩放视图

实时缩放视图为默认缩放视图选项，执行 ZOOM/Z 命令后按回车键可调用使用该选项。

课堂举例　【案例5-1】：　实时缩放视图

01 按 Ctrl+O 组合键，打开"第 5 章\实时缩放视图.dwg"文件，如图 5-24 所示。

02 选择【视图】|【缩放】|【实时】菜单命令，此时在屏幕上会出现一个 ⊕ 形状的光标，按住鼠标左键不放向上或向下移动，则可实现图形的放大或缩小。

03 图 5-25 所示为将视图放大，以观察某绘图区域的效果。

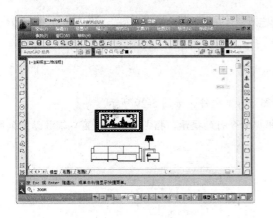 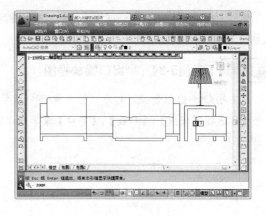

图 5-24　打开素材　　　　　　　　　　　　　图 5-25　视图放大

2. 上一个

将视图状态恢复到上一个视图显示的图形状态，最多可恢复此前的 10 个视图。

课堂举例 【案例5-2】：　恢复上一个视图

01 按 Ctrl+O 组合键，打开"第 5 章\恢复上一个视图.dwg"文件，如图 5-26 所示。

02 选择【视图】|【缩放】|【实时】菜单命令，将图形放大查看，如图 5-27 所示。

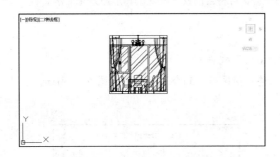 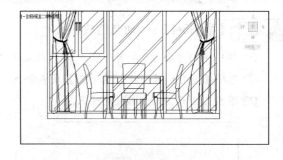

图 5-26　打开素材　　　　　　　　　　　　　图 5-27　放大视图

03 选择【视图】|【缩放】|【上一个】菜单命令，将视图恢复到放大前的状态，如图 5-28 所示。

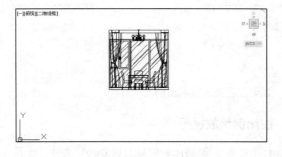

图 5-28　恢复上一个视图

3. 窗口缩放

以矩形窗口指定的区域缩放视图。用鼠标在绘图区指定对角点来确定一个矩形窗口，该窗口区域的图形将放大到整个视图范围。

 【案例5-3】： 窗口缩放视图

01 按 Ctrl+O 组合键，打开"第 5 章\窗口缩放视图.dwg"文件，如图 5-29 所示。

02 选择【视图】|【缩放】|【窗口】菜单命令，根据命令行的提示，指定对角点，窗口缩放结果如图 5-30 所示。

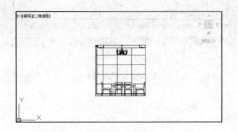
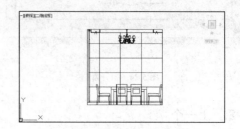

图 5-29　打开素材　　　　　　　　　　　　　　图 5-30　窗口缩放

4. 动态缩放

调用【动态缩放】命令，绘图区会显示几个不同颜色的方框，拖动鼠标移动当前"视区框"到需要缩放的图形位置，单击鼠标左键来调整方框大小，确定大小后按回车键，可将当前视区框内的图形最大化显示。

 【案例5-4】： 动态缩放视图

01 按 Ctrl+O 组合键，打开"第 5 章\动态缩放视图.dwg"文件。

02 选择【视图】|【缩放】|【动态】菜单命令，调整"视区框"到合适大小，如图 5-31 所示。

03 图 5-32 所示为动态缩放的结果。

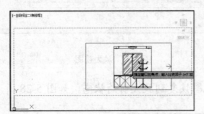
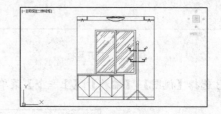

图 5-31　调整大小　　　　　　　　　　　　　　图 5-32　动态缩放

5. 比例缩放

使用比例因子进行缩放，以更改视图的显示比例。

 【案例5-5】： 按比例缩放视图

01 按 Ctrl+O 组合键，打开"第 5 章\按比例缩放视图.dwg"文件，如图 5-33 所示。

02 选择【视图】|【缩放】|【比例】菜单命令，根据命令行的提示，输入比例因子 3X，缩放结果如图 5-34 所示。

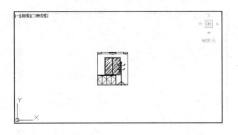

图 5-33　打开素材

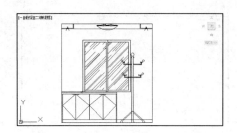

图 5-34　按比例缩放

6. 圆心缩放

圆心缩放需要在绘图区内指定一个点，然后设定整个图形的缩放比例，而这个点在缩放之后将成为新视图的中心点。

使用【圆心缩放】时，命令行提示如下：

指定中心点：	//指定一点作为新视图的显示中心点
输入比例或高度 <8064.1899>：	//输入比例或高度

<8064.1899>为当前值，即当前视图的纵向高度。如果输入的高度值比当前值小，视图将被放大；输入高度值比当前值大，视图将被缩小。也可直接输入缩放系数，或后跟字母 X/XP，含义同"比例缩放"选项。

7. 对象缩放

在视图中心尽可能地显示一个或多个选定对象。

 【案例5-6】：　对象缩放

01 按 Ctrl+O 组合键，打开"第 5 章\对象缩放.dwg"文件，如图 5-35 所示。

02 选择【视图】|【缩放】|【对象】菜单命令，框选要进行缩放的对象，按回车键即可完成操作，结果如图 5-36 所示。

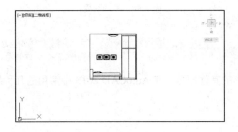

图 5-35　打开素材

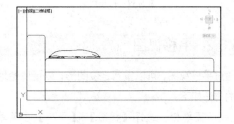

图 5-36　对象缩放

8. 放大视图

使用比例因子 2 进行缩放，增大当前视图显示比例。

 【案例5-7】：　放大视图

01 按 Ctrl+O 组合键，打开"第 5 章\放大视图.dwg"文件，如图 5-37 所示。

02 选择【视图】|【缩放】|【放大】菜单命令，如图 5-38 所示视图放大后的结果。

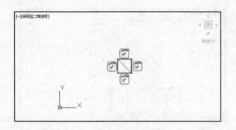
图 5-37 打开素材

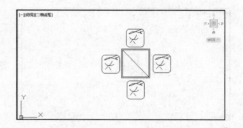
图 5-38 放大视图

 技巧：双击鼠标中键可全部显示所有图形。

9. 全部缩放

缩放以显示所有可见对象和视觉辅助工具。

 【案例5-8】： 全部缩放视图

01 按 Ctrl+O 组合键，打开"第 5 章\全部缩放.dwg"文件，如图 5-39 所示。

02 选择【视图】|【缩放】|【全部缩放】菜单命令，如图 5-40 所示为全部缩放视图后的结果。

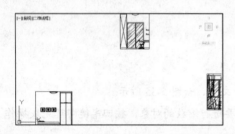
图 5-39 打开素材

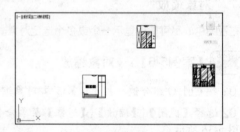
图 5-40 全部缩放

5.3.2 平移视图

通过平移视图，可以重新定位图形，以便清楚地观察图形的其他部分。在 AutoCAD 2013 中常用的几种缩放视图的方法如下：

➢ 菜单栏：选择【视图】|【平移】子菜单命令

➢ 命令行：PAN / P

➢ 鼠 标：按住鼠标中键拖动

【案例5-9】： 平移视图

01 按 Ctrl+O 组合键，打开"第 5 章\平移视图.dwg"文件，如图 5-41 所示。

02 选择【视图】|【平移】|【实时】菜单命令，在鼠标变成手掌形状时按住左键不放，将图形移动到合适位置直至图形完全显示，结果如图 5-42 所示。

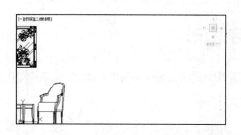

图 5-41　打开素材

图 5-42　平移视图

⚙ 5.3.3　重画与重生成

在绘图和编辑过程中，屏幕上常常留下对象的拾取标记，这些临时标记并不是图形中的对象，有时会使当前图形画面显得混乱，这时就可以使用 AutoCAD 的重画与重生成图形功能清除这些临时标记。

1.　重画图形

选择【视图】|【重画】命令或输入 REDRAW/RA 命令，系统将在显示内存中更新屏幕，消除临时标记。使用该命令，可以更新用户使用的当前视区。

2.　重生成图形

重生成与重画在本质上是不同的，利用"重生成"命令可重生成屏幕，此时系统从磁盘中调用当前图形的数据，比"重画"命令执行速度慢，将花费更多的屏幕更新时间，在 AutoCAD 中，某些操作只有在使用"重生成"命令后才生效，如改变点的格式。如果一直使用某个命令修改编辑图形，但该图形似乎看不出什么变化，此时可使用"重生成"命令更新屏幕显示。

重生成图形有以下几种方式：

> ➤　菜单栏：选择【视图】|【重生成】命令更新当前视口
> ➤　菜单栏：选择【视图】|【全部重生成】命令同时更新所有视口
> ➤　命令行：REGEN/RE

课堂举例【案例5-10】：　重生成视图

01 按 Ctrl+O 组合键，打开"第 5 章\重生成视图.dwg"文件，如图 5-43 所示。

02 选择【视图】|【重生成】命令，命令行显示"_regen 正在重生成模型"，结果如图 5-44 所示。

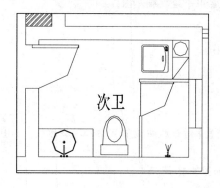

图 5-43　打开素材

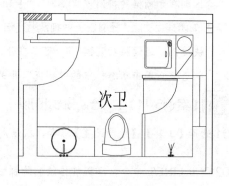

图 5-44　重生成视图

5.4 精确绘制图形

准确性是施工图的一个硬性指标，在利用 AutoCAD 进行绘图时通常需要结合利用到捕捉、追踪和动态输入等功能，进行精确绘图并提高绘图效率。

5.4.1 栅格

栅格的作用如同传统纸面制图中使用的坐标纸，按照相等的间距在屏幕上设置了栅格线，使用者可以通过栅格数目来确定距离，从而达到精确绘图的目的。但要注意的是屏幕中显示的栅格不是图形的一部分，打印时不会被输出。

栅格不但可以进行显示或隐藏，栅格的大小与间距也可以进行自定义设置。

选择【工具】|【绘图设置】命令或在命令行输入 DSETTINGS/SE，在打开的"草图设置"对话框中选中【捕捉和栅格】选项卡，如图 5-45 所示，选中或取消"启用栅格"复选框，可以控制显示或隐藏栅格。

此外通常还需要参考图纸大小在"栅格间距"选项组中，调整栅格线在 X 轴(水平)方向和 Y 轴(垂直)方向上的距离。而在命令行输入 GRID 命令，也可以根据提示设置栅格的间距和控制栅格的显示。

控制栅格是否显示，还有以下两种常用方法：

> 快捷键：连续按功能键 F7，可以在开、关状态间切换。
> 状态栏：单击状态栏中的"栅格"开关按钮▓。

5.4.2 捕捉

捕捉功能(不是对象捕捉)经常和栅格功能联用。当捕捉功能打开时，光标只能停留在栅格线的交叉点上，因此此时只能绘制出与栅格间距为整数倍的距离。

在图 5-45 所示的【捕捉和栅格】选项卡中，设置捕捉属性的选项有：

> "捕捉间距"选项组：可以设定 X 方向和 Y 方向的捕捉间距，通常该数值设置为 10。
> "捕捉类型"选项组：可以选择"栅格捕捉"和"极轴捕捉"两种类型。选择"栅格捕捉"时，光标只能停留在栅格线上。栅格捕捉又有"矩形捕捉"和"等轴测捕捉"两种样式。两种样式的区别在于栅格的排列方式不同。"等轴测捕捉"常常用于绘制轴测图。

打开和关闭捕捉功能，还有以下两种常用方法：

> 快捷键：连续按功能键 F9，可以在开、关状态间切换。
> 状态栏：单击状态栏中的"捕捉"开关按钮▒。

课堂举例【案例5-11】：　绘制阶梯图形

01 选择【工具】|【绘图设置】命令，在弹出的【草图设置】对话框中设置栅格和捕捉参数，如图 5-45 所示。

02 调用 LINE/L 命令，捕捉栅格绘制阶梯图形，结果如图 5-46 所示。

图 5-45 【捕捉和栅格】选项卡

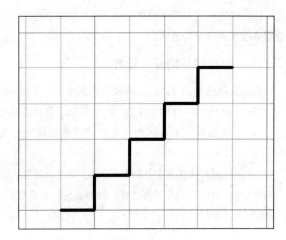

图 5-46 绘制阶梯

5.4.3 正交

在利用 AutoCAD 绘制轴线等图形时，经常需要绘制水平或垂直的线条。针对这种情况，AutoCAD 设置了"正交"的绘图模式，以快速绘制出准确的水平或垂直直线。

打开和关闭正交开关的方法有：

➢ 快捷键：连续按功能键 F8，可以在开、关状态间切换。

➢ 状态栏：单击状态栏中的"正交"开关按钮 。

正交开关打开以后，系统就只能画出水平或垂直的直线，如图 5-47 所示。此外由于正交功能不但能限制直线的方向，当要绘制一定长度的直线时，直接输入线段长度值即可，不再需要输入完整的相对坐标数值。

【案例5-12】：使用正交模式绘制墙体图形

01 单击状态栏中的"正交"开关按钮 ，打开正交功能。

02 调用 PLINE 命令，在水平或者垂直方向上绘制墙体图形，结果如图 5-47 所示。

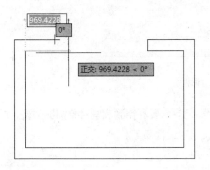

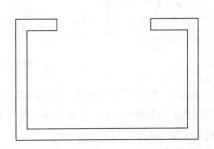

图 5-47 使用正交模式绘制墙体

5.4.4 对象捕捉

在绘制建筑图样时，经常需要利用到已有图形的端点、中点等特征点，在 AutoCAD 中开启"对象捕捉"功能可以精确定位现有图形对象的特征点，例如直线的中点、圆的圆心等，从而为精确绘图提供了有利的条件，有效提高绘制准确度与效率。

1. 对象捕捉的开关设置

根据实际需要，可以打开或关闭对象捕捉，有以下两种常用的方法：

- ➢ **快捷键：** 连续按 F3，可以在开、关状态间切换。
- ➢ **状态栏：** 单击状态栏中的"对象捕捉"开关按钮□。

> **注意：** 选择【工具】|【绘图设置】命令，或输入命令 OSNAP/OS，打开"草图设置"对话框。单击"对象捕捉"选项卡，选中或取消"启用对象捕捉"复选框，也可以打开或关闭对象捕捉，但由于操作麻烦，在实际工作中并不常用。

2. 设置对象捕捉类型

要利用好"对象捕捉"功能，就需要预先设置好"对象捕捉模式"，也就是确定当探测到对象特征点时，哪些点捕捉，而哪些点可以忽略，以准确地捕捉至目标位置。执行【工具】|【绘图设置】命令可以打开如图 5-48 所示的"草图设置"对话框。

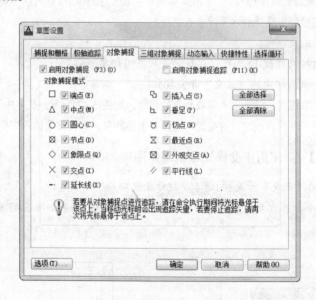

图 5-48 "草图设置"对话框

在该对话框中的共列出了 13 种对象捕捉类型和对应的捕捉标记。需要利用到哪些对象捕捉类型，就选中这些对象捕捉类型前面的复选框。设置完毕，单击【确定】按钮关闭对话框即可。

这些对象捕捉类型的含义见表 5-1。

此外，通过右侧的【全部选择】与【全部清除】按钮可以快速进行所有捕捉类型的选择与取消。

3. 自动捕捉

自动捕捉模式需要使用者先在如图 5-48 所示的"草图设置"对话框中设置好需要的对象捕捉类型，设置完成后当光标移动到这些对象捕捉点附近时，系统就会自动捕捉到这些点。

表 5-1　对象捕捉类型的含义

对象捕捉点	含　义
端点	捕捉直线或曲线的端点
中点	捕捉直线或弧段的中间点
圆心	捕捉圆、椭圆或弧的中心点
节点	捕捉用 POINT 命令绘制的点对象
象限点	捕捉位于圆、椭圆或弧段上 0°、90°、180° 和 270° 处的点
交点	捕捉两条直线或弧段的交点
延伸	捕捉直线延长线路径上的点
插入点	捕捉图块、标注对象或外部参照的插入点
垂足	捕捉从已知点到已知直线的垂线的垂足
切点	捕捉圆、弧段及其他曲线的切点
最近点	捕捉处在直线、弧段、椭圆或样条线上，而且距离光标最近的特征点
外观交点	在三维视图中，从某个角度观察两个对象可能相交，但实际并不一定相交，可以使用"外观交点"捕捉对象在外观上相交的点
平行	选定路径上一点，使通过该点的直线与已知直线平行

课堂举例　【案例5-13】：　自动捕捉绘制直线

01 选择【工具】|【绘图设置】命令，在打开的【草图设置】对话框中，选择【对象捕捉】选项卡，勾选"中点"捕捉模式。

02 调用 LINE/L 命令，捕捉如图 5-49 所示的垂直直线中点，然后水平向右移动鼠标，捕捉右侧垂直直线的中点。

03 完成电视柜的绘制如图 5-50 所示。

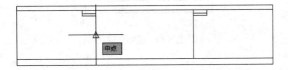

图 5-49　捕捉中点

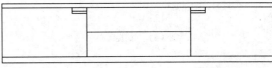

图 5-50　绘制结果

4. 临时捕捉

由于在实际的绘图进行时并不能一次性确定好所有的对象捕捉点，为了避免进行反复的设置，可以使用临时捕捉，临时捕捉的方法如下：在进行图形的绘制过程中如果要使用临时捕捉模式，可按住 Shift 键再单击鼠标右键。此时系统会弹出如图 5-51 所示的快捷菜单。在其中单击选择需要的对象捕捉类型，系统就会临时捕捉到这个特征点。

课堂举例　【案例5-14】：　临时捕捉绘制圆的中心线

01 按 Ctrl+O 快捷键，打开"5.4.4 捕捉圆心.dwg"文件，如图 5-52 所示。

02 调用 LINE/L 命令，按住 Shift 键再单击鼠标右键，在弹出的快捷菜单中选择【圆心】选项。

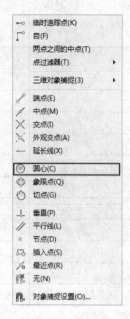

图 5-51　快捷菜单

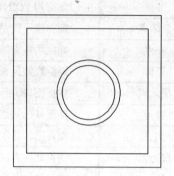

图 5-52　打开图形

03 鼠标会自动捕捉圆心，如图 5-53 所示。

04 过圆心绘制水平和垂直直线，结果如图 5-54 所示。

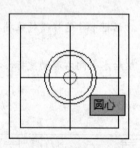

图 5-53　捕捉圆心

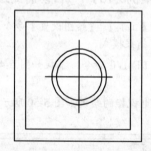

图 5-54　绘制直线

注意：临时捕捉是一种灵活的一次性的捕捉模式，这种捕捉模式不是自动的。当用户需要临时捕捉某个并不为常用的图形特征点时，可以在捕捉之前临时手动设置需要捕捉的特征点，然后再进行对象捕捉，在完成当次捕捉后设置的特征点即失效。在下一次遇到相同的对象捕捉点时，需要再次设置。

5.4.5　自动追踪

"自动追踪"指按事先指定的角度绘制对象，或者绘制与其他对象有特定关系的对象。在 AutoCAD 中自动追踪功能分为"极轴追踪"和"对象捕捉追踪"两种，是非常有用的辅助绘图工具。

1. 极轴追踪

打开和关闭"极轴追踪"的常用方法有两种：

➢　快捷键：连续按功能键 F10，可以在开、关状态间切换。

>　状态栏：单击状态栏中的"极轴追踪"开关按钮⚹。

利用"极轴追踪"可以如图 5-55 所示在系统要求指定一个点时，按预先设置的角度增量显示一条无限延伸的辅助线，这时就可以沿辅助线追踪得到光标点，以绘制出准确角度的图形。

执行【工具】|【绘图设置】命令，可以打开"草图设置"对话框，可以在其"极轴追踪"选项卡对极轴追踪预先进行目标"增量角"设置，如图 5-56 所示。此时"极轴追踪"的角度将为设置的"增量角"的整数倍。

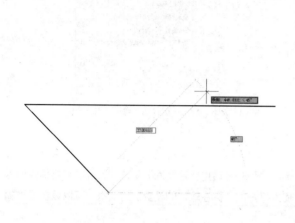

图 5-55　使用极轴追踪绘制 45 度直线

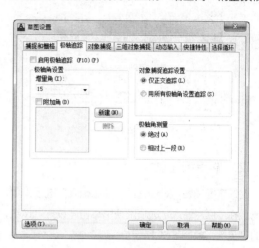

图 5-56　"极轴追踪"选项卡

> **技巧**：当需要设置多个"极轴追踪"的"增量角"时，可以勾选图 5-56 所示对话框中的"附加角"复选框，然后单击【新建】按钮手动添加其他追踪角度。

2.　对象捕捉追踪

"对象捕捉追踪"是按照与对象的某种特性关系来追踪，不知道具体角度值，但知道特定的关系进行对象捕捉追踪。

要执行该追踪操作，可启用状态栏中的【对象捕捉追踪】功能，同样在"极轴追踪"选项卡中设置对象捕捉追踪的对应参数。

⚙ 5.4.6　动态输入

使用"动态输入"功能可以在指针位置处显示标注输入和命令提示等信息，从而加快绘图效率。

1.　启用指针输入

在 AutoCAD 中绘制图形时，通常在命令行中输入绘图命令和相关参数，使用指针输入则可以在鼠标附近的输入框内直接进行绘图命令的输入，使操作者无需在绘图窗口和命令行之间反复切换，从而提高了绘图效率。

执行【工具】|【绘图设置】命令，打开"草图设置"对话框，进入"动态输入"选项卡，选择"启用指针输入"复选框可以启用指针输入功能，如图 5-57 所示。单击其中的"设置"按钮，在打开的"指针输入设置"对话框中，可以设置指针的格式和可见性，如图 5-58 所示。

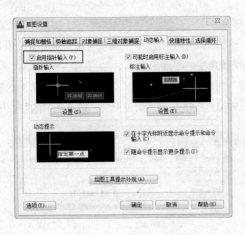

图 5-57 "动态输入"选项卡　　　　　　　　图 5-58 "指针输入设置"对话框

2. 启用标注输入

在"草图设置"对话框的"动态输入"选项卡中，选择"可能时启用标注输入"复选框，可以启用标注输入功能。在"标注输入"选项区域中单击"设置"按钮，使用打开的"标注输入的设置"对话框，可以设置标注输入的可见性，如图 5-59 所示。

3. 显示动态提示

在"草图设置"对话框的"动态输入"选项卡中，选中"动态提示"选项区域中的"在十字光标附近显示命令提示和命令输入"复选框，可以在光标附近显示命令提示，如图 5-60 所示，从而使操作者可以更快速地查看系统提示，提高了绘图效率。

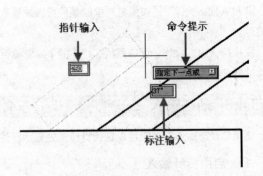

图 5-59 "标注输入的设置"对话框　　　　　图 5-60 指针和标注输入

第 6 章
基本图形的绘制

本章导读

AutoCAD 有着强大的绘图功能，其中二维平面图形的绘制最为简单，同时也是 AutoCAD 的绘图基础，通过二维图形的创建、编辑，能够得到更为复杂的图形。本章将详细介绍这些基本图形的绘制方法以及技巧。

本章重点

- 点对象的绘制
- 直线对象的绘制
- 多边形对象的绘制
- 曲线对象的绘制

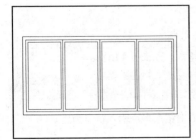
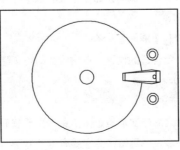
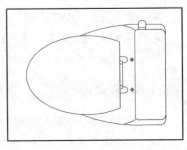

6.1 点对象的绘制

在 AutoCAD 中，点不仅是组成图形最基本的元素，还经常用来标识某些特殊的部分，如绘制直线时需要确定端点、绘制圆或圆弧时需要确定圆心等。

6.1.1 点样式

在 AutoCAD 系统的默认情况下，点是没有长度和大小的，在绘图区上仅仅显示为一个小圆点，所以很难识别。在 AutoCAD 中，可以将点设置为不同的显示样式，以便清楚地知道点的位置，方便绘图，也使单纯的点更加美观和容易辨认。

点样式的设置首先需要执行点样式的命令，该命令有几种调用方法：

➢ 命令行：DDPTYPE。

➢ 菜单栏：【格式】|【点样式】命令。

课堂举例【案例6-1】： 设置点样式

01 按 Ctrl+O 快捷键，打开"6.1.1 设置点样式.dwg"文件，如图 6-1 所示。

02 选择【格式】|【点样式】命令，系统弹出【点样式】对话框，选择所需的点样式，如图 6-2 所示，单击【确定】按钮完成设置。

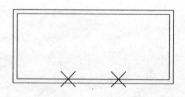

图 6-1 打开文件

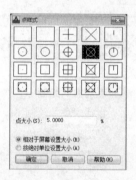

图 6-2 "点样式"设置对话框

03 返回到绘图区域中，可以看到原来的点样式变成了设置后的效果，如图 6-3 所示。

6.1.2 单点

单点的绘制首先需要执行【单点】命令，调用该命令主要有以下方法：

➢ 命令行：POINT / PO。

➢ 菜单栏：【绘图】|【点】|【单点】命令。

执行以上任意一种命令后移动鼠标到合适的位置，单击鼠标即可创建单点，如图 6-4 所示。

6.1.3 多点

多点的绘制就是指在输入绘图命令之后依次能指定多个点，直至按 Esc 键结束多点输入状态为止。

多点的绘制首先需要执行多点的命令，调用该命令主要有以下方法：

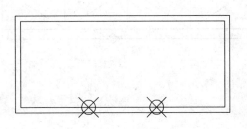

图 6-3　"点样式"设置效果　　　　　　　　　图 6-4　绘制单点

- ➢ 菜单栏：执行【绘图】|【点】|【多点】命令
- ➢ 工具栏：【绘图】工具栏【点】按钮

执行以上任意一种方法后，移动鼠标在需要添加点的地方单击，即可创建多个点，如图 6-5 所示。

6.1.4　定数等分点

定数等分就是在指定的对象按照确定的数量进行等分。

绘制定数等分点首先要执行【定数等分】的命令，调用该命令的方法有：

- ➢ 命令行：DIVIDE/DIV
- ➢ 菜单栏：【绘图】|【点】|【定数等分】命令

定数等分方式需要输入等分的总段数，此时系统会自动计算每段的长度。

课堂举例【案例6-2】：　定数等分绘制柜门

01 按 Ctrl+O 组合键，打开"第 06 章\6.1.4 定数等分.dwg"素材文件。

02 调用 DIVIDE/DIV 定数等分命令，按空格键；单击鼠标左键选择需要等分的对象，如图 6-6 所示。

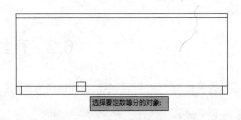

图 6-5　绘制多点　　　　　　　　　　　图 6-6　选择对象

03 根据命令行的提示输入需要等分的数目，本例中输入 4，按空格键。

04 定数等分点绘制完成的效果如图 6-7 所示。

05 调用 LINE/L 命令，捕捉等分点绘制直线，完成柜门的绘制，结果如图 6-8 所示。

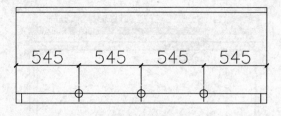

图 6-7　绘制等分点

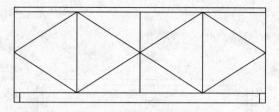

图 6-8　绘制柜门

6.1.5　定距等分点

定距等分就是在指定的对象上按照确定的长度进行等分。

调用【定距等分】命令的方法有：

> ➤　命令行：MEASURE/ME
> ➤　菜单栏：【绘图】|【点】|【定距等分】

课堂 举例【案例6-3】：　绘制定距等分点

01 按 Ctrl+O 组合键，打开"第 06 章\6.1.5 定距等分.dwg"素材文件。

02 输入 MEASURE/ME【定距等分】命令，按空格键；单击鼠标左键选择需要定距等分的对象。

03 根据命令行的提示输入需要等分的线段长度 935，按空格键确认。

04 定距等分点的绘制效果如图 6-9 所示。

05 捕捉等分点，调用 LINE/L、OFFSET/O、TRIM/TR 命令，绘制直线，完成立面推拉门的绘制，结果如图 6-10 所示。

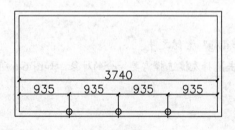

图 6-9　绘制等分点

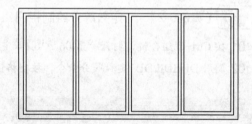

图 6-10　绘制推拉门

6.2　直线对象的绘制

在室内设计施工图的绘制中，直线是最为常用的图形，常常用来绘制墙体等房屋原始框架。

6.2.1　直线

调用【直线】命令的方法有：

> ➤　命令行：LINE / L
> ➤　工具栏：【绘图】工具栏【直线】按钮
> ➤　菜单栏：【绘图】|【直线】

在绘图区指定直线的起点和终点即可绘制一条直线。一条直线绘制完成以后，可以继续以该线段的终点作为起点，然后指定下一个终点，依此类推即可绘制首尾相连的图形，按 Esc 键就可以退出直线绘制状态。

 【案例6-4】： 使用【直线】命令绘制置物架

01 打开极轴追踪功能，设置增量角为 45°。

02 调用 LINE/L 命令，绘制直线，命令行提示如下：

命令：LINE✓	
指定第一个点：	//指定直线的起点
指定下一点或 [放弃(U)]：40✓	//捕捉追踪线，输入距离参数
指定下一点或 [放弃(U)]：240✓	//捕捉极轴追踪线，输入距离数值，如图 6-11 所示
指定下一点或 [闭合(C)/放弃(U)]：540✓	//继续捕捉 45° 极轴追踪线，输入距离参数
指定下一点或 [闭合(C)/放弃(U)]：40✓	
指定下一点或 [闭合(C)/放弃(U)]：500✓	
指定下一点或 [闭合(C)/放弃(U)]：C✓	//输入 C，选择"闭合"选项

03 置物架绘制结果如图 6-12 所示。

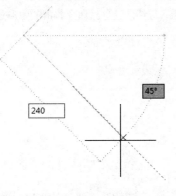

图 6-11 输入参数

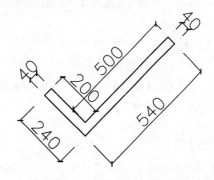

图 6-12 绘制置物架

6.2.2 射线

一端固定而另一端无限延长的直线称为射线。射线一般作为辅助线，绘制射线完成后按 Esc 键退出绘制状态。

绘制射线首先要执行射线的命令，调用该命令的方法有：

➤ 命令行：RAY

➤ 菜单栏：【绘图】|【射线】

6.2.3 构造线

没有起点和终点，两端可以无限延长的直线称为构造线。构造线常作为辅助线来使用。

绘制构造线首先要执行【构造线】命令，调用该命令的方法有：

➤ 命令行：XLINE / XL

➤ 菜单栏：【绘图】|【构造线】命令

➤ 工具栏：【绘图】工具栏【构造线】按钮

使用 XLINE 命令绘制构造线，命令行提示如下：

命令:XLINE↙   //调用【构造线】命令

指定点或[水平(H)/垂直(V)/角度(A)/二等分(B)/偏移(O)]://选择构造线绘制方式

指定通过点：   //单击鼠标左键指定构造线经过的一点

指定通过点：   //指定第二点

构造线绘制选项的含义如下：

➢ 水平（H）：输入 H 选择该项，即可绘制水平的构造线。

➢ 垂直（V）：输入 V 选择该项，即可绘制垂直的构造线。

➢ 角度（A）：输入 A 选择该项，即可按指定的角度绘制一条构造线。

➢ 二等分（B）：输入 B 选择该项，即可创建已知角的角平分线。使用该选项创建的构造线平分指定的两条线之间的夹角，而且通过该夹角的顶点。在绘制角平分线的时候，系统要求用户指定已知角的定点、起点以及终点。

➢ 偏移（O）：输入 O 选择该项，即可创建平行于另一个对象的平行线，这条平行线可以偏移一段距离与对象平行，也可以通过指定的点与对象平行。

⚙ 6.2.4 多段线

由等宽或不等宽的直线或圆弧等多条线段构成的特殊线段称为多段线。这些线段所构成的图形是一个整体，可以对其进行编辑。

调用多段线绘制命令的方法有：

➢ 命令行：PLINE/PL。

➢ 工具栏：【绘图】工具栏【多段线】按钮⟂⟂

➢ 菜单栏：【绘图】|【多段线】

课堂举例【案例6-5】： 绘制洗手台

01 调用 PLINE/PL【多段线】命令绘制洗手台轮廓，命令行提示如下：

命令: PLINE↙   //调用【多段线】命令

指定起点：   //在绘图区任意拾取一点作为多段线起点

当前线宽为 0.1000

指定下一个点或 [圆弧(A)/半宽(H)/长度(L)/放弃(U)/宽度(W)]: 400↙
                                              //垂直向下移动光标，输入距离数值

指定下一点或 [圆弧(A)/闭合(C)/半宽(H)/长度(L)/放弃(U)/宽度(W)]: 250↙
                                              //水平向右移动光标，输入距离数值

指定下一点或 [圆弧(A)/闭合(C)/半宽(H)/长度(L)/放弃(U)/宽度(W)]: A↙
                                              //输入 A，选择"圆弧(A)"选项

指定圆弧的端点或[角度(A)/圆心(CE)/闭合(CL)/方向(D)/半宽(H)/直线(L)/半径(R)/第二个点
(S)/放弃(U)/宽度(W)]: R↙   //输入 R，选择"半径(R)"选项

指定圆弧的半径：406↙   //输入半径数值

指定圆弧的端点或 [角度(A)]: 700↙

指定圆弧的端点或[角度(A)/圆心(CE)/闭合(CL)/方向(D)/半宽(H)/直线(L)/半径(R)/第二个点
(S)/放弃(U)/宽度(W)]: L↙   //输入 L，选择"直线"选项

指定下一点或 [圆弧 (A) /闭合 (C) /半宽 (H) /长度 (L) /放弃 (U) /宽度 (W)]：250↙
指定下一点或 [圆弧 (A) /闭合 (C) /半宽 (H) /长度 (L) /放弃 (U) /宽度 (W)]：400↙
指定下一点或 [圆弧 (A) /闭合 (C) /半宽 (H) /长度 (L) /放弃 (U) /宽度 (W)]：C↙

//输入 C，选择 "闭合" 选项，洗手台绘制结果如图 6-13 所示

02 将洗手盆复制粘贴到绘制完成的洗手台中，结果如图 6-14 所示。

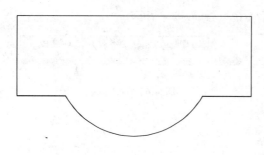

图 6-13　绘制洗手台轮廓

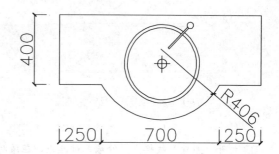

图 6-14　复制洗手盆

多段线在绘制的过程中各选项的含义如下：

➢ 圆弧（A）：输入 A 选择该项，将以绘制圆弧的方式绘制多段线。

➢ 半宽（H）：输入 H 选择该项，用来指定多段线的半宽值。系统将提示用户输入多段线的起点半宽值与终点半宽值。

➢ 长度（L）：输入 L 选择该项，将绘制指定长度的多段线。系统将按照上一条线段的方向绘制这一条多段线。如果上一段是圆弧，就将绘制与此圆弧相切的线段。

➢ 放弃（U）：输入 U 选择该项，将取消上一次绘制的多段线。

➢ 宽度（W）：输入 W 选择该项，可以设置多段线的宽度值。

⚙ 6.2.5　多线

多线是一种由多条平行线组成的组合图形对象。多线是 AutoCAD 中设置项目最多、应用最复杂的直线段对象。多线在室内设计制图中常用来绘制墙体和窗。

1. 设置线样式

在使用【多线】命令之前，可对多线的数量和每条单线的偏移距离、颜色、线型和背景填充等特性进行设置。设置多线样式命令主要有如下几种调用方法：

➢ 命令行：MLSTYLE

➢ 菜单栏：【格式】|【多线样式】

 【案例6-6】：创建【外墙】多线样式

01 选择【格式】|【多线样式】命令，打开如图 6-15 所示 "多线样式" 对话框。

02 单击【新建】按钮，打开 "创建新的多线样式" 对话框，在 "新样式名" 文本框中输入需要创建的多线样式名称，这里输入 "外墙" 文本，单击【继续】按钮，如图 6-16 所示。

图 6-15 "多线样式"对话框   图 6-16 新建样式

03 打开"新建多线样式：外墙"对话框，在该对话框中可以对新建的多线样式的封口、直线之间的距离、颜色和线型等进行设置，在"说明"文本框中可以对新建的多线样式进行用途、创建者、创建时间等说明，以便以后在选用多线样式时加以判断。这里设置参数如图 6-17 所示

04 设置完成后，单击【确定】按钮，保存设置并关闭该对话框，返回"多线样式"对话框，"样式"列表框会显示刚设置完成的多线样式。

图 6-17 设置多线参数

05 在选择需要使用的多线样式。单击【置为当前】按钮，可将选择的多线样式设置为当前系统默认的样式；单击【修改】按钮，将打开"修改多线样式"对话框，该对话框与"新建多线样式"对话框的选项完全一致，在其中可对指定样式的各选项进行修改；单击【重命名】按钮，可将选择的多线样式重新命名；单击【删除】按钮，可将选择的多线样式删除。

2．绘制多线

绘制多线的命令有如下几种调用方法：

➢ 命令行：MLINE / ML

➢ 菜单栏：【绘图】|【多线】

多线的绘制方法与直线的绘制方法相似，不同的是多线由两条线型相同的平行线组成。绘制的每一条多线都是一个完整的整体，不能对其进行偏移、倒角、延伸和剪切等编辑操作，只能使用分解命令将其分解成多条直线后再编辑。

课堂举例 【案例6-7】： 使用多线绘制墙体

01 按 Ctrl+O 组合键，打开"第 06 章\6.2.5 绘制墙体.dwg"素材文件。

02 调用 MLINE / ML 命令，使用前面创建的"外墙"样式绘制墙体，命令提示行及操作如下：

命令：MLINE✓	//调用多线命令
当前设置：对正 = 上，比例 = 20.00，样式 = STANDARD	
指定起点或 [对正(J)/比例(S)/样式(ST)]： ST✓	//选择"样式"选项

```
输入多线样式名或 [?]: 外墙↙                    //输入样式名称

当前设置: 对正 = 上, 比例 = 20.00, 样式 = 外墙

指定起点或 [对正(J)/比例(S)/样式(ST)]: J↙        //输入 J, 选择"对正"选项

输入对正类型 [上(T)/无(Z)/下(B)] <上>: Z↙        //输入 Z, 选择"无"选项

当前设置: 对正 = 无, 比例 = 20.00, 样式 = 外墙

指定起点或 [对正(J)/比例(S)/样式(ST)]: S↙        //输入 S, 选择"比例"选项

输入多线比例 <20.00>: 1↙                       //输入多线比例

当前设置: 对正 = 无, 比例 = 1.00, 样式 = 外墙

指定起点或 [对正(J)/比例(S)/样式(ST)]:         //捕捉轴线交点指定墙体起点, 如图 6-18 所示

指定下一点:                                   //捕捉轴线绘制墙体线, 如图 6-19 所示

指定下一点或 [放弃(U)]:                        //重复操作, 完成外墙的绘制, 如图 6-20 所示
```

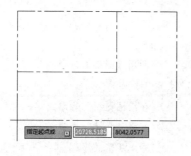

图 6-18 指定起点

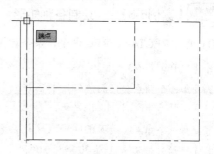

图 6-19 指定下一点

03 新建名称为"内墙"的多线样式, 设置偏移量分别为 60、-60; 调用 MLINE/ML 命令, 绘制内墙, 结果如图 6-21 所示。

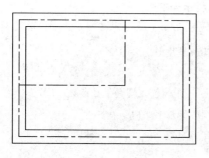

图 6-20 绘制外墙

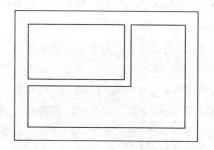

图 6-21 绘制内墙

执行多线命令过程中各选项的含义如下:

对正(J): 设置绘制多线时相对于输入点的偏移位置。该选项有上、无和下 3 个选项, 各选项含义如下:

➢ **上(T)**: 多线顶端的线随着光标移动。

➢ **无(Z)**: 多线的中心线随着光标移动。

➢ **下(B)**: 多线底端的线随着光标移动。

比例(S): 设置多线样式中平行多线的宽度比例。

样式(ST): 设置绘制多线时使用的样式, 默认的多线样式为 STANDARD。选择该选项后, 可以在提示信息"输入多线样式名或 [?]"后面输入已定义的样式名, 输入"?"则会列出当前图形中所有的多线样式。

6.3 多边形对象的绘制

6.3.1 矩形

矩形可以组成各种不同的图形，比如家具类的沙发、桌椅，铺贴类的地砖、门槛石，吊顶类的石膏板等，在实际绘图过程中可以为其设置倒角、圆角，宽度以及厚度值等参数。

调用绘制矩形命令的方法有：

➤ 命令行：RECTANG / REC
➤ 工具栏：【绘图】工具栏【矩形】按钮□
➤ 菜单栏：【绘图】|【矩形】

课堂举例【案例6-8】： 绘制各种矩形

01 调用 RECTANG/REC 命令，命令行提示如下：

```
命令：RECTANG↙                                    //调用【矩形】命令
指定第一个角点或 [倒角(C)/标高(E)/圆角(F)/厚度(T)/宽度(W)]：
                                                 //在绘图区指定矩形的第一个角点

指定另一个角点或 [面积(A)/尺寸(D)/旋转(R)]：D↙   //选择"尺寸"选项
指定矩形的长度 <10.0000>：300↙                   //输入矩形长度
指定矩形的宽度 <10.0000>：500↙                   //输入矩形宽度
指定另一个角点或 [面积(A)/尺寸(D)/旋转(R)]：      //指定矩形的另一个角点，绘制结果如图
6-22 所示
```

02 调用 RECTANG/REC 命令，绘制圆角矩形，命令行提示如下：

```
命令：RECTANG↙
指定第一个角点或 [倒角(C)/标高(E)/圆角(F)/厚度(T)/宽度(W)]：F↙
                                                 //输入 F，选择"圆角"选项
指定矩形的圆角半径 <0.0000>：50↙                 //输入圆角半径参数
指定第一个角点或 [倒角(C)/标高(E)/圆角(F)/厚度(T)/宽度(W)]：
指定另一个角点或 [面积(A)/尺寸(D)/旋转(R)]：D↙
指定矩形的长度 <300.0000>：300↙
指定矩形的宽度 <500.0000>：500↙
指定另一个角点或 [面积(A)/尺寸(D)/旋转(R)]：      //圆角矩形的绘制结果如图 6-23 所示
```

图 6-22　普通矩形

图 6-23　圆角矩形

03 调用 RECTANG/REC 命令，绘制倒角矩形，命令行提示如下：

命令：RECTANG↙

当前矩形模式：　圆角=50.0000

指定第一个角点或 [倒角(C)/标高(E)/圆角(F)/厚度(T)/宽度(W)]：C↙

　　　　　　　　　　　　　　　　　　　　//选择"倒角"选项

指定矩形的第一个倒角距离 <50.0000>：60↙　　　//指定第一个倒角距离参数

指定矩形的第二个倒角距离 <50.0000>：60↙　　　//指定第二个倒角距离参数

指定第一个角点或 [倒角(C)/标高(E)/圆角(F)/厚度(T)/宽度(W)]：

指定另一个角点或 [面积(A)/尺寸(D)/旋转(R)]：D↙

指定矩形的长度 <300.0000>：300↙

指定矩形的宽度 <500.0000>：500↙

指定另一个角点或 [面积(A)/尺寸(D)/旋转(R)]：　　//倒角矩形的绘制结果如图6-24所示。

04 调用 RECTANG/REC 命令，绘制有宽度矩形，命令行提示如下：

命令：RECTANG↙

当前矩形模式：　倒角=60.0000 x 60.0000

指定第一个角点或 [倒角(C)/标高(E)/圆角(F)/厚度(T)/宽度(W)]：W↙

　　　　　　　　　　　　　　　　　　//输入W，选择"宽度"选项

指定矩形的线宽 <0.0000>：60↙　　　　　　//指定线宽参数

指定第一个角点或 [倒角(C)/标高(E)/圆角(F)/厚度(T)/宽度(W)]：

指定另一个角点或 [面积(A)/尺寸(D)/旋转(R)]：D↙

指定矩形的长度 <300.0000>：300↙

指定矩形的宽度 <500.0000>：500↙

指定另一个角点或 [面积(A)/尺寸(D)/旋转(R)]：　　//有宽度的矩形绘制结果如图6-25所示

05 单击绘图区左上角的视图控件按钮，将当前视图转换为"西南等轴测视图"。

图 6-24　倒角矩形 　　　　　　　　　　图 6-25　有宽度矩形

命令行各选项的含义如下：

➢　倒角（C）：设置矩形的倒角。

➢　标高（E）：设置矩形的高度。在系统默认的情况下，矩形在 X、Y 平面之内。该选项一般用于三维绘图。

➢　圆角（F）：设置矩形的圆角。

➢　厚度（T）：设置矩形的厚度，该选项一般用于三维绘图。

➢　宽度（W）：设置矩形的宽度。

⚙ 6.3.2　正多边形

由三条或三条以上长度相等的线段首尾相接形成的闭合图形称为正多边形。正多边形的边数范围在 3~1024

之间。在施工图的绘制中，正多边形使用不是很频繁，绘制也较简单。

【正多边形】命令调用方法有：

➤ 命令行：POLYGON / POL

➤ 工具栏：【绘图】工具栏【正多边形】按钮 ⬠

➤ 菜单栏：【绘图】|【正多边形】

课堂举例【案例6-9】： 绘制多边形

01 调用 POLYGON / POL 命令，绘制三角形，命令行提示如下：

命令： _POLYGON✓	
输入侧面数 <4>: 3✓	//输入侧面数
指定正多边形的中心点或 [边(E)]:	//指定中心点
输入选项 [内接于圆(I)/外切于圆(C)] <I>: I✓	//选择"内接于圆"选项
指定圆的半径：300✓	//输入圆半径参数，绘制结果如图6-26所示。

02 调用 POLYGON / POL 命令，根据实际需要设置侧面数及半径值，绘制其他多边形的结果如图 6-27 所示。

图 6-26 绘制三角形

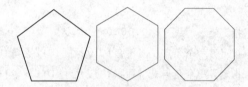

图 6-27 绘制其他多边形

命令行各选项含义如下：

➤ 中心点：通过指定正多边形中心点的方式来绘制正多边形。选择该选项后，会提示"输入选项 [内接于圆(I)/外切于圆(C)] <I>:"的信息，内接于圆表示以指定正多边形内接圆半径的方式来绘制正多边形，如图 6-28 所示；外切于圆表示以指定正多边形外切圆半径的方式来绘制正多边形，如图 6-29 所示。

➤ 边：通过指定多边形边的方式来绘制正多边形。该方式将通过边的数量和长度确定正多边形。

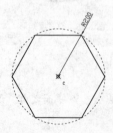

图 6-28 内接于圆

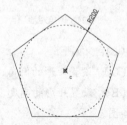

图 6-29 外切于圆

6.4 曲线对象的绘制

圆、圆弧、椭圆、椭圆弧以及圆环都属于曲线对象，其绘制方法相对于直线对象来说要复杂一些。

6.4.1　样条曲线

样条曲线是一种能够自由编辑的曲线，在选择需要编辑的样条曲线之后，曲线周围会显示控制点，用户可以根据自己的实际需要，通过调整曲线上的起点、控制点来控制曲线的形状，如图 6-30 所示。

图 6-30　样条曲线

调用【样条曲线】命令方法有：

➢ 　命令行：SPLINE / SPL

➢ 　工具栏：【绘图】工具栏【样条曲线】按钮

➢ 　菜单栏：【绘图】|【样条曲线】|【拟合】或【控制点】

绘制样条曲线命令行提示如下：

```
命令：SPLINE↙                              //调用【样条曲线】命令
当前设置：方式=拟合    节点=弦                //系统当前设置
指定第一个点或 [方式(M)/节点(K)/对象(O)]：    //在绘图区中指定任意一点作为样条曲线的起点
输入下一个点或 [起点切向(T)/公差(L)]：       //指定样条曲线的下一个点
输入下一个点或 [端点相切(T)/公差(L)/放弃(U)]：          //再次指定样条曲线的下一点
输入下一个点或 [端点相切(T)/公差(L)/放弃(U)/闭合(C)]：：          //按空格键结束点的指定，结
束绘制，结果如图 6-30 所示。
```

6.4.2　圆和圆弧

1.　圆的绘制

圆在 AutoCAD 工程制图中常常用来表示柱子、孔洞、轴等基本构件。而在室内设计制图中则可用来表示简易绘制的椅子、灯具，以及管道的分布情况等，使用也相当的频繁。

调用【圆】命令的方法有：

➢ 　命令行：CIRCLE / C

➢ 　工具栏：【绘图】工具栏【圆】按钮

➢ 　菜单栏：【绘图】|【圆】

AutoCAD 2013 为用户提供了 6 种绘制圆的方法，如图 6-31 所示。

➢ 　圆心、半径：用圆心和半径方式绘制圆。

➢ 　圆心、直径：用圆心和直径方式绘制圆。

➢ 　三点：通过三个点绘制圆，系统会提示指定第一点、第二点和第三点。

➢ 　两点：通过两个点绘制圆，系统会提示指定圆直径的第一端点和第二端点。

➢ 　相切、相切、半径：通过两个其他对象的切点和输入半径值来绘制圆。系统会提示指定圆的第一切线和第二切线上的点及圆的半径。

➤ 相切、相切、相切：通过指定 3 个相切对象绘制圆。

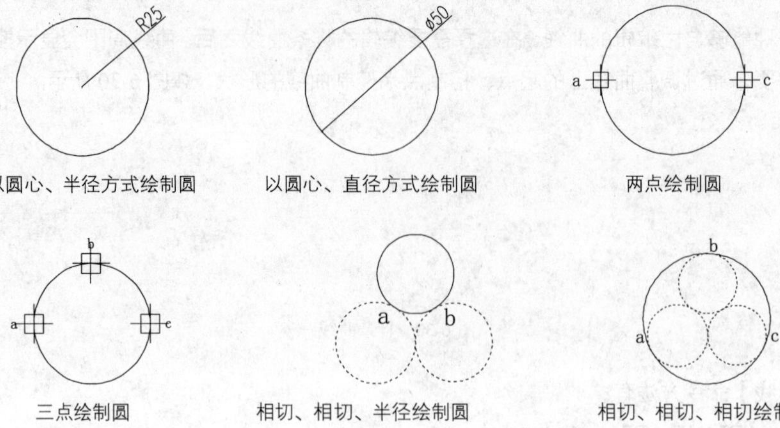

以圆心、半径方式绘制圆

以圆心、直径方式绘制圆

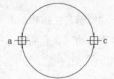

两点绘制圆

三点绘制圆

相切、相切、半径绘制圆

相切、相切、相切绘制圆

图 6-31　6 种绘制圆的方法

【案例6-10】：　绘制洗手盆

01 按 Ctrl+O 组合键，打开 "第 06 章\6.4.2 绘制洗手盆.dwg" 素材文件，如图 6-32 所示。

02 调用 CIRCLE / C 命令，绘制半径为 200 的圆，表示洗手盆外轮廓，如图 6-33 所示。

03 调用 CIRCLE / C 命令，绘制半径为 25 的圆，表示洗手盆出水口，如图 6-34 所示。

图 6-32　打开素材文件

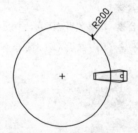

图 6-33　绘制外轮廓

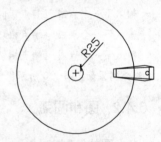

图 6-34　绘制出水口

04 调用 CIRCLE / C 命令，分别绘制半径为 20 和 12 的圆，表示洗手盆旋钮形状，如图 6-35 所示。

05 调用 TRIM/TR 命令，修剪多余线段，完成洗脸盆的绘制如图 6-36 所示。

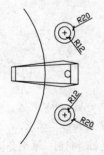

图 6-35　绘制开关

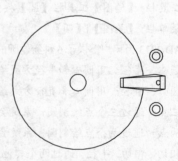

图 6-36　修剪完善图形

2. 圆弧的绘制

启动【圆弧】命令有以下几种方法：

- ➤ 命令行：ARC/A
- ➤ 工具栏：【绘图】工具栏【圆弧】按钮
- ➤ 菜单栏：【绘图】|【圆弧】

AutoCAD 2013 共提供了 11 种绘制圆弧的方法，常用的几种绘制方式如图 6-37 所示。

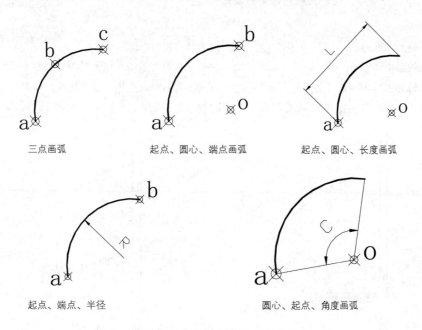

图 6-37　几种最常用的绘制圆弧的方法

- ➤ **三点**：通过指定圆弧上的三点绘制圆弧，需要指定圆弧的起点、通过的第二个点和端点。
- ➤ **起点、圆心、端点**：通过指定圆弧的起点、圆心、端点绘制圆弧。
- ➤ **起点、圆心、角度**：通过指定圆弧的起点、圆心、包含角绘制圆弧。执行此命令时会出现"指定包含角："的提示，在输入角度时，如果当前环境设置逆时针方向为角度正方向，且输入正的角度值，则绘制的圆弧是从起点绕圆心沿逆时针方向绘制，反之则沿顺时针方向绘制。
- ➤ **起点、圆心、长度**：通过指定圆弧的起点、圆心、弦长绘制圆弧。另外，在命令行提示的"指定弦长："提示信息下，如果所输入的值为负，则该值的绝对值将作为对应整圆的空缺部分圆弧的弦长。
- ➤ **起点、端点、角度**：通过指定圆弧的起点、端点、包含角绘制圆弧。
- ➤ **起点、端点、方向**：通过指定圆弧的起点、端点和圆弧的起点切向绘制圆弧。命令执行过程中会出现"指定圆弧的起点切向："提示信息，此时拖动鼠标动态地确定圆弧在起始点处的切线方向与水平方向的夹角。拖动鼠标时，AutoCAD 会在当前光标与圆弧起始点之间形成一条线，即为圆弧在起始点处的切线。确定切线方向后，单击拾取键即可得到相应的圆弧。
- ➤ **起点、端点、半径**：通过指定圆弧的起点、端点和圆弧半径绘制圆弧。
- ➤ **圆心、起点、端点**：以圆弧的圆心、起点、端点方式绘制圆弧。
- ➤ **圆心、起点、角度**：以圆弧的圆心、起点、圆心角方式绘制圆弧。

> ➤ 圆心、起点、长度：以圆弧的圆心、起点、弦长方式绘制圆弧。
> ➤ 继续：绘制其他直线或非封闭曲线后选择"绘图"|"圆弧"|"继续"命令，系统将自动以刚才绘制的对象的终点作为即将绘制的圆弧的起点。

课堂举例【案例6-11】： 绘制双开门

01 调用 REC 命令，绘制一个 700×40 大小的矩形，表示门页。

02 调用 ARC/A 命令，绘制圆弧，命令行提示如下：

```
命令：ARC↙
指定圆弧的起点或 [圆心(C)]：C↙          //选择"圆心"选项
指定圆弧的圆心：                        //捕捉矩形左下端点作为圆心，如图 6-38 所示
指定圆弧的起点：700↙                   //水平向右移动光标，指定起点，如图 6-39 所示
指定圆弧的端点或 [角度(A)/弦长(L)]：    //捕捉矩形端点，如图 6-40 所示
```

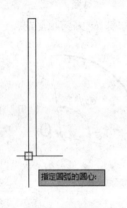

图 6-38 指定圆心

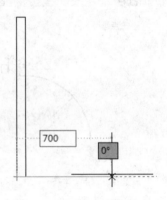

图 6-39 指定起点

03 重复操作，或者镜像复制，完成双开门的绘制，如图 6-41 所示。

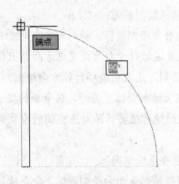

图 6-40 指定端点

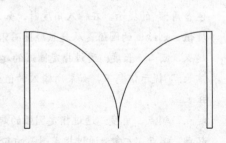

图 6-41 镜像复制

6.4.3 圆环和填充圆

圆环是由同一圆心、不同直径的两个同心圆组成的，控制圆环的主要参数是圆心、内直径和外直径。如果圆环的内直径为 0，则圆环为填充圆。

启动【圆环】命令有如下方法：

> 命令行：DONUT / DO
> 菜单栏：【绘图】|【圆环】

AutoCAD 默认情况下，所绘制的圆环为填充的实心图形。如果在绘制圆环之前，在命令行输入 FILL 命令，则可以控制圆环或圆的填充可见性。执行 FILL 命令后，命令行提示如下：

命令：FILL↙
输入模式 [开(ON)/关(OFF)] <开>：

选择开 ON 模式，表示绘制的圆环和圆要填充，如图 6-42 所示。选择关 OFF 模式，表示绘制的圆环和圆不要填充，如图 6-43 所示。

图 6-42　选择开（ON）模式

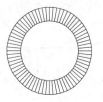

图 6-43　选择关(OFF)模式

6.4.4　椭圆和椭圆弧

1. 绘制椭圆

椭圆是平面上到定点距离与到指定直线间距离之比为常数的所有点的集合。

启动【椭圆】命令有如下方法：

> 命令行：ELLIPSE / EL
> 菜单栏：选择【绘图】|【椭圆】
> 工具栏："绘图"工具栏"椭圆"按钮 ⬤

在 AutoCAD 中，绘制椭圆有两种方法，即指定端点和指定中心点。

❑　指定端点

单击菜单栏中的【绘图】|【椭圆】|【轴、端点】命令，或在命令行中执行 ELLIPSE / EL 命令，根据命令行提示绘制椭圆。

如绘制一个长半轴为 100，短半轴为 75 的椭圆，其命令行提示如下：

命令：ELLIPSE↙
指定椭圆的轴端点或 [圆弧(A)/中心点(C)]：　　　　//单击鼠标指定椭圆的一端点 A
指定轴的另一个端点：@100,0↙　　　　　　　　　　//输入相对坐标确定椭圆另一端点 B
指定另一条半轴长度或 [旋转(R)]：75↙　　　　　　//输入椭圆短半轴的长度，如图 6-44 所示。

❑　指定中心点

单击菜单栏中的【绘图】|【椭圆】|【圆心】命令，或在命令行中执行 ELLIPSE / EL 命令，根据命令行提示绘制椭圆。

如绘制一个圆心坐标为（0，0），长半轴为 100，短半轴为 75 的椭圆，其命令行提示如下：

命令：ELLIPSE↙
指定椭圆的轴端点或 [圆弧(A)/中心点(C)]：C↙　　　//选择"中心点（C）"选项/

指定椭圆的中心点：0,0✓   //输入椭圆中心点的坐标，确定中心点 O

指定轴的端点：@100,0✓   //确定椭圆长半轴的一端点 B

指定另一条半轴长度或[旋转(R)]:75 ✓   //输入半轴长度，绘制结果如图 6-45 所示

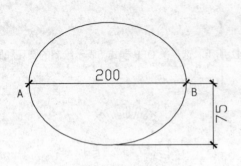

图 6-44　指定端点绘制椭圆

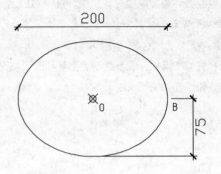

图 6-45　指定中心点绘制椭圆

2. 绘制椭圆弧

椭圆弧是椭圆的一部分，和椭圆不同的是它的起点和终点没有闭合。绘制椭圆弧需要确定的参数有：椭圆弧所在椭圆的两条轴及椭圆弧的起点和终点的角度。

启动绘制椭圆弧命令有如下方法：

➤ 命令行：ELLIPSE / EL

➤ 菜单栏：【绘图】|【椭圆】|【圆弧】

➤ 工具栏："绘图"工具栏"椭圆弧"按钮

【案例6-12】： 绘制马桶图形

01 按 Ctrl+O 组合键，打开"6.4.4 绘制椭圆弧.dwg"图形。如图 6-46 所示

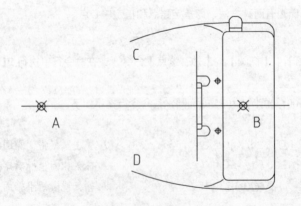

图 6-46　打开图形

02 调用【绘图】|【椭圆】|【圆弧】命令，绘制椭圆弧，命令行提示如下：

命令：_ellipse

指定椭圆的轴端点或 [圆弧(A)/中心点(C)]：_a

指定椭圆弧的轴端点或 [中心点(C)]：   //指定椭圆弧的端点 A

指定轴的另一个端点：	//指定另一个端点 B
指定另一条半轴长度或 [旋转(R)]：195✓	//输入半轴长度
指定起点角度或 [参数(P)]：	//单击 B 点
指定端点角度或 [参数(P)/包含角度(I)]：	//单击 A 点

03 绘制的椭圆弧结果如图 6-47 所示。

04 重复操作，绘制另一椭圆弧；调用 TRIM/TR 命令，修剪多余线段，完成马桶图形的绘制，结果如图 6-48 所示。

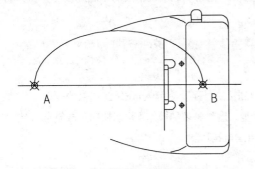

图 6-47 绘制椭圆弧

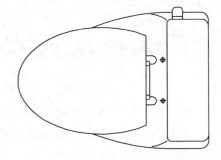

图 6-48 绘制另一条椭圆弧

第 7 章
图形的快速编辑

本章导读

　　使用 AutoCAD 绘图是一个由简到繁、由粗到精的过程。使用 AutoCAD 提供的一系列修改命令，对图形进行移动、复制、阵列、修剪、删除等多种操作，可以快速生成复杂的图形。本章将重点讲述这些图形编辑命令的用法与技巧。

本章重点

- 选择对象的方法
- 对象的移动和旋转
- 对象的删除、复制、镜像、偏移和阵列
- 对象的修剪、延伸、缩放和拉伸
- 分解、打断以及合并对象
- 倒角和圆角对象
- 使用夹点编辑对象

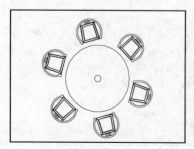

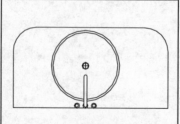

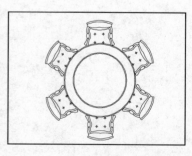

7.1　选择对象的方法

在编辑图形之前，首先需要对编辑的图形进行选择。在 AutoCAD 中，选择对象的方法有很多，本节介绍常用的几种选择方法。

7.1.1　直接选取

直接选取又称为点取对象，直接将光标拾取点移动到欲选取对象上，然后单击鼠标左键即可完成选取对象的操作，如图 7-1 所示。

7.1.2　窗口选取

窗口选取对象是以指定对角点的方式，定义矩形选取范围的一种选取方法。利用该方法选取对象时，从左往右拉出选择框，此时的选择框显示为实线，只有全部位于矩形窗口中的图形对象才会被选中，如图 7-2 所示。

窗口选择对象的命令是 WINDOWS/W，在命令行中输入该命令后按下空格键，即可执行该命令。

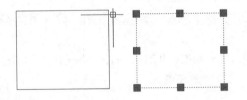

图 7-1　直接单击选择

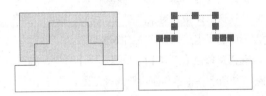

图 7-2　窗口选取

7.1.3　交叉窗口选取

交叉选取方式与窗口选取方式相反，从右往左拉出选择框，此时的选择框显示为虚线，无论是全部还是部分位于选择框中的图形都将被选中，如图 7-3 所示。

交叉窗口选择的命令是 CROSSING/C，在编辑图形的过程中，输入该命令后按下空格键，即可执行该命令。

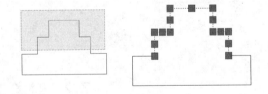

7.1.4　不规则窗口选取

相对于比较规则的选取方法，比如直接选取、窗口选取，AutoCAD 还提供了另外一种选取方法，即不规则窗口选取。

图 7-3　交叉窗口选取

不规则窗口选取是以指定若干点的方式定义不规则形状的区域来选择对象，包括圈围和圈交两种方式，圈围多边形窗口选择完全包含在内的对象，而圈交多边形可以选择包含在内或相交的对象，相当于窗口选取和交叉窗口选取的区别。

在命令行提示选择对象时，输入 WP（圈围）或 CP（圈交），即可绘制不规则窗口进行选取，如图 7-4 与图 7-5 所示。

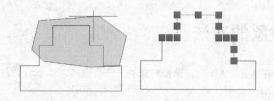 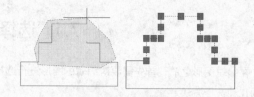

图 7-4 使用圈围进行选择　　　　　　　　　　　　　　　　图 7-5 使用圈交进行选择

7.1.5　栏选对象

栏选图形即在选择图形时拖拽出任意折线，凡是与折线相交的图形对象均被选中，如图 7-6 所示，虚线显示部分为被选择的部分。使用该方式选择连续性对象非常方便，但栏选线不能封闭或相交。

在系统提示选择对象时，输入 F 即可使用栏选方式选择对象。

7.1.6　快速选择

快速选择是 AutoCAD 中选择对象最为快捷方便的方式，因而在绘图过程中常常使用到。

快速选择能根据对象的图层、线型、颜色、图案填充等特性和类型创建选择集，从而可以准确快速地从复杂的图形中选择满足某种特性的图形对象。

选择菜单栏【工具】|【快速选择】命令，或在命令行输入 QSELECT 并回车，打开"快速选择"对话框，如图 7-7 所示。根据需要设置选择范围，单击【确定】按钮，即完成选择操作。

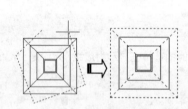

图 7-6　栏选对象

图 7-7　"快速选择"对话框

7.2　对象的移动和旋转

本节所介绍的编辑工具是对图形位置、角度进行调整，此类工具在室内装潢施工图绘制过程中使用非常频繁。

7.2.1　移动对象

移动对象是指对象的重定位，可以在指定方向上按指定距离移动对象，对象的位置发生了改变，但方向和大小不改变，可以通过以下方法启动【移动】命令：

➢　命令行：MOVE / M

➢　菜单栏：【修改】|【移动】命令

➢　工具栏："修改"工具栏"移动"按钮 ✣

【案例7-1】：　移动家具图形

01 按 Ctrl+O 组合键，打开"第 07 章\7.2.1 移动图形.dwg"素材文件，如图 7-8 所示。

02 调用 MOVE/M 命令，移动双人床图形，命令行提示如下：

命令：MOVE↙

选择对象：指定对角点：找到 187 个　　　　　　//选择双人床图形

选择对象：↙　　　　　　　　　　　　　　　//按回车键结束选择对象

指定基点或〔位移(D)〕<位移>：　　　　　//捕捉被移动对象的基点

指定第二个点或 <使用第一个点作为位移>：　　//指定目标点，释放鼠标，结果如图 7-9 所示

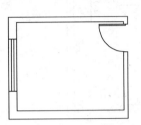

移动图形前

图 7-8　打开文件

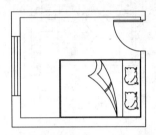

移动图形后

图 7-9　移动图形

03 重复操作，完成卧室家具布置，如图 7-10 所示。

7.2.2　旋转对象

使用【旋转】命令可以绕指定基点旋转图形中的对象。该命令调用方法如下：

➤　命令行：ROTATE / RO

➤　菜单栏：【修改】|【旋转】命令

➤　工具栏："修改"工具栏"旋转"按钮

【案例7-2】：　调用 ROTATE / RO 命令旋转图形

01 按 Ctrl+O 组合键，打开"第 07 章\7.2.2 旋转图形.dwg"素材文件，如图 7-11 所示。

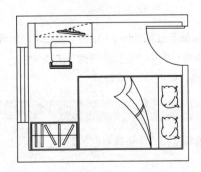

图 7-10　布置其他卧室家具

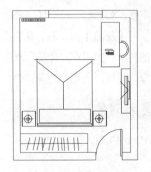

图 7-11　打开图形

02 调用 ROTATE / RO 命令，调整双人床方向，命令行提示如下：

命令: ROTATE↙   //调用【旋转】命令
UCS 当前的正角方向: ANGDIR=逆时针 ANGBASE=0   //系统自动显示当前 UCS 坐标
选择对象: 指定对角点: 找到 1 个   //选择双人床
指定基点: //捕捉绘图区中的任意一点作为图形旋转的起点
指定旋转角度, 或 [复制(C)/参照(R)] <270>:90↙   //输入对象需要旋转的角度

03 调用 M【移动】命令, 调整双人床的位置, 使其靠左侧墙体摆放, 如图 7-12 所示。

04 重复调用 ROTATE / RO 命令, 指定旋转角度为-180°, 旋转书桌图形, 如图 7-13 所示。

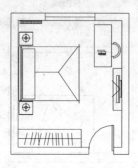

图 7-12 旋转并移动床

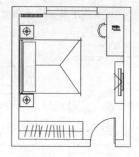

图 7-13 旋转书桌

7.3 对象的删除、复制、镜像、偏移和阵列

在绘图过程中, 有时候会使用到相同的图形, 如果对每一个相同的图形都要一一进行绘制的话, 不仅费时费力, 而且有可能因为每次绘制的图形不尽相同而影响效果。针对于此, AutoCAD 为广大用户提供了一系列编辑工具, 主要是以现有图形对象为源对象, 绘制出与源对象相同或相似的图形, 从而可以简化绘制步骤, 以达到提高绘图效率和绘图精度的作用。

7.3.1 删除对象

在 AutoCAD 2013 中可以用删除命令删除选中的对象, 该命令调用方法如下:

➢ 命令行: ERASE / E

➢ 菜单栏:【修改】|【删除】命令

➢ 工具栏: "修改"工具栏"删除"按钮 ✎

通常, 当执行【删除】命令后, 需要选择删除的对象, 然后按回车键或 Space(空格)键结束对象选择, 同时删除已选择的对象, 如果在"选项"对话框的"选择集"选项卡中, 选中"选择集模式"选项组中的"先选择后执行"复选框, 就可以先选择对象, 然后单击【删除】按钮删除, 如图 7-14 所示。

7.3.2 复制对象

在 AutoCAD 2013 中, 使用复制命令, 可以从原对象以指定的角度和方向创建对象的副本。通过以下方法可以复制对象:

➢ 命令行: COPY / CO

➢ 菜单栏:【修改】|【复制】命令

➢ 工具栏: "修改"工具栏"复制"按钮 ⊙

这里以复制衣柜衣架为例，讲解使用 COPY 命令进行复制的方法。

课堂举例【案例7-3】：　复制衣柜衣服图形

01 按 Ctrl+O 组合键，打开"第 07 章\7.3.3 复制图形.dwg"素材文件，如图 7-15 所示。

02 调用 COPY / CO 命令，移动复制衣服图形，命令行提示如下：

命令：COPY↙	//调用【复制】命令
选择对象：找到 1 个	//选择衣服图形
选择对象：	//按空格键结束对象的选择
当前设置：　复制模式 = 多个	//系统所提示的当前选择模式
指定基点或［位移(D)/模式(O)］<位移>：	//拾取挂衣杆上的点作为移动的基点
指定第二个点或［阵列(A)］<使用第一个点作为位移>：	//连接单击指定对象移动的目标点
指定第二个点或［阵列(A)/退出(E)/放弃(U)］<退出>：	//按回车结束命令

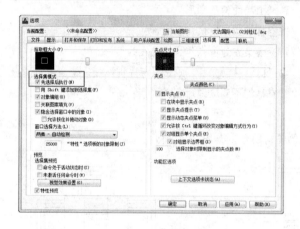

图 7-14　"选项"对话框

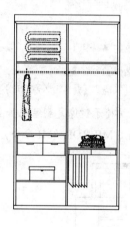

图 7-15　打开图形

03 衣服复制结果如图 7-16 所示。

04 重复调用 COPY/CO 命令，复制其他图形，如图 7-17 所示。

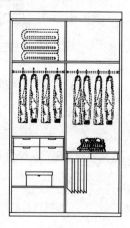

图 7-16　连续复制

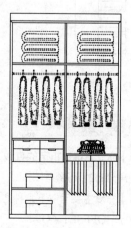

图 7-17　复制其他图形

7.3.3 镜像对象

在 AutoCAD 2013 中可以使用【镜像】命令绕指定轴翻转对象，创建对称的镜像图像。

调用【镜像】命令的方法如下：

- ➢ 命令行：MIRROR / MI
- ➢ 菜单栏：【修改】|【镜像】命令
- ➢ 工具栏："修改"工具栏"镜像"按钮 ⚎

课堂举例 【案例7-4】: 镜像复制椅子

01 按 Ctrl+O 组合键，打开"第 07 章\7.3.3 镜像图形.dwg"素材文件，如图 7-18 所示。

02 调用 MIRROR / MI 命令，镜像复制椅子图形，命令行提示如下：

命令：MIRROR↙	//调用【镜像】命令
选择对象：找到 1 个	//选择上端的椅子图形
选择对象：	//按空格键结束镜像对象的选择
指定镜像线的第一点：	//捕捉餐桌左边中点作为镜像线的第一点
指定镜像线的第二点：	//水平向右移动光标，单击鼠标左键，指定镜像线第二点
要删除源对象吗？[是(Y)/否(N)] <N>：	//按空格键不删除源对象

03 餐桌上端椅子镜像复制结果如图 7-19 所示。

04 重复调用 MIRROR / MI 命令，镜像复制左侧餐椅图形，如图 7-20 所示。

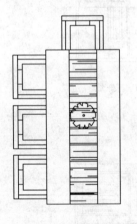
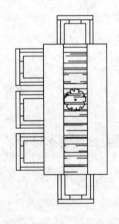
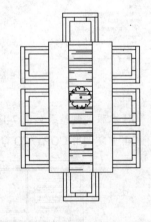

图 7-18 打开图形　　　　图 7-19 镜像复制上下端椅子　　　　图 7-20 镜像复制侧边椅子

7.3.4 偏移对象

使用【偏移】命令，可对指定的直线、圆弧和圆等对象做偏移复制。在实际应用中，常使用【偏移命令】创建平行线或等距离分布的图形。

启动【偏移】命令主要有以下几种方法：

- ➢ 命令行：OFFSET / O
- ➢ 菜单栏：【修改】|【偏移】命令
- ➢ 工具栏："修改"工具栏"偏移"按钮 ⚎

默认情况下，偏移时需要输入偏移距离，并指定偏移方向。

课堂举例【案例7-5】：偏移绘制立柜图形

01 按 Ctrl+O 组合键，打开"第 07 章\7.3.4 偏移图形.dwg"素材文件，如图 7-21 所示。

02 调用 OFFSET / O 命令，绘制柜子图形，命令行提示如下：

命令：OFFSET✓	//调用【偏移】命令
当前设置：删除源=否 图层=源 OFFSETGAPTYPE=0	
指定偏移距离或 [通过(T)/删除(E)/图层(L)] <通过>：375✓	//指定偏移距离
选择要偏移的对象，或 [退出(E)/放弃(U)] <退出>：	//选择水平线段
指定要偏移的那一侧上的点，或[退出(E)/多个(M)/放弃(U)]<退出>：	//单击选择偏移方向
选择要偏移的对象，或 [退出(E)/放弃(U)] <退出>：	//继续偏移刚才偏移的线段

03 重新指定偏移距离为 20，连续偏移复制水平线段，偏移结果如图 7-22 所示。

04 重复 OFFSET / O 命令，偏移线段以绘制柜子图形；调用 TRIM/TR 命令，修剪多余线段，绘制结果如图 7-23 所示。

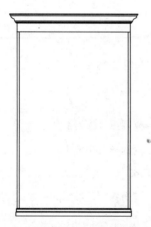

图 7-21 打开图形

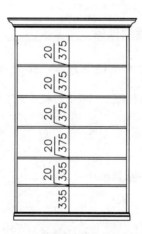

图 7-22 偏移结果

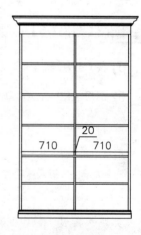

图 7-23 绘制分隔线

7.3.5 阵列对象

利用【阵列】命令，可以按照矩形、环形（极轴）和路径的方式，以定义的距离、角度和路径复制出源对象的多个对象副本，如图 7-24 所示。

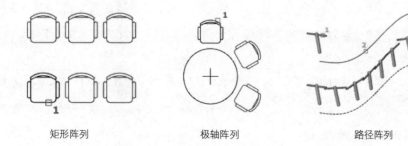

矩形阵列   极轴阵列   路径阵列

图 7-24 阵列的三种方式

1. 调用【阵列】命令

在 AutoCAD 2013 中调用【阵列】命令的方法如下:

➢ 命令行: ARRAY/AR

➢ 工具栏:【修改】工具栏【阵列】按钮 品

➢ 菜单栏:【修改】|【阵列】子菜单

调用 ARRAY 命令时,命令行会出现相关提示,提示用户设置阵列类型和相关参数。

命令: ARRAY ✓	//调用【阵列】命令
选择对象:	//选择阵列对象并回车
选择对象: 输入阵列类型 [矩形 (R) / 路径 (PA) / 极轴 (PO)] <矩形>:	//选择阵列类型

2. 矩形阵列

矩形阵列是以控制行数、列数以及行和列之间的距离,或添加倾斜角度的方式,使选取的阵列对象成矩形方式进行阵列复制,从而创建出源对象的多个副本对象。

课堂举例【案例7-6】: 矩形阵列绘制楼梯

01 按 Ctrl+O 组合键,打开"第 07 章\7.3.5 矩形阵列.dwg"素材文件,如图 7-25 所示。

02 调用 ARRAY/AR 命令,绘制楼梯图形,命令行提示如下:

命令: ARRAY✓	//调用【阵列】命令
选择对象: 找到 1 个	//选择楼梯踏步线
选择对象: 输入阵列类型 [矩形 (R) / 路径 (PA) / 极轴 (PO)] <矩形>: R✓	
	//选择"矩形"阵列方式
类型 = 矩形 关联 = 是	
选择夹点以编辑阵列或 [关联 (AS) / 基点 (B) / 计数 (COU) / 间距 (S) / 列数 (COL) / 行数 (R) / 层数 (L) / 退出 (X)] <退出>: COU	//选择"计数"选项
输入列数数或 [表达式 (E)] <4>: 1✓	
输入行数数或 [表达式 (E)] <3>: 8✓	
选择夹点以编辑阵列或 [关联 (AS) / 基点 (B) / 计数 (COU) / 间距 (S) / 列数 (COL) / 行数 (R) / 层数 (L) / 退出 (X)] <退出>: S✓	//输入 S,选择"间距"选项
指定列之间的距离或 [单位单元 (U)] <1425>:	//直接按回车键
指定行之间的距离 <1>:270✓	
选择夹点以编辑阵列或 [关联 (AS) / 基点 (B) / 计数 (COU) / 间距 (S) / 列数 (COL) / 行数 (R) / 层数 (L) / 退出 (X)] <退出>:	//按 Esc 键退出命令

03 踏步阵列结果如图 7-26 所示。

04 重复阵列操作,完成楼梯右侧踏步图形的绘制,如图 7-27 所示。

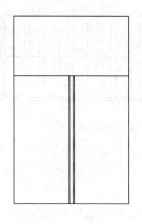

图 7-25　打开图形

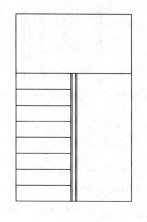

图 7-26　矩形阵列

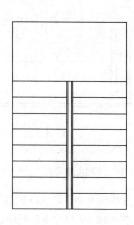

图 7-27　绘制另一侧楼梯踏步

3．路径阵列

路径阵列方式沿路径或部分路径均匀分布对象副本。在 ARRAY 命令提示行中选择"路径(PA)"选项或直接输入 ARRAYPATH 命令，即可进行路径阵列。

课堂举例【案例7-7】：　路径阵列绘制衣架

01 按 Ctrl+O 组合键，打开"第 07 章\7.3.5 路径阵列.dwg"素材文件，如图 7-28 所示。

02 调用 ARRAY/AR 命令，阵列复制衣架图形，命令行提示如下：

```
命令：ARRAY✓                                           //调用【阵列】命令
选择对象：找到 1 个                                      //选择衣架图形
选择对象： 输入阵列类型 [矩形(R)/路径(PA)/极轴(PO)] <路径>：PA✓
                                                       //选择"路径"阵列类型

类型 = 路径　关联 = 是
选择路径曲线：                                          //选择挂衣杆直线作为阵列路径
选择夹点以编辑阵列或 [关联(AS)/方法(M)/基点(B)/切向(T)/项目(I)/行(R)/层(L)/对齐项目
(A)/Z 方向(Z)/退出(X)] <退出>：M✓                       //选择"方法"选项
输入路径方法 [定数等分(D)/定距等分(M)] <定距等分>：M✓    //选择"定距等分"选项
选择夹点以编辑阵列或 [关联(AS)/方法(M)/基点(B)/切向(T)/项目(I)/行(R)/层(L)/对齐项目
(A)/Z 方向(Z)/退出(X)] <退出>：I✓                       //选择"项目"选项
指定沿路径的项目之间的距离或 [表达式(E)] <52.5>：100✓   //设置项目间距离
最大项目数 = 16
指定项目数或 [填写完整路径(F)/表达式(E)] <16>：14✓      //指定项目数
选择夹点以编辑阵列或 [关联(AS)/方法(M)/基点(B)/切向(T)/项目(I)/行(R)/层(L)/对齐项目
(A)/Z 方向(Z)/退出(X)] <退出>：                          //按 Esc 键结束绘制
```

03 衣架在挂衣杆上等距进行排列，阵列结果如图 7-29 所示。

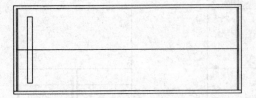

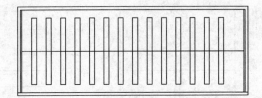

图 7-28　打开图形

图 7-29　路径阵列

4．极轴阵列

【极轴阵列】通过围绕指定的圆心复制选定对象来创建阵列。

在 ARRAY 命令提示行中选择"极轴(PO)"选项或直接输入 ARRAYPOLAR 命令，即可进行极轴阵列。

课堂举例【案例7-8】：　极轴阵列绘制桌椅

01 按 Ctrl+O 组合键，打开"第 07 章\7.3.5 极轴阵列.dwg"素材文件，如图 7-30 所示。

02 调用 ARRAY/AR 命令，命令行提示如下：

命令：ARRAY↙　　　　　　　　　　　　　　　　　//调用【阵列】命令

选择对象：找到 1 个　　　　　　　　　　　　　　//选择桌椅图形

选择对象：　输入阵列类型 [矩形(R)/路径(PA)/极轴(PO)] <路径>：PO↙

　　　　　　　　　　　　　　　　　　　　　　　//选择"极轴"阵列类型

类型 = 极轴　关联 = 是

指定阵列的中心点或 [基点(B)/旋转轴(A)]：　　　//捕捉圆桌的圆心为阵列的中心点

选择夹点以编辑阵列或 [关联(AS)/基点(B)/项目(I)/项目间角度(A)/填充角度(F)/行(ROW)/层
(L)/旋转项目(ROT)/退出(X)] <退出>：　　　　//按 Esc 键结束绘制

03 桌椅围绕圆桌进行排列，阵列结果如图 7-31 所示。

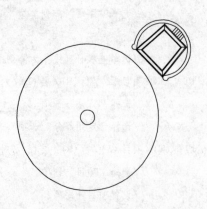

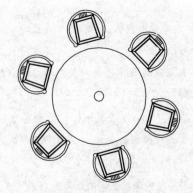

图 7-30　打开图形

图 7-31　极轴阵列

5．编辑关联阵列

在阵列创建完成后，所有阵列对象可以作为一个整体进行编辑。要编辑阵列特性，可使用 ARRAYEDIT 命令、"特性"选项板或夹点。

【案例7-9】：　替换阵列项目

01 按 Ctrl+O 组合键，打开"第 07 章\7.3.5 编辑关联阵列.dwg"素材文件，如图 7-32 所示。

02 调用 ARRAYEDIT 命令，选择阵列生成的椅子图形，在弹出的快捷菜单中选择【替换】选项，如图 7-33 所示。

03 单击选择圆椅作为替换的对象，如图 7-34 所示，按回车键。

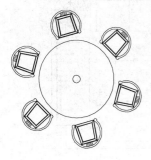

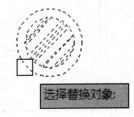

图 7-32　打开图形　　　　　　　　图 7-33　快捷菜单　　　　　　　图 7-34　选择替换对象

04 在"选择替换对象的基点"命令行提示下，捕捉圆椅的圆心作为基点，如图 7-35 所示。

05 在"选择阵列中要替换的项目"命令行提示下，选择一个方形坐椅，按回车键，选择的方形坐椅被替换为圆椅，如图 7-36 所示。

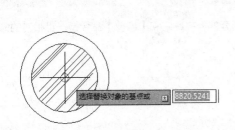

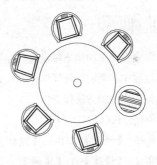

图 7-35　选择基点　　　　　　　　　　　图 7-36　替换项目结果

7.4　对象的修剪、延伸、缩放和拉伸

使用【修剪】和【延伸】命令可以缩短或拉长对象，以与其他对象的边相接。也可以使用【缩放】、【拉伸】命令，在一个方向上调整对象的大小或按比例增大或缩小对象。

⚙ 7.4.1　修剪对象

修剪对象是指将对象超出边界的多余部分修剪删除掉。在命令的执行过程中，需要设置修剪边界和修剪对象两类参数。在选择修剪对象时，需要注意光标所在的位置，需要删除哪一部分，则在该部分上点击。

使用【修剪】命令的方法如下：

➢　　命令行：TRIM／TR

➢　　工具栏：【修改】工具栏【修剪】按钮 ⊢

➢　　菜单栏：【修改】|【修剪】

【案例7-10】： 修剪完善组合沙发图形

01 按 Ctrl+O 组合键，打开 "第 07 章\7.4.1 修剪图形.dwg" 素材文件，如图 7-37 所示。

02 调用 TRIM / TR 命令，选择地灯圆形轮廓为修剪边界，修剪地灯与沙发地毯图形重合的部分，如图 7-38 所示。

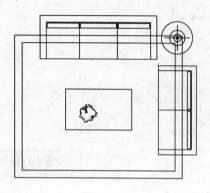

图 7-37　打开图形

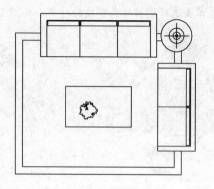

图 7-38　修剪图形

修剪对象时，修剪边也可以同时转为被修剪边。在系统默认情况下，选择要修剪的对象，也即是选择被修剪边，系统将以剪切边为界，将被剪切对象上位于拾取点一侧的部分剪切掉。假如按下 Shift 键，则可同时选择与修剪边不相交的对象，修剪边将变为延伸边界，将选择的对象延伸至修剪边界相交。

7.4.2　延伸对象

【延伸】命令在绘图中用于将没有和边界相交的部分图形延伸补齐，它和【修剪】命令是一组相对的命令。在执行命令的过程中，需要设置延伸边界和延伸对象两类参数。

使用【延伸】命令的方法如下：

➤ 命令行：EXTEND / EX
➤ 工具栏：【修改】工具栏【延伸】按钮 ─╱
➤ 菜单栏：【修改】|【延伸】

【案例7-11】： 延伸线段

01 按 Ctrl+O 组合键，打开 "第 07 章\7.4.2 延伸图形.dwg" 素材文件。

02 调用 EXTEND / EX 命令，选择要延伸的边界，如图 7-39 所示的内部矩形。

03 单击要延伸的对象，如图 7-40 虚线所示的线段。

04 单击选择的线段自动延长，直至与边界相交，延伸结果如图 7-41 所示。

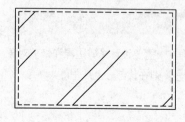

图 7-39　选择要延伸的边界

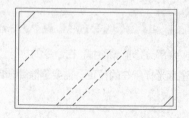

图 7-40　选择要延伸的对象

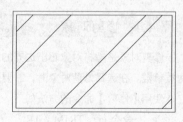

图 7-41　延伸结果

7.4.3　缩放对象

【缩放】命令可以调整对象的大小，使其按比例增大或者缩小。

使用【缩放】命令的方法如下：

➤ 　命令行：SCALE / SC

➤ 　工具栏：【修改】工具栏【缩放】按钮

➤ 　菜单栏：【修改】|【缩放】

使用【缩放】命令可以将对象按指定的比例因子相对于基点进行尺寸缩放。当指定的比例因子大于 0 并小于 1 时缩小对象，当比例因子大于 1 时放大对象。

🔺 课堂举例 【案例7-12】：　调整马桶图形大小

01 按 Ctrl+O 组合键，打开"第 07 章\7.4.3 缩放图形.dwg"素材文件，如图 7-42 所示。

02 调用 SCALE / SC 命令，指定比例因子缩放马桶图形，命令行提示如下：

命令：SCALE✓	//调用【缩放】命令
选择对象：找到 1 个	//选择马桶图形
指定基点：	//指定缩放基点
指定比例因子或 [复制(C)/参照(R)]：0.65	//输入缩放比例

03 缩放结果如图 7-43 所示。

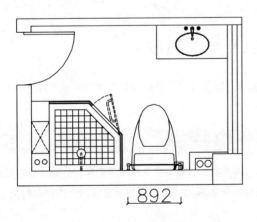

892

图 7-42　打开图形

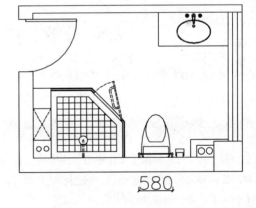

580

图 7-43　缩放图形

7.4.4　拉伸对象

【拉伸】命令可以将选择对象按照规定的方向和角度拉长或缩短，使对象的形状发生改变，以适应绘图需要。

【拉伸】命令的调用方法如下：

➤ 　命令行：STRETCH / S

➤ 　工具栏：【修改】工具栏【拉伸】按钮

➤ 　菜单栏：【修改】|【拉伸】

执行该命令时，可以使用"交叉窗口"方式或者"交叉多边形"方式选择对象，然后依次指定位移的基点和位移的举例，系统将会移动全部位于选择窗口之内的对象，从而拉伸与选择窗口边界相交的对象。

【案例7-13】： 调整单人沙发为三人沙发

01 按 Ctrl+O 组合键，打开"第 07 章\7.4.4 拉伸图形.dwg"素材文件，如图 7-44 所示。

02 调用 STRETCH / S 命令，修改单人沙发的长度，命令行提示如下：

命令：STRETCH↙	//调用【拉伸】命令
以交叉窗口或交叉多边形选择要拉伸的对象…	
选择对象：指定对角点：找到 6 个（2 个重复），总计 6 个	//交叉窗口选择右侧沙发图形
选择对象：↙	//按回车键结束对象选择
指定基点或〔位移(D)〕<位移>：	//捕捉沙发右下角端点为基点
指定第二个点或<使用第一个点作为位移>：900↙	//水平向右移动光标，输入拉伸距离

03 拉伸结果如图 7-45 所示，沙发由 900 宽度调整为 1800 宽度。

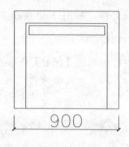

图 7-44　打开图形

图 7-45　拉伸图形

7.5　分解、打断以及合并对象

　　使用 AutoCAD 提供的分解、打断以及合并工具编辑图形，可以使图形在总体形状不变的情况下对局部进行编辑。

7.5.1　分解对象

　　【分解】命令在实际绘图工作中主要用于将复合对象，比如多段线、图案填充和块等对象，分解还原为一般的对象。任何被分解的对象的颜色、线型和线宽都可能会发生改变，其他结果取决与所分解的合成对象的类型。

　　【分解】命令的调用方法如下：

➢　命令行：EXPLODE / X

➢　工具栏：【修改】工具栏【分解】按钮 。

【案例7-14】： 分解双人床图块

01 按 Ctrl+O 组合键，打开"第 07 章\7.5.1 分解图形.dwg"素材文件。

02 调用 EXPLODE / X 命令，分解双人床图形，命令行提示如下：

命令：EXPLODE↙	//调用【分解】命令
选择对象：指定对角点：找到 1 个	//选择双人床图形，如图 7-46 所示
选择对象：↙	//按空格键结束对象的选择

03 选择的对象被分解，结果如图 7-47 所示，双人床各图形即可单独进行选择。

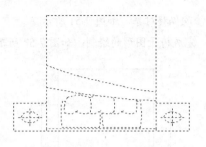

图 7-46　选择分解前图形

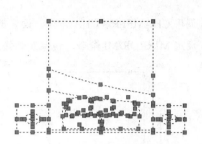

图 7-47　选择分解后图形

7.5.2　打断对象

打断对象是指把已有的线段分离成两段，被分离的线段只能是单独的线条，不能打断任何组合形体，比如图块等。

【打断】命令的调用方法有：

> 命令行：BREAK / BR
> 工具栏：【修改】工具栏【打断】按钮
> 菜单栏：【修改】|【打断】

1.　将对象打断于一点

将对象打断于一点是指将线段无缝断开，分离成两条独立的线段，但是线段之间没有空隙。单击工具栏上的"打断于点"按钮，就可以对线条进行无缝断开操作。

【案例7-15】：　打断线段绘制沙发

01　按 Ctrl+O 组合键，打开"第 07 章\7.5.2 打断于点.dwg"素材文件，如图 7-48 所示。

02　单击"修改"工具栏"打断于点"按钮，命令行提示如下：

```
命令：_break              //调用【打断于点】命令
选择对象：                 //选择矩形的左边线段
指定第二个打断点 或 [第一点(F)]：_f//系统自动选择"第一点"选项，以重新指定打断点
指定第一个打断点：           //捕捉矩形左侧边上的节点作为打断点
指定第二个打断点：@   //系统会自动输入@符号，表示第二个打断点与第一个打断点为同一点
```

03　打断结果如图 7-49 所示。

04　调用 OFFSET/O 命令，设置偏移距离为 60，偏移线段，如图 7-50 所示。

图 7-48　打开图形

图 7-49　打断结果

图 7-50　偏移线段

05 调用 CHAMFER / CHA 命令，设置倒角距离为 0，修改偏移对象，如图 7-51 所示。

06 调用 MIRROR/MI 命令，镜像复制修改完成的对象，完成椅子图形的绘制，如图 7-52 所示。

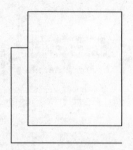
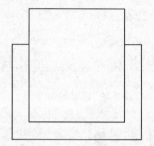

图 7-51 倒角   图 7-52 镜像复制

2. 用两点方式打断对象

用两点方式打断对象是指在对象上创建两个打断点，使对象以一定的距离断开。单击工具栏上的"打断"按钮，就可以用两点方式打断对象。

【案例7-16】：打断对象

01 按 Ctrl+O 组合键，打开"第 07 章/7.5.2 两点方式打断对象.dwg"素材文件，如图 7-53 所示。

02 单击"打断"按钮，将选定的地毯图形打断，命令行提示如下：

命令选项如下：	
命令：_break	//调用【打断】命令
选择对象：	//选择需要打断的对象
指定第二个打断点 或 [第一点(F)]：f↵	//选择"第一点"选项
指定第一个打断点：	//单击 A 点
指定第二个打断点：	//单击 B 点

03 A 点与 B 点之间的线段被断开，打断效果如图 7-54 所示

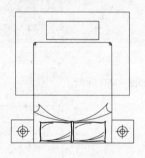
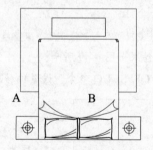

图 7-53 打开图形   图 7-54 打断结果

7.5.3 合并对象

合并对象是指将相似的图形对象合并为一个对象，在 AutoCAD 中可以合并的对象有圆弧、椭圆弧、直线、多段线以及样条曲线。

合并命令的调用有以下方法：

➤ 命令行：JOIN / J

➤ 工具栏：【修改】工具栏【合并】按钮 ◆◆

➤ 菜单栏：【修改】|【合并】

课堂举例【案例7-17】：　合并圆弧完善餐桌

01 按 Ctrl+O 组合键，打开"第 07 章\7.5.3 合并图形.dwg"素材文件，如图 7-55 所示。

02 调用 JOIN / J 命令，完善餐桌图形，命令行提示如下：

命令：JOIN↵	//调用【合并】命令
选择源对象或要一次合并的多个对象：	//选择圆弧
选择圆弧，以合并到源或进行[闭合(L)]:L↵	//选择"闭合（L）"选项
已将圆弧转换为圆	//合并效果如图 7-56 所示

图 7-55　打开图形

图 7-56　合并圆弧

7.6　倒角和圆角对象

在实际绘图工作中，使用【倒角】【圆角】命令修改对象，能使对象以平角或圆角相接，达到使用要求。

7.6.1　倒角对象

【倒角】命令常用于两条非平行直线或多段线做出有斜度的倒角，在修改墙体的时候经常使用。

调用【倒角】命令的方法有：

➤ 命令行：CHAMFER / CHA

➤ 工具栏：【修改】工具栏【倒角】按钮 ⬜

➤ 菜单栏：【修改】|【倒角】

课堂举例【案例7-18】：　倒角闭合墙线

01 按 Ctrl+O 组合键，打开"第 07 章\7.6.1 倒角图形.dwg"素材文件，如图 7-57 所示。

02 调用 CHAMFER / CHA 命令，修改墙体对象，命令行提示如下：

命令：CHAMFER↵	//调用【倒角】命令

（"修剪"模式）当前倒角距离 1 = 0.0000，距离 2 = 0.0000　　　//系统提示当前倒角设置

选择第一条直线或 [放弃(U)/多段线(P)/距离(D)/角度(A)/修剪(T)/方式(E)/多个(M)]：

//选择第一条倒角对象

选择第二条直线，或按住 Shift 键选择要应用角点的直线：　　　　//选择第二条倒角对象

03 倒角结果如图 7-58 所示，延伸相交的墙线在墙角位置无缝连接。

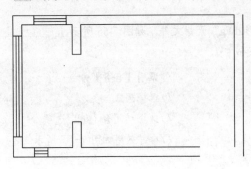

图 7-57　打开图形　　　　　　　　　　　　　　　　图 7-58　倒角墙线

命令执行过程中部分选项的含义如下所示：

➢ 多段线（P）：输入 P 选择该项，则可以对由多段短线组成的图形的所有角同时进行倒角。

➢ 角度（A）：输入 A 选择该项，则以指定一个角度和一段距离的方法来设置倒角的距离。

➢ 修剪（T）：输入 T 选择该项，设定修剪模式，控制倒角处理后是否删除原角的组成对象，默认
为删除。

➢ 多个（M）：输入 M 选择该项，可以连续对多组对象进行倒角处理，直至结束命令为止。

7.6.2　圆角对象

圆角与倒角类似，是将两条相交的直线通过一个圆弧连接起来，圆弧半径以根据实际需要来确定。

【圆角】命令的调用有以下方法：

➢ 命令行：FILLET / F

➢ 工具栏：【修改】工具栏【圆角】按钮

➢ 菜单栏：【修改】|【圆角】

课堂举例【案例7-19】：　圆角洗衣台图形

01 按 Ctrl+O 组合键，打开 "第 07 章\7.6.2 圆角图形.dwg" 素材文件，如图 7-59 所示。

02 调用 FILLET / F 命令，修改洗手盆图形，圆角结果如图 7-60 所示，命令行操作如下：

命令：FILLET↵　　　　　　　　　　　　　　　　　　//调用【圆角】命令

当前设置：模式 = 修剪，半径 = 0.0000　　　　　　　//系统提示当前圆角设置

选择第一个对象或 [放弃(U)/多段线(P)/半径(R)/修剪(T)/多个(M)]：R↵

//输入 R，选择 "半径（R）" 选项

指定圆角半径 <0.0000>:150↵　　　　　　　　　　　　　//输入圆角半径

选择第一个对象或 [放弃(U)/多段线(P)/半径(R)/修剪(T)/多个(M)]：　　//选择第一个圆角对象

选择第二个对象，或按住 Shift 键选择要应用角点的对象：　//选择第二个圆角对象，完成圆角的绘制

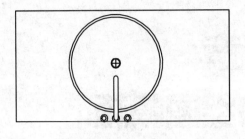

图 7-59　打开图形

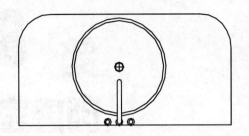

图 7-60　圆角图形

7.7　使用夹点编辑对象

夹点就是指图形对象上的一些特征点，比如端点、顶点、中点以及中心点等，如图 7-61 所示。图形的位置和形状通常是由夹点的位置决定的。在 AutoCAD 中，夹点是一种集成的编辑方式，利用夹点可以编辑图形的大小、方向、位置以及对图形进行镜像复制等操作。

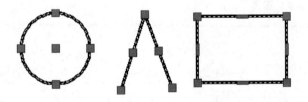

图 7-61　夹点示意图

夹点是一种集成的编辑模式，为绘图提供了一种方便、快捷的操作途径。在不执行任何命令的情况下选择对象，显示其夹点，然后单击其中一个夹点作为拉伸的基点。指定拉伸点后，在命令行输入所要拉伸的举例，AutoCAD 把对象拉伸或移动到指定的新位置。因为对于某些夹点，移动时只能移动对象而不能拉伸对象，比如文字、块、椭圆中点、直线中点和点对象上的夹点。

在图形上拾取一个点，使该夹点改变颜色，该夹点即为夹点编辑的基准点。此时命令行提示如下：

　＊＊ 拉伸 ＊＊
　指定拉伸点或 ［基点 (B) /复制 (C) /放弃 (U) /退出 (X) ］：

在拉伸编辑提示下输入 **MI** 命令，或者单击鼠标右键在弹出的快捷菜单中选择"镜像"命令，系统就会转为"镜像"操作，其他类型的编辑操作与此类似。

第 8 章
创建室内绘图模板

本章导读

为了避免绘制每一张施工图都重复地设置图层、线型、文字样式和标注样式等内容，我们可以预先将这些相同部分一次性设置好，然后将其保存为样板文件。

创建了样板文件后，在绘制施工图时，就可以在该样板文件基础上创建图形文件，从而加快了绘图速度，提高了工作效率。

本章重点

- ⚙ 创建样板文件
- ⚙ 设置图形单位
- ⚙ 创建尺寸标注样式
- ⚙ 创建打印样式
- ⚙ 绘制并创建门图块
- ⚙ 创建标高图块
- ⚙ 绘制详图索引符号和详图编号图形

- ⚙ 设置图形界限
- ⚙ 创建文字样式
- ⚙ 设置引线样式
- ⚙ 设置图层
- ⚙ 创建门动态块
- ⚙ 绘制 A3 图框

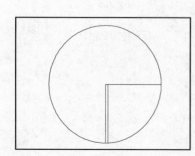
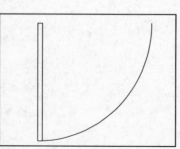
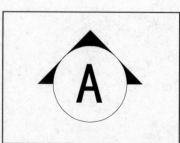

8.1　设置样板文件

样板文件的设置内容包括图形界限、图形单位、文字样式、标注样式等。

8.1.1　创建样板文件

样板文件使用了特殊的文件格式，在保存时需要特别设置。

【案例8-1】：　创建样板文件

[01] 启动 AutoCAD 2013，系统自动创建一个新的图形文件。

[02] 在"文件"下拉菜单中单击【保存】或【另存为】选项，打开"图形另存为"对话框，如图 8-1 所示。在"文件类型"下拉列表框中选择"AutoCAD 图形样板（*.dwt）"选项，输入文件名"室内装潢施工图模板"，单击【保存】按钮保存文件。

[03] 下次绘图时，即可以该样板文件新建图形，在此基础上进行绘图，如图 8-2 所示。

图 8-1　保存样板文件

图 8-2　以样板新建图形

8.1.2　设置图形界限

绘图界限就是 AutoCAD 的绘图区域，也称图限。通常所用的图纸都有一定的规格尺寸，室内装潢施工图一般调用 A3 图幅打印输出，打印输出比例通常为 1:100，所以图形界限通常设置为 42000×29700。为了将绘制的图形方便地打印输出，在绘图前应设置好图形界限。

【案例8-2】：　设置图形界限

[01] 调用 LIMITS 命令，设置图形界限为 42000×29700，命令行操作如下：

命令: LIMITS ✓

重新设置模型空间界限:

指定左下角点或[开(ON)/关(OFF)]<0.0000,0.0000>:✓　　　　　//单击空格键或者 Enter 键默认坐标原点为图形界限的左下角点。此时若选择 ON 选项，则绘图时图形不能超出图形界限，若超出系统不予绘出，选 Off 则准予超出界限图形

指定右上角点:42000,29700✓　　　　　　　　　　　　　　//输入图纸长度和宽度值，按下 Enter 键确定再按下 Esc 键退出，完成图形界限设置

02 单击状态栏【栅格显示】按钮▦，可以直观地观察到图形界限范围，如图 8-3 所示。

注意：打开图形界限检查时，无法在图形界限之外指定点。但因为界限检查只是检查输入点，所以对象（例如圆）的某些部分仍然可能会延伸出图形界限。

8.1.3 设置图形单位

室内装潢施工图通常采用"毫米"作为基本单位，即一个图形单位为 1mm，并且采用 1:1 的比例，即按照实际尺寸绘图，在打印时再根据需要设置打印输出比例。例如：绘制一扇门的实际宽度为 800mm，则在 AutoCAD 中绘制 800 个单位宽度的图形，如图 8-4 所示。

课堂举例【案例8-3】：设置图形单位

01 选择【格式】|【单位】命令，或者在命令窗口中输入 UNITS/UN，打开"图形单位"对话框。"长度"选项组用于设置线性尺寸类型和精度，这里设置"类型"为"小数"，"精度"为 0，如图 8-5 所示。

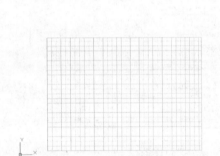

图 8-3 设置的图形界限　　　　图 8-4 1:1 比例绘制图形　　　　图 8-5 "图形单位"对话框

02 "角度"选项组用于设置角度的类型和精度。这里取消"顺时针"复选框勾选，设置角度"类型"为"十进制度数"，精度为 0。

03 在"插入时的缩放单位"选项组中选择"用于缩放插入内容的单位"为"毫米"，这样当调用非毫米单位的图形时，图形能够自动根据单位比例进行缩放。最后单击【确定】关闭对话框，完成单位设置。

注意：图形精度影响计算机的运行效率，精度越高运行越慢，绘制室内装潢施工图，设置精度为 0 足以满足设计要求。

8.1.4 创建文字样式

文字样式是对同一类文字的格式设置的集合，包括字体、字高、显示效果等。在标注文字前，应首先定义文字样式，以指定字体、字高等参数，然后用定义好的文字样式进行标注。本节创建"仿宋"文字样式，如图 8-6 所示为文字样式标注效果。

课堂举例【案例8-4】：创建"仿宋"文字标注样式

01 在命令窗口中输入 STYLE/ST 并按回车键，或选择【格式】|【文字样式】命令，打开"文字样式"对话框，如图 8-7 所示。默认情况下，"样式"列表中只有唯一的 Standard 样式，在用户未创建新样式之前，所有输入的文字均调用该样式。

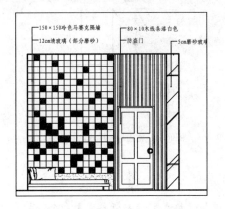

图 8-6　文字样式标注效果

图 8-7　"文字样式"对话框

02 单击【新建】按钮，弹出"新建文字样式"对话框，在对话框中输入样式的名称，这里的名称设置为"仿宋"，如图 8-8 所示。单击【确定】按钮，返回"文字样式"对话框。

03 在"字体名"下拉列表框中选择"仿宋"字体。

04 在"大小"选项组中勾选"注释性"复选项，使该文字样式成为注释性的文字样式，调用注释性文字样式创建的文字，将成为注释性对象，以后可以随时根据打印需要调整注释性的比例。

05 设置"图纸文字高度"为 1.5（即文字的大小），在"效果"选项组中设置文字的"宽度因子"为 1，"倾斜角度"为 0，如图 8-9 所示，设置后单击【应用】按钮关闭对话框，完成"仿宋"文字样式的创建。

图 8-8　"新建文字样式"对话框

图 8-9　设置文字样式参数

06 使用同样的方法创建"尺寸标注"文字样式，将其"字体名"设置为 romans.shx，该文字样式主要用于数字尺寸标注，效果如图 8-10 所示。

8.1.5　创建尺寸标注样式

一个完整的尺寸标注由尺寸线、尺寸界限、尺寸文本和尺寸箭头 4 个部分组成，下面将创建一个名称为"室内标注样式"的标注样式，所有的图形标注将调用该样式。

如图 8-11 所示为室内标注样式创建完成的效果。

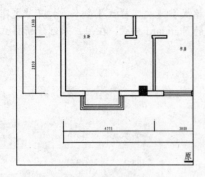

图 8-10 尺寸数字标注效果　　　　　　　　　　图 8-11 室内标注样式创建效果

 【案例8-5】：　创建"室内标注样式"

01 在命令窗口中输入 DIMSTYLE/D 并按回车键，或选择【格式】|【标注样式】命令，打开"标注样式管理器"对话框，如图 8-12 所示。

02 单击【新建】按钮，在打开的"创建新标注样式"对话框中输入新样式的名称"室内标注样式"，如图 8-13 所示。单击【继续】按钮，开始"室内标注样式"新样式设置。

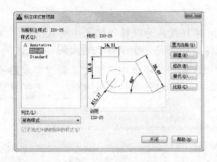

图 8-12 "标注样式管理器"对话框　　　　　　图 8-13 创建标注样式

03 系统弹出"新建标注样式：室内标注样式"对话框，选择"线"选项卡，分别对尺寸线和延伸线等参数进行调整，如图 8-14 所示。

04 选择"符号和箭头"选项卡，对箭头类型、大小进行设置，如图 8-15 所示。

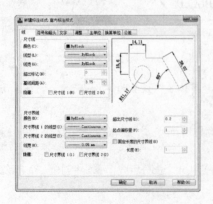

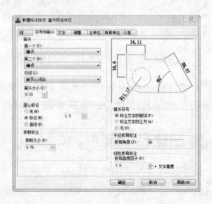

图 8-14 "线"选项卡参数设置　　　　　　　　图 8-15 "符号和箭头"选项卡参数设置

05 选择"文字"选项卡，设置文字样式为"尺寸标注"，其他参数设置如图 8-16 所示。

06 选择"调整"选项卡，在"标注特征比例"选项组中勾选"注释性"复选框，使标注具有注释性功能，如图 8-17 所示，完成设置后，单击【确定】按钮返回"标注样式管理器"对话框，单击【置为当前】按钮，然后关闭对话框，完成"室内标注样式"标注样式的创建。

图 8-16　"文字"选项卡参数设置

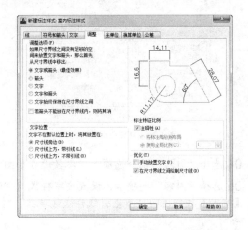

图 8-17　"调整"选项卡参数设置

8.1.6　设置引线样式

引线标注用于对指定部分进行文字解释说明，由引线、箭头和引线内容三部分组成。引线样式用于对引线的内容进行规范和设置，引出线与水平方向的夹角一般采用 0°、30°、45°、60° 或 90°。下面创建一个名称为"圆点"的引线样式，用于室内施工图的引线标注。如图 8-18 所示为"圆点"引线样式创建完成的效果。

【案例8-6】：　创建引线样式

01 在命令窗口中输入 MLEADERSTYLE，或选择【格式】|【多重引线样式】命令，打开"多重引线样式管理器"对话框，如图 8-19 所示。

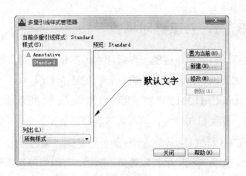

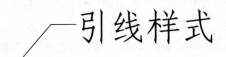

图 8-18　"圆点"引线样式创建效果　　　图 8-19　"多重引线样式管理器"对话框

02 单击【新建】按钮，打开"创建多重引线样式"对话框，设置新样式名称为"圆点"，并勾选"注释性"复选框，如图 8-20 所示。

03 单击【继续】按钮，系统弹出"修改多重引线样式：圆点"对话框，选择"引线格式"选项卡，设置箭头符号为"点"，大小为 0.25，其他参数设置如图 8-21 所示。

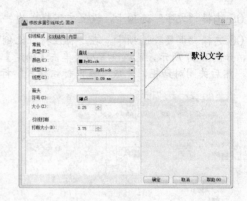

图 8-20　新建引线样式　　　　　　　　　　　图 8-21　"引线格式"选项卡

04 选择"引线结构"选项卡，参数设置如图 8-22 所示。

05 选择"内容"选项卡，设置文字样式为"仿宋"，其他参数设置如图 8-23 所示。设置完参数后，单击【确定】按钮返回"多重引线样式管理器"对话框，"圆点"引线样式创建完成。

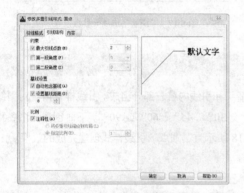

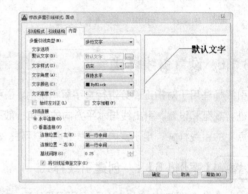

图 8-22　"引线结构"选项卡　　　　　　　　　图 8-23　"内容"选项卡

8.1.7　创建打印样式

打印样式用于控制图形打印输出的线型、线宽、颜色等外观。如果打印时未调用打印样式，就有可能在打印输出时出现不可预料的结果，影响图纸的美观。

AutoCAD 2013 提供了两种打印样式，分别为颜色相关样式(CTB)和命名样式(STB)。一个图形可以调用命名或颜色相关打印样式，但两者不能同时调用。

CTB 样式类型以 255 种颜色为基础，通过设置与图形对象颜色对应的打印样式，使得所有具有该颜色的图形对象都具有相同的打印效果。例如，可以为所有用红色绘制的图形设置相同的打印笔宽、打印线型和填充样式等特性。CTB 打印样式表文件的后缀名为"*.ctb"。

STB 样式和线型、颜色、线宽等一样，是图形对象的一个普通属性。可以在图层特性管理器中为某图层指定打印样式，也可以在"特性"选项板中为单独的图形对象设置打印样式属性。STB 打印样式表文件的后缀名是"*.stb"。

绘制室内装潢施工图，调用"颜色相关打印样式"更为方便，同时也可兼容 AutoCAD R14 等早期版本，因此本书采用该打印样式进行讲解。

课堂举例【案例8-7】：　创建打印样式

1. 激活颜色相关打印样式

　　AutoCAD 默认调用"颜色相关打印样式"，如果当前调用的是"命名打印样式"，则需要通过以下方法转换为"颜色相关打印样式"，然后调用 AutoCAD 提供的"添加打印样式表向导"快速创建颜色相关打印样式。

　　01 在转换打印样式模式之前，首先应判断当前图形调用的打印样式模式。在命令窗口中输入 pstylemode 并回车，如果系统返回"pstylemode = 0"信息，表示当前调用的是命名打印样式模式，如果系统返回"pstylemode = 1"信息，表示当前调用的是颜色打印模式。

　　02 如果当前是命名打印模式，在命名窗口输入 CONVERTPSTYLES 并回车，在打开的如图 8-24 所示提示对话框中单击【确定】按钮，即转换当前图形为颜色打印模式。

　　提示：执行【工具】|【选项】命令，或在命令窗口中输入 OP 并回车，打开"选项"对话框，进入"打印和发布"选项卡，按照如图 8-25 所示设置，可以设置新图形的打印样式模式。

　　　图 8-24　提示对话框　　　　　　　　　　　　　　　图 8-25　"选项"对话框

2. 创建颜色相关打印样式表

　　01 在命令窗口中输入 STYLESMANAGER 并按回车键，或执行【文件】|【打印样式管理器】命令，打开 PlotStyles 文件夹，如图 8-26 所示。该文件夹是所有 CTB 和 STB 打印样式表文件的存放路径。

　　02 双击"添加打印样式表向导"快捷方式图标，启动添加打印样式表向导，在打开的如图 8-27 所示的对话框中单击【下一步】按钮。

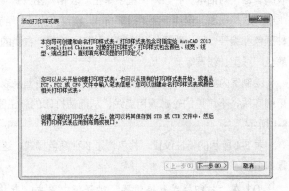

　　　图 8-26　Plot Styles 文件夹　　　　　　　　　　　图 8-27　添加打印样式表

03 在打开的如图 8-28 所示 "开始" 对话框中选择 "创建新打印样式表" 单选项，单击【下一步】按钮。

04 在打开的如图 8-29 所示 "选择打印样式表" 对话框中选择 "调用颜色相关打印样式表" 单选项，单击【下一步】按钮。

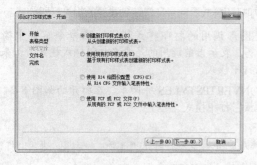

图 8-28　添加打印样式表向导－开始

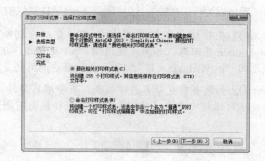

图 8-29　添加打印样式表－表格类型

05 在打开的如图 8-30 所示对话框的 "文件名" 文本框中输入打印样式表的名称，单击【下一步】按钮。

06 在打开的如图 8-31 所示对话框中单击【完成】按钮，关闭添加打印样式表向导，打印样式创建完毕。

图 8-30　添加打印样式表向导－输入文件名

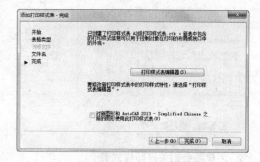

图 8-31　添加打印样式表向导－完成

3. 编辑打印样式表

创建完成的 "A3 纸打印样式表" 会立即显示在 Plot Styles 文件夹中，双击该打印样式表，打开 "打印样式表编辑器" 对话框，在该对话框中单击 "表格视图" 选项卡，即可对该打印样式表进行编辑，如图 8-32 所示。

"表格视图" 选项卡由 "打印样式"、"说明" 和 "特性" 三个选项组组成。"打印样式" 列表框显示了 255 种颜色和编号，每一种颜色可设置一种打印效果，右侧的 "特性" 选项组用于设置详细的打印效果，包括打印的颜色、线型、线宽等。

绘制室内施工图时，通常调用不同的线宽和线型来表示不同的结构，例如物体外轮廓调用中实线，内轮廓调用细实线，不可见的轮廓调用虚线，从而使打印的施工图清晰、美观。本书调用的颜色打印样式特性设置如表 8-1 所示。

表 8-1 所示的特性设置，共包含了 8 种颜色样式，这里以颜色 5 (蓝) 为例，介绍具体的设置方法，操作步骤如下：

01 在 "打印样式表编辑器" 对话框中单击 "表格视图" 选项卡，在 "打印样式" 列表框中选择 "颜色 5"，即 5 号颜色(蓝)，如图 8-33 所示。

表 8-1　颜色打印样式特性设置

打印特性 颜色	打印颜色	淡显	线型	线宽/ mm
颜色 5（蓝）	黑	100	——实心	0.35（粗实线）
颜色 1（红）	黑	100	——实心	0.18（中实线）
颜色 74（浅绿）	黑	100	——实心	0.09（细实线）
颜色 8（灰）	黑	100	——实心	0.09（细实线）
颜色 2（黄）	黑	100	－ － 画	0.35（粗虚线）
颜色 4（青）	黑	100	－ － 画	0.18（中虚线）
颜色 9（灰白）	黑	100	—·—· 长画 短画	0.09（细点画线）
颜色 7（黑）	黑	100	调用对象线型	调用对象线宽

02 在右侧 "特性" 选项组的 "颜色" 列表框中选择 "黑"，如图 8-33 所示。因为施工图一般采用单色进行打印，所以这里选择 "黑" 颜色。

03 设置 "淡显" 为 100，"线型" 为 "实心"，"线宽" 为 0.35mm，其他参数为默认值，如图 8-33 所示。至此，"颜色 5" 样式设置完成。在绘图时，如果将图形的颜色设置为蓝时，在打印时将得到颜色为黑色，线宽为 0.35mm，线型为 "实心" 的图形打印效果。

图 8-32　打印样式表编辑器

图 8-33　设置颜色 5 样式特性

04 使用相同的方法，根据表 8-1 所示设置其他颜色样式，完成后单击【保存并关闭】按钮保存打印样式。

提示： "颜色 7" 是为了方便打印样式中没有的线宽或线型而设置的。例如，当图形的线型为双点画线时，而样式中并没有这种线型，此时就可以将图形的颜色设置为黑色，即颜色 7，那么打印时就会根据图形自身所设置的线型进行打印。

8.1.8　设置图层

绘制室内装潢施工图需要创建 "轴线、墙体、门、窗、楼梯、标注、节点、电气、吊顶、地面、填充、立面和家具等图层。下面以创建轴线图层为例，介绍图层的创建与设置方法。

课堂 举例 【案例8-8】： 创建轴线图层

01 在命令窗口中输入 LAYER/LA 并按回车键，或选择【格式】|【图层】命令，打开如图 8-34 所示 "图层特性管理器"对话框。

02 单击对话框中的新建图层按钮 ，创建一个新的图层，在"名称"框中输入新图层名称"ZX_轴线"，如图 8-35 所示。

图 8-34 "图层特性管理器"对话框

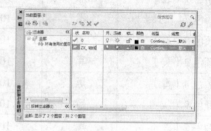

图 8-35 创建轴线图层

提示：为了避免外来图层（如从其他文件中复制的图块或图形）与当前图像中的图层掺杂在一起而产生混乱，每个图层名称前面使用了字母（中文图层名的缩写）与数字的组合。同时也可以保证新增的图层能够与其相似的图层排列在一起，从而方便查找。

03 设置图层颜色。为了区分不同图层上的图线，增加图形不同部分的对比性，可以在"图层特性管理器"对话框中单击相应图层"颜色"标签下的颜色色块，打开"选择颜色"对话框，如图 8-36 所示。在该对话框中选择需要的颜色。

04 "ZX_轴线"图层其他特性保持默认值，图层创建完成，使用相同的方法创建其他图层，创建完成的图层如图 8-37 所示。

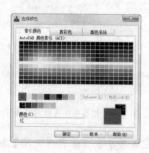

图 8-36 "选择颜色"对话框

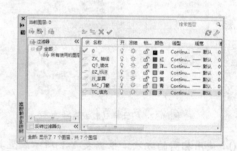

图 8-37 创建其他图层

8.2 绘制常用图形

绘制室内施工图经常会用到门、窗等基本图形，为了避免重复劳动，一般在样板文件中将其绘制出来并设置为图块，以方便调用。

8.2.1 绘制并创建门图块

首先绘制门的基本图形，然后创建门图块。

课堂
举例 【案例8-9】：　创建门图块

01 绘制门图形。确定当前未选择任何对象，在"图层"工具栏图层下拉列表中选择"M_门"图层作为当前图层。

02 单击工具栏上的绘制矩形按钮□，绘制尺寸为 40×1000 的长方形，如图 8-38 所示。

03 分别单击状态栏中的"极轴"和"对象捕捉"按钮，使其呈凹下状态，开启 AutoCAD 的极轴追踪和对象捕捉功能，如图 8-39 所示。

图 8-38　绘制长方形　　　　　　　　　　图 8-39　AutoCAD 的极轴追踪和对象捕捉功能

注意： 以后如果没有特别说明，极轴追踪和对象捕捉功能均为开启状态。

04 单击工具栏上的绘制直线按钮，绘制长度为 1000 的水平线段，如图 8-40 所示。

05 单击工具栏上的绘制圆按钮，以长方形左上角端点为圆心绘制半径为 1000 的圆，如图 8-41 所示。

06 单击工具栏上的修剪按钮，修剪圆多余部分，然后删除前面绘制的线段，得到门图形如图 8-42 所示。

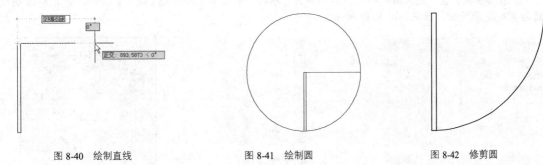

图 8-40　绘制直线　　　　　　图 8-41　绘制圆　　　　　　图 8-42　修剪圆

门的图形绘制完成后，即可调用 BLOCK/B 命令将其定义成图块，并可创建成动态图块，以方便调整门的大小和方向，本节先创建门图块。

07 创建图块，在命令窗口中输入"B"并按回车键，或选择【绘图】|【块】|【创建】命令，打开"块定义"对话框，如图 8-43 所示。

08 在"块定义"对话框中的"名称"文本框中输入图块的名称"门(1000)"。

09 在"对象"参数栏中单击(选择对象)按钮，在图形窗口中选择门图形，按回车键返回"块定义"对话框。

10 在"基点"参数栏中单击(拾取点)按钮，捕捉并单击长方形左上角的端点作为图块的插入点，如图 8-44 所示。

11 在"块单位"下拉列表中选择"毫米"为单位。

12 单击【确定】按钮关闭对话框，完成门图块的创建。

图 8-43 "块定义"对话框

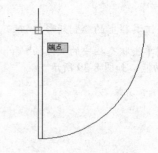

图 8-44 指定图块插入点

8.2.2 创建门动态块

将图块转换为动态图块后，可直接通过移动动态夹点来调整图块大小、角度，避免了频繁的参数输入和命令调用（如缩放、旋转等），使图块的调整操作变得自如、轻松。

下面将前面创建的"门(1000)"图块创建成动态块，创建动态块使用 BEDIT 命令。要使块成为动态块，必须至少添加一个参数。然后添加一个动作并将该动作与参数相关联。添加到块定义中的参数和动作类型定义了块参照在图形中的作用方式。

课堂举例 【案例8-10】： 创建门动态块

01 添加动态块参数。输入 BE 调用 BEDIT 命令，打开"编辑块定义"对话框，在该对话框中选择"门(1000)"图块，如图 8-45 所示，单击【确定】按钮确认，进入块编辑器。

02 添加参数。在"块编写选项板"右侧单击"参数"选项卡，再单击【线性】按钮，如图 8-46 所示，然后按系统提示操作，结果如图 8-47 所示。

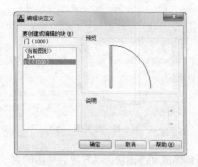

图 8-45 "编辑块定义"对话框

图 8-46 创建参数

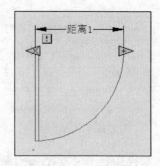

图 8-47 添加"线性参数"

 提示： 在进入块编辑状态后，窗口背景会显示为浅灰色，同时窗口上显示出相应的选项板和工具栏。

03 在"块编写选项板"中单击"旋转参数"按钮，结果如图 8-48 所示。

04 添加动作。单击"块编写选项板"右侧的"动作"选项卡，再单击【缩放】按钮，结果如图 8-49 所示。

05 单击"旋转"按钮，结果如图 8-50 所示。

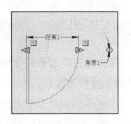
图 8-48　添加"旋转参数"

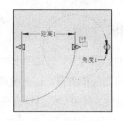
图 8-49　添加"缩放动作"

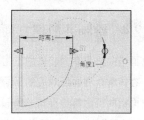
图 8-50　添加"旋转动作"

06 单击块编辑器工具栏(如图 8-51 所示)上的保存块定义按钮 ，保存所做的修改，单击【关闭块编辑器】按钮关闭块编辑器，返回到绘图窗口，"门(1000)"动态块创建完成。

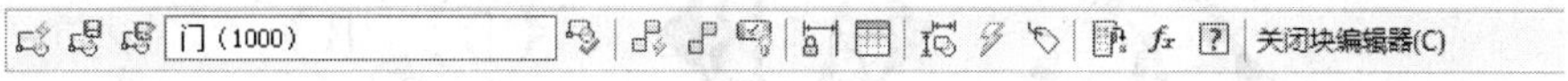

图 8-51　块编辑工具栏

8.2.3　绘制并创建窗图块

首先绘制窗基本图形，然后创建窗图块。窗的宽度一般有 600mm、900mm、1200mm、1500mm、1800mm 等几种，下面绘制一个宽为 240、长为 1000 的图形作为窗的基本图形，如图 8-52 所示。

课堂举例 【案例8-11】：　绘制并创建窗图块

01 绘制窗图形。设置"C_窗"图层为当前图层，调用 RECTANG/REC 命令绘制尺寸为 1000×240 的长方形，如图 8-53 所示。

02 由于需要对长方形的边进行偏移操作，所以需先调用 EXPLODE/X 命令将长方形分解，使长方形 4 条边独立出来。

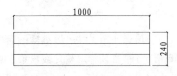
图 8-52　窗图形

图 8-53　绘制的长方形

03 调用 OFFSET/O 命令偏移分解后的长方形，得到窗图形如图 8-54 所示。

04 创建图块。应用前面介绍的创建门图块的方法，创建"窗(1000)"图块，在"块定义"对话框中取消"按统一比例缩放"复选框的勾选，如图 8-55 所示。

图 8-54　绘制的窗图形

图 8-55　创建"窗(1000)"图块

8.2.4 绘制并创建立面指向符图块

立面指向符是室内装修施工图中特有的一种标识符号，主要用于立面图编号。当某个垂直界面需要绘制立面图时，在该垂直界面所对应的平面图中就要使用立面指向符，以方便确认该垂直界面的立面图编号。

立面指向符由等边直角三角形、圆和字母组成，其中字母为立面图的编号，黑色的箭头指向立面的方向。如图 8-56a 所示为单向内视符号，图 8-56b 所示为双向内视符号，图 8-56c 所示为四向内视符号(按顺时针方向进行编号)。

a)　　　　　　　　　　b)　　　　　　　　　　c)

图 8-56　立面指向符

【案例8-12】：　绘制并创建立面指向符图块

01 调用 PLINE/PL 命令，绘制等边直角三角形，命令选项如下：

命令：PLINE✔

指定第一点：　　　　　　　　　　　　　　　　　//在窗口中任意指定一点，确定线段起点

指定下一点或 [放弃(U)]：380✔　　　　　　　　//水平向左移动光标，当出现180° 极轴

追踪线时输入 380 并按下回车键，确定线段第二点

指定下一点或[放弃(U)]：<45✔　　　　　　　　//将角度限制在 45°

角度替代：45

指定下一点或 [放弃(U)]：　　　　　　　　　　//捕捉如图 8-57 所示线段中点，然后垂

直向上移动光标，当与 45° 线段相交并出现相交标记时(如图 8-58 所示)单击鼠标，确定线段第三点

指定下一点或 [闭合(C)/放弃(U)]：C✔　　　　　//闭合线段

02 调用 CIRCLE/C 命令绘制圆，命令选项如下：

命令：CIRCLE✔

指定圆的圆心或 [三点(3P)/两点(2P)/相切、相切、半径(T)]：　//捕捉并单击如图 8-59 所示线段

中点，确定圆心

指定圆的半径或[直径(D)] <134.3503>：　　　　　　　　　//捕捉并单击如图 8-60 所示线段

中点，确定圆半径

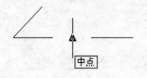

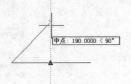

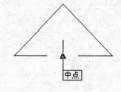

图 8-57　捕捉线段中点　　　　　　　　图 8-58　确定线段第三点　　　　　　　图 8-59　指定圆心

03 调用 TRIM/TR 命令修剪圆，命令选项如下：

命令：TRIM↙

当前设置：投影=UCS，边=延伸

选择剪切边...

选择对象：找到 1 个　　　　　　　　　　　　　　//选择圆

选择对象：　　　　　　　　　　　　　　　　　　//按回车键结束对象选择

选择要修剪的对象，或按住 Shift 键选择要延伸的对象，或[投影(P)/边(E)/放弃(U)]：

　　　　　　　　　　　　　　　　　　　　　　　//单击圆内的线段

选择要修剪的对象，或按住 Shift 键选择要延伸的对象，或[投影(P)/边(E)/放弃(U)]：

　　　　　　　　　　　　　　　　　　　　　　　//按回车键退出命令，效果如图 8-61 所示

04 调用 BHATCH/H 命令，使用 SOLID 图案填充图形，结果如图 8-62 所示，填充参数设置如图 8-63 所示。立面指向符绘制完成。

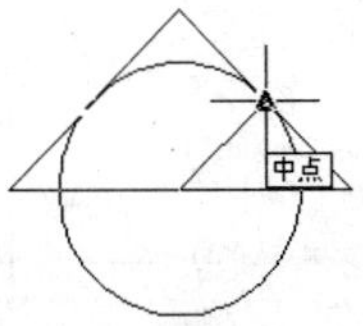

图 8-60　指定圆半径

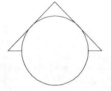

图 8-61　修剪后的效果

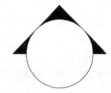

图 8-62　填充结果

05 调用 BLOCK/B 命令，创建"立面指向符"图块。

8.2.5　绘制并创建图名动态块

图名由图形名称、比例和下划线三部分组成，如图 8-64 所示。通过添加块属性和创建动态块，可随时更改图形名字和比例，并动态调整图名宽度，下面介绍绘制和创建方法。

图 8-63　填充参数设置

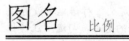

图 8-64　图名

 【案例8-13】：　绘制并创建图名动态块

01 绘制图形。图形名称文字尺寸较大，可以创建一个新的文字样式。使用前面介绍的方法，选择【格式】|【文字样式】命令，创建"仿宋 2"文字样式，文字高度设置为 3，并勾选"注释性"复选项，其他参数设置如图 8-65 所示。

02 定义"图名"属性。执行【绘图】|【块】|【定义属性】命令，打开"属性定义"对话框，在"属性"参数栏中设置"标记"为"图名"，设置"提示"为"请输入图名:"，设置"默认"为"图名"，如图 8-66 所示。

03 在"文字设置"参数栏中设置"文字样式"为"仿宋 2"，勾选"注释性"复选框，如图 8-66 所示。

图 8-65　创建文字样式　　　　　　　　　　　　　　图 8-66　定义属性

04 单击【确定】按钮确认，在窗口内拾取一点确定属性位置，如图 8-67 所示。

05 用相同方法，创建"比例"属性，参数设置如图 8-68 所示，文字样式设置为"仿宋"。

图 8-67　指定属性位置　　　　　　　　　　　　　　图 8-68　定义属性

06 使用 MOVE/M 命令将"图名"与"比例"文字移动到同一水平线上。

07 调用 PLINE/PL 命令，在文字下方绘制宽度为 20 和 1 的多段线，图名图形绘制完成，如图 8-69 所示。

08 创建块。选择"图名"和"比例"文字及下划线，调用 BLOCK/B 命令，打开"块定义"对话框。

09 在"块定义"对话框中设置块"名称"为"图名"。单击 （拾取点）按钮，在图形中拾取下划线左端点作为块的基点，勾选"注释性"复选框，使图块可随当前注释比例变化，其他参数设置如图 8-70 所示。

10 单击【确定】按钮完成块定义。

图名　　　　　　　　　　　　比例

图 8-69　图名　　　　　　　　　　　　　　　　图 8-70　创建块

11 创建动态块。下面将"图名"块定义为动态块，使其具有动态修改宽度的功能，这主要是考虑到图名的长度不是固定的。

12 调用 BEDIT/BE 命令，打开"编辑块定义"对话框，选择"图名"图块，如图 8-71 所示。单击【确定】按钮进入"块编辑器"。

13 调用【线性参数】命令，以下划线左、右端点为起始点和端点添加线性参数，如图 8-72 所示。

图 8-71　"编辑块定义"对话框

图 8-72　添加线性参数

14 调用【拉伸动作】命令创建拉伸动作，如图 8-73 所示，按命令提示操作：

```
命令：_BActionTool 拉伸
选择参数：                                      //选择前面创建的线性参数
指定要与动作关联的参数点或输入[起点(T)/第二点(S)] <第二点>：  //捕捉并单击下划线右下角端
点
指定拉伸框架的第一个角点或[圈交(CP)]：
指定对角点：                                   //拖动鼠标创建一个虚框，虚
框内为可拉伸部分
指定要拉伸的对象
选择对象：找到 1 个
选择对象：指定对角点：找到 5 个（1 个重复），总计 5 个
选择对象：                                      //选择除文字"图名"之外的
其他所有对象
指定动作位置或 [乘数(M)/偏移(O)]：              //在适当位置拾取一点确定拉
伸动作图标的位置，结果如图 8-74 所示
```

图 8-73　调用"拉伸动作"

图 8-74　添加参数

15 单击工具栏【关闭块编辑器】按钮退出块编辑器，当弹出如图 8-75 所示提示对话框时，单击【将更改保存到 图名】选项保存修改。

16 此时 "图名" 图块就具有了动态改变宽度的功能，如图 8-76 所示，

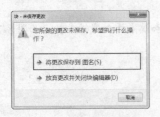

图 8-75　提示对话框

图 8-76　动态块效果

8.2.6　创建标高图块

标高用于表示顶面造型及地面装修完成面的高度，本节介绍标高图块的创建方法。

课堂举例【案例8-14】：　绘制并创建标高图块

01 绘制标高图形。调用矩形命令 RECTANG/REC 绘制一个矩形，效果如图 8-77 所示。

02 调用 EXPLODE/X 命令分解矩形。

03 调用直线命令，捕捉矩形的第一个角点，将其与矩形的中点连接，再连接第二个角点，效果如图 8-78 所示。

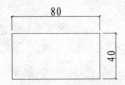

图 8-77　绘制矩形

图 8-78　绘制线段

04 删除多余的线段，只留下一个三角形，利用三角形的边画一条直线，如图 8-79 所示，标高符号绘制完成。

05 标高定义属性。执行【绘图】|【块】|【定义属性】命令，打开 "属性定义" 对话框，在 "属性" 参数栏中设置 "标记" 为 0.000，设置 "提示" 为 "请输入标高值"，设置 "默认" 为 0.000。

06 在 "文字设置" 参数栏中设置 "文字样式" 为 "仿宋 2"，勾选 "注释性" 复选框，如图 8-80 所示。

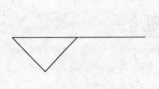

图 8-79　绘制直线

图 8-80　定义属性

07 单击【确定】按钮确认，将文字放置在前面绘制的图形上，如图 8-81 所示。

08 创建标高图块。选择图形和文字，在命令窗口中输入 BLOCK/B 后按回车键，打开"块定义"对话框，如图 8-82 所示。

09 在"对象"参数栏中单击 "选择对象"按钮，在图形窗口中选择标高图形，按回车键返回"块定义"对话框。

10 在"基点"参数栏中单击 "拾取点"按钮，捕捉并单击三角形左上角的端点作为图块的插入点。

11 单击【确定】按钮关闭对话框，完成标高图块的创建。

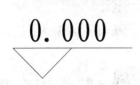

图 8-81　指定属性位置

图 8-82　"块定义"对话框

8.2.7　绘制 A3 图框

在本节中主要介绍 A3 图框的绘制方法，以练习表格和文字的创建和编辑方法，绘制完成的 A3 图框如图 8-83 所示。

课堂 举例　【案例8-15】：　绘制 A3 图框

01 绘制图框。新建"TK_图框"图层，颜色为"白色"，将其置为当前图层。

02 使用矩形命令 RECTANG/REC，在绘图区域指定一点为矩形的端点，输入"D"，输入长度为 420，宽度为 297，如图 8-84 所示。

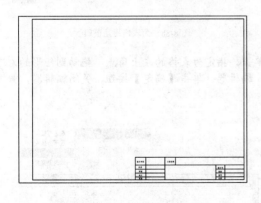

图 8-83　A3 图纸样板图形

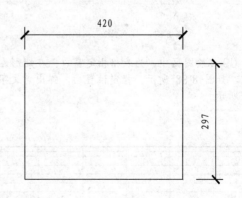

图 8-84　绘制矩形

03 使用分解命令 EXPLODE/X，分解矩形。

04 使用偏移命令 OFFSET/O，将左边的线段向右偏移 25，分别将其他三个边长向内偏移 5。修剪多余的线条，如图 8-85 所示。

05 插入表格。使用矩形命令 RECTANG/REC，绘制一个 200×40 的矩形，作为标题栏的范围。

06 使用移动命令 MOVE/M，将绘制的矩形移动至标题框的相应位置，如图 8-86 所示。

图 8-85 偏移线段   图 8-86 移动标题栏

07 选择【绘图】|【表格】命令，弹出"插入表格"对话框。

08 在"插入方式"选项组中，选择"指定窗口"方式。在"列和行设置"选项组中，设置为 6 行 6 列，如图 8-87 所示。单击【确定】按钮，返回绘图区。

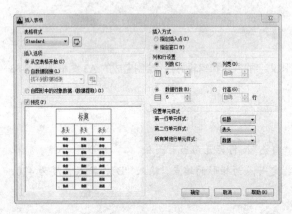

图 8-87 "插入表格"对话框   图 8-88 为表格指定窗口

09 在绘图区中，为表格指定窗口。在矩形左上角单击，指定为表格的左上角点，拖动到矩形的右下角点，如图 8-88 所示。指定位置后，弹出"文字格式"编辑器。单击【确定】按钮，关闭编辑器，如图 8-89 所示。

图 8-89 绘制表格   图 8-90 删除列标题和行标题

10 删除列标题和行标题。选择列标题和行标题，右击鼠标，选择【行】|【删除】命令，如图 8-90 所示，结果如图 8-91 所示。

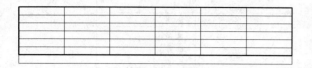

图 8-91　删除结果

图 8-92　调整表格

11 调整表格。选择表格，对其进行夹点编辑，使其与矩形的大小相匹配，如图 8-92 所示，结果如图 8-93 所示。

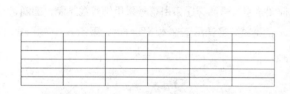

图 8-93　调整结果

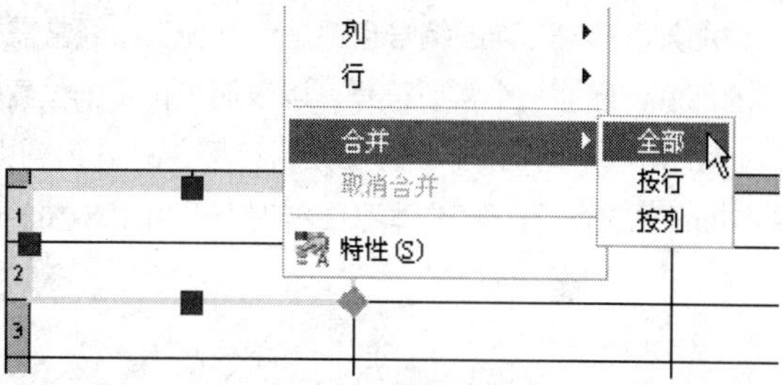

图 8-94　合并单元格

12 合并单元格。选择左侧一列上两行的单元格，如图 8-94 所示。单击右键，选择【合并】|【全部】命令。结果如图 8-95 所示。

13 以相同的方法，合并其他单元格，结果如图 8-96 所示。

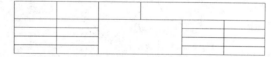

图 8-95　合并结果

图 8-96　合并单元格

14 调整表格。对表格进行夹点编辑。结果如图 8-97 所示。

15 输入文字。在需要输入文字的单元格内双击左键，弹出"文字格式"对话框，单击"多行文字对正"按钮，在下拉列表中选择"正中"选项，输入文字"设计单位"，如图 8-98 所示。

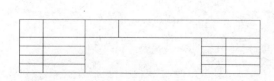

图 8-97　调整表格

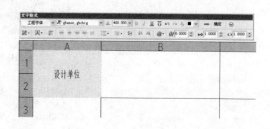

图 8-98　输入文字"设计单位"

16 输入文字，如图 8-99 所示。完成图框的绘制。

17 调用 BLOCK/B 命令，将图框创建成块。

设计单位		工程名称				
负 责					设计号	
审 核					图 别	
设 计					图 号	
制 图					比 例	

图 8-99　文字输入结果

8.2.8　绘制详图索引符号和详图编号图形

详图索引符号、详图编号也都是绘制施工图经常需要用到的图形。室内平、立、剖面图中，在需要另设详图表示的部位，标注一个索引符号，以表明该详图的位置，这个索引符号就是详图索引符号。

如图 8-100 所示 a、b 为详图索引符号，c、d 为剖面详图索引符号。详图索引符号采用细实线绘制，圆圈直径约 10mm 左右。当详图在本张图样时，采用图 8-100 a、c 的形式，当详图不在本张图样时，采用 b、d 的形式。

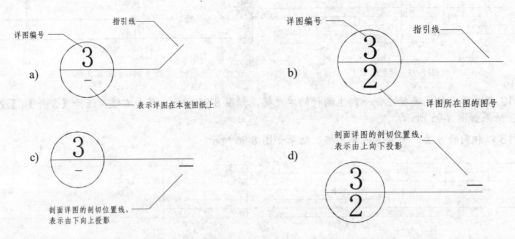

图 8-100　详图索引符号

详图的编号用粗实线绘制，圆圈直径 14mm 左右，如图 8-101 所示。

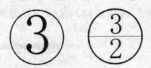

图 8-101　详图编号

第 9 章
现代风格小户型室内设计

本章导读

　　作为小户型的代表，一居室由于总价较低而备受现代年轻人的喜爱和追捧。一居室面积相对来说较为狭小，在一个房间中包括起居、会客、烹调、储藏和学习等多功能活动，设计时需要考虑到实际需要，对空间进行合理的布置。即要做到全面丰富、功能齐全，又要做到简约精炼，在井井有条中体现主人的个性特点，正所谓"麻雀虽小，五脏俱全"。

　　简约主义风格的特色是将设计的元素、色彩、照明、原材料简化到最少的程度，却对色彩、材料的质感要求很高。因此，简约的空间设计往往非常含蓄，但却能达到以少胜多、以简胜繁的效果。以简洁的表现形式来满足人们对空间环境那种感性的、本能的和理性的需求，这是当今国际社会流行的设计风格。

　　本章以目前市场上较流行的一居室小户型为案例，介绍简约风格的小户型的设计和施工图绘制方法。

本章重点

- ⚙ 小户型设计概述
- ⚙ 绘制小户型原始结构图
- ⚙ 绘制小户型平面布置图
- ⚙ 绘制小户型顶面布置图
- ⚙ 调用样板新建文件
- ⚙ 墙体改造
- ⚙ 绘制小户型地面布置图
- ⚙ 绘制小户型立面图

9.1 小户型设计概述

小户型的家居设计应该是重装饰轻装修，变结构性改造装修为视觉、心理补偿性装饰，实现视觉空间和心理空间上的以小变大。通过室内空间设计、色彩设计、材料选择、灯光营造与装饰陈设等具体的装饰方法，满足家居设计在实用、舒适、生态、文化4个方面的时尚理念追求。

9.1.1 小户型设计原则

1. 空间分割

小户型的居室，对于性质类似的活动空间可统一进行布置，对性质不同或相反的活动空间进行分离。如会客区、热闹的活动区，可以布置同一空间，如客厅内；而睡眠、学习则需要相对安静，可以纳入同一空间。因此会客、进餐与睡眠、学习就应该在空间上有硬性或软性的分割。

可以采用开放式厨房或者客厅和餐厅并用等方法，在不影响使用功能的基础上利用相互渗透的空间来增加室内的层次感和装饰效果。尽量利用地面和天花不同的材质、造型以及不同风格的家具，来区分不同功能空间，如图9-1所示。

2. 色调设计

小户型的居室如果设计不合理，会让房间显得更昏暗狭小，因此色彩设计在结合自己爱好的同时，一般可选择浅色调、中间色作为家具及床罩、沙发和窗帘的基调。这些色彩因有扩散和后退性，能给人以清新开朗、明亮宽敞的感受。

当整个空间有很多相对不同的色调安排时，房间的视觉效果将大大提高。但是，在同一空间内不要过多地采用不同的材质及色彩，这样会造成视觉上的压迫感，最好以柔和亮丽的色彩为主调。

大胆使用对比色，可以使房间显得简练干净，如图9-2所示。但是，室内色彩对比不能太过于强烈，因为长期处于强烈的视觉刺激会让人觉得很不舒服。

图 9-1 小户型空间分割示例

图 9-2 色调设计示例

3. 家具设计

家具是居室布置的基本要素，如何在有限的空间内使居室各功能既有分隔，又有内在联系、不产生拥挤感，这在很大程度上取决于家具的形式和尺寸。

简洁轻便、可轻易移动和多种用途的家具最适合小空间。家具的摆放是赢得空间的关键，所以在选购家具时要注意各类相关家具的尺寸。

4．灯光的选择及运用

吊灯与筒灯、射灯、壁灯和落地灯等相结合使用，不同色调亮度的灯光可以区分不同的空间，如图 9-3 所示。

5．借助饰物扩充空间

装饰画：挂画尺寸要适当，可多用一些透视感强的画。

镜子：在狭长的居室一侧镶一面大镜子，可以映射出全屋的景象，有使空间扩大一倍的感觉。

饰品：饰品要少而精，能体现出主人喜好和品位就好了，如图 9-4 所示。

图 9-3　灯光设计示例

图 9-4　饰品装饰示例

⚙ 9.1.2　小户型各空间设计要点

客厅：宜用较小规格的瓷砖，比如 300 mm×300mm，而且应富于质感的，比如仿古砖一类的，或者铺实木地板，电视墙不宜突出，甚至取消沙发兼做单人床等。

餐厅：具备多功能性。餐桌可以设计成多种用途的。

书房：居家办公一体化是普遍需要，需为电脑等相应设备预留空间及线路。

卧室：因为面积较小，室内衣柜采用入墙式为好，以避免拥塞之感。床宜露脚而显得高挑悬空，一是丰富空间层次，二是减少局促感觉。

卫生间：可考虑设全玻璃门片式淋浴房，省地且具有通透感；坐厕为入墙式，水箱用壁挂式；洗面洁具可以采用悬挂式的陶瓷面盘或玻璃台式面盘。

厨房：作为主体构建的橱柜多选功能多、效率高的柜内五金件，如挂蓝、米箱、转盘等；墙砖则适宜选用 100 mm×100mm 的小规格浅色转。

整体而言，色彩上门窗以白色等浅色为主，墙面以彩色表现（可选用乳胶漆）。照明方法则应多设照明装置，以显层次丰富。风格的把握上重视细节，不失简洁。

9.2　调用样板新建文件

前面已经创建了的室内装潢施工图样板，该样板已经设置了相应的图形单位、样式、图层和图块等，原始结构图可以直接在此样板的基础上进行绘制。

课堂举例　【案例9-1】：　调用样板新建文件

01 执行【文件】|【新建】命令，打开"选择样板文件"对话框。

02 单击使用样板按钮，选择"室内装潢施工图"样板，如图 9-5 所示。

03 单击【打开】按钮，以样板创建图形，新图形中包含了样板中创建的图层、样式和图块等内容。

04 选择【文件】|【保存】命令，打开"图形另存为"对话框，在"文件名"框中输入文件名，单击【保存】按钮保存图形。

图 9-5   "选择样板"对话框

9.3   绘制小户型原始结构图

设计师在量房之后，要用图纸将测量结果表示出来，包括房屋结构、空间关系、门洞、窗户的位置尺寸等，这是设计师进行室内设计绘制的第一张图，即原始结构图。其他专业的施工图都是在建筑平面图的基础上进行绘制的，包括平面布置图、顶面布置图、地面布置图、电气图等。原始结构图主要由墙体、预留门洞、窗和尺寸标注组成。

如图 9-6 所示为绘制完成的小户型原始结构图。

9.3.1   轴线定位

使用轴线可以轻松定位墙体的位置。如图 9-7 所示为小户型的轴线网，以下介绍其绘制方法。

课堂
举例 【案例9-2】：   绘制小户型轴线

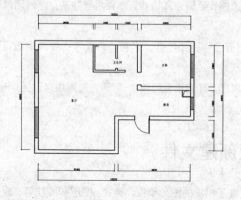

图 9-6   小户型原始结构图

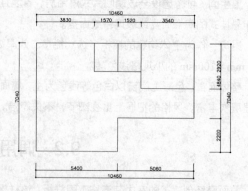

图 9-7   小户型轴线网

01 设置"ZX_轴线"图层为当前图层。

02 调用 LINE/L 命令，绘制一条长约 7000 的垂直线段和一条长约 10500 的水平线段，确定尺寸范围，如图 9-8 所示。

03 使用 OFFSET/O 偏移命令，按照尺寸在水平和垂直方向偏移轴线，如图 9-9 所示。

图 9-8　绘制相互垂直的直线

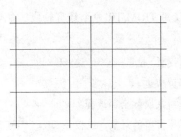

图 9-9　偏移轴线

9.3.2　标注尺寸

此时对轴线进行尺寸标注，是为了更方便修剪出墙体结构，避免因轴线太多而产生视觉上的混乱。下面使用 DIMLINEAR/DLI 线性标注命令进行尺寸标注。

课堂举例【案例9-3】：　标注轴线尺寸

01 在"样式"工具栏中选择"室内标注样式"为当前标注样式。

02 在状态栏右侧设置当前注释比例为 1:100，如图 9-10 所示，设置"BZ_标注"图层为当前图层。

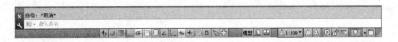

图 9-10　设置注释比例

03 执行【标注】|【线性】命令，对轴线进行标注，如图 9-11 所示。为了提高标注效率，可以选择【标注】|【连续】命令，按照系统提示连续进行标注，如图 9-12 所示。

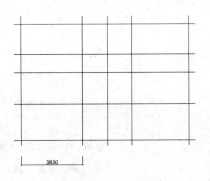

图 9-11　标注尺寸

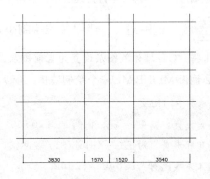

图 9-12　连续标注

04 使用同样的方法标注其他尺寸，结果如图 9-13 所示。

9.3.3　修剪轴线网

绘制的轴网需要修剪成墙体结构，以方便将来使用多线命令绘制墙体图形。修剪轴线可以使用 TRIM 命令，也可以使用拉伸夹点法。由于使用 TRIM 命令修剪相对简单，这里就采用此种方法进行修剪。

课堂举例【案例9-4】：　修剪轴线网

01 使用 TRIM/TR 命令修剪轴线，命令行操作如下：

命令：TRIM↙   //调用【修剪】命令

当前设置：投影=UCS，边=无

选择剪切边...   //系统显示当前设置

选择对象或 <全部选择>：↙   //按回车键，默认全部对象为修剪边界

选择要修剪的对象，或按住 Shift 键选择要延伸的对象，或[栏选(F)/窗交(C)/投影(P)/边(E)/删除(R)/放弃(U)]：   //鼠标单击选择需要修剪的轴线

02 重复修剪操作，修剪完成效果如图 9-14 所示。

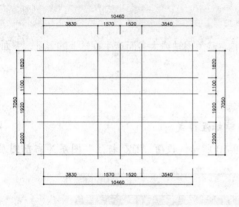 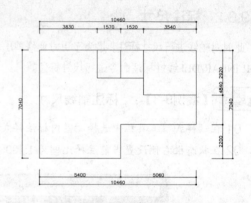

图 9-13　标注其他尺寸   图 9-14　修剪轴线

9.3.4 多线绘制墙体

建筑墙体通常用两条平行直线表示，使用多线可以轻松绘制墙体图形。

课堂举例【案例9-5】： 使用多线绘制小户型墙体

01 将 "QT_墙体" 图层设置为当前图层。

02 调用 MLINE/ML 命令绘制墙体，命令提示如下：

命令：MLINE↙   //调用【多线】命令

当前设置：对正 = 无，比例 = 120.00，样式 = STANDARD

指定起点或 [对正(J)/比例(S)/样式(ST)]：S↙   //选择 "比例（S）" 选项

输入多线比例 <120.00>：240↙   //根据墙体厚度设置多线比例

当前设置：对正 = 无，比例 = 240.00，样式 = STANDARD

指定起点或 [对正(J)/比例(S)/样式(ST)]：J↙   //选择 "对正（J）" 选项

输入对正类型 [上(T)/无(Z)/下(B)] <无>：Z↙   //选择 "无（Z）" 选项

当前设置：对正 = 无，比例 = 240.00，样式 = STANDARD

指定起点或 [对正(J)/比例(S)/样式(ST)]：   //捕捉并单击左下角轴线交点

为多线的起点，如图 9-15a 所示

指定下一点：   //捕捉并单击右下角轴线交点为多段线的终点，如图 9-15b 所示

指定下一点或 [放弃(U)]：   //继续指定多线端点，绘制外墙线如图 9-16 所示。

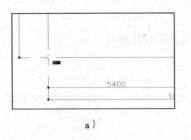

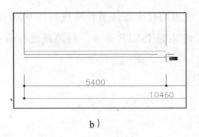

a）

b）

图 9-15　绘制墙线

03 使用 MLINE/ML 命令绘制其他墙体，如图 9-17 所示。

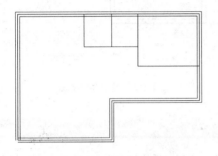

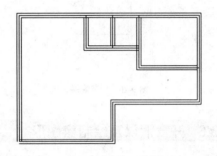

图 9-16　绘制外墙线　　　　　　　　　　　图 9-17　绘制其他墙线

技巧： 如果需要绘制其他宽度的墙体，重新设置多线的比例即可，如绘制厚度 120 的分隔墙体，可设置多线比例为 120。

9.3.5　修剪墙线

初步绘制的墙体还需要经过修剪才能得到理想的效果。在修剪墙体线之前，必须将多线分解，才能对其进行修剪。

课堂举例【案例9-6】：　修剪墙线

01 隐藏 "ZX_轴线" 图层，以便于修剪操作。

02 调用 EXPLODE/X 命令分解多线。

03 多线分解后，调用 FILLET/F 圆角命令，设置圆角半径为 0，先后单击墙角两条内墙线，如图 9-18 所示，圆角结果如图 9-19 所示。

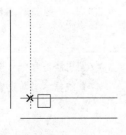

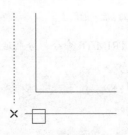

图 9-18　修剪内墙线　　　　　　　　　　　图 9-19　修剪外墙线

04 使用同样方法修剪外墙线如图 9-20 所示。

05 调用 TRIM/TR 命令，对墙线进行最后修剪，最终完成效果如图 9-21 所示。

图 9-20　修剪效果

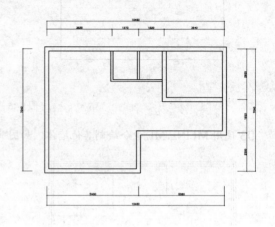

图 9-21　修剪其他墙线

⚙ 9.3.6　开窗洞以及绘制窗图形

毛坯房一般都预留了窗洞和门洞，这是建筑师对各房间功能、相互关系的初步构想，绘制原始结构图需要将这些窗洞和门洞的位置和大小准确的表达出来，以作为室内设计的基本依据。在装修过程中，业主可以在不破坏房屋承重结构和建筑安全的前提下，自由更改门洞的位置和大小。

课堂举例【案例9-7】：　开窗洞以及绘制窗图形

01 设置"QT_墙体"图层为当前图层，下面按照如图 9-22 所示的尺寸绘制窗户。

02 开窗洞。调用 OFFSET/O 命令，分别偏移如图 9-23 所示的虚线表示的墙体，偏移的距离为590，偏移结果如图 9-24 所示。

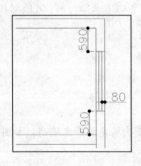

图 9-22　窗户的尺寸

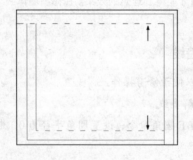

图 9-23　选择偏移线

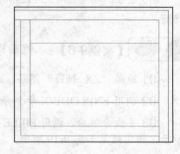

图 9-24　偏移墙线

03 调用 TRIM/TR 命令，分别延长偏移线段和修剪窗洞。

命令：TRIM↙　　　　　　　　　　　　　　　　　　//调用修剪命令，按两下空格键

当前设置：投影=UCS，边=延伸　　　　　　　　　　//系统显示当前设置

选择剪切边…

选择对象或 <全部选择>：

选择要修剪的对象，或按住 Shift 键选择要延伸的对象，或[栏选(F)/窗交(C)/投影(P)/边(E)/删除

(R)/放弃(U)]:　　　　　　　　　　　　　　　　　　　　　　　　//按住 Shift 键，鼠标单击需要延
伸的线段。如图 9-25 所示。线段延伸完成后，松开 Shift 键，修剪出窗洞的效果，如图 9-26 所示。

04 设置 "C_窗" 为当前图层。

05 绘制窗图形。调用 LINE/L 命令，绘制窗的轮廓，如图 9-27 所示。

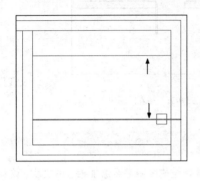
图 9-25　延伸墙线

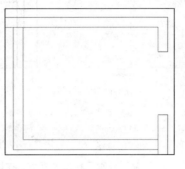
图 9-26　修剪窗洞

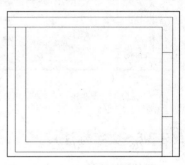
图 9-27　绘制直线

06 调用 OFFSET/O 命令，向内偏移直线，偏移的距离为 80，偏移两次，得到窗的平面图形，如图 9-28
所示。

9.3.7　开门洞以及绘制门

在原始结构图中，需要将门的位置和大小清晰表达出来，以作为设计的依据。

【案例9-8】：　开门洞以及绘制门

01 开门洞。使用 OFFSET/O 命令偏移墙体线，绘制出洞口的边界线，然后使用 TRIM/TR 命令修剪出
门洞，如图 9-29 所示。

图 9-28　偏移直线

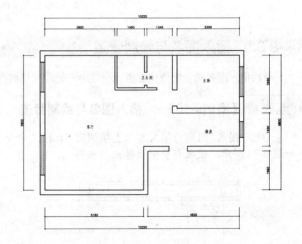
图 9-29　小户型门洞

02 绘制门。门图形可以直接插入门图块得到。设置 "M_门" 图层为当前图层。

03 调用 INSERT/I 命令，打开 "插入" 对话框，在 "名称" 栏中选择 "门（1000）"，设置 "X" 轴方
向的缩放比例为 0.98（门宽为 980），旋转 180°，如图 9-30 所示。

04 单击【确定】按钮关闭对话框，将图块定义在如图 9-31 所示的位置上。

图 9-30 "插入"对话框

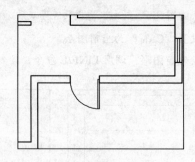

图 9-31 插入门图块

9.3.8 文字标注

在建筑设计阶段，室内各空间的功能和用途已经作了初步的规划，在原始结构图中需要添加相应的文字，说明各功能空间的功能。

 【案例9-9】： 文字标注

01 单击绘图工具栏多行文字按钮 A，在要标注文字的位置画一个框，弹出"文字格式"对话框，如图 9-32 所示，输入文字内容"客厅"，如图 9-33 所示。单击【确定】按钮。

02 用同样的方法标注其他区域，完成效果如图 9-6 所示。

图 9-32 "文字格式"对话框

9.3.9 插入图名与绘制管道

最后插入图名与绘制厨房管道，完成小户型原始结构图的绘制。

 【案例9-10】： 插入图名与绘制管道

01 "图名"图块的插入可以直接调用 INSERT 命令。值得注意的是，应将当前的注释比例设置为 1:100，如图 9-34 所示，使之与整个注释比例相符。

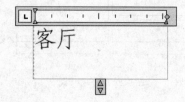

图 9-33 输入文字

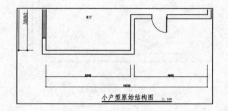

图 9-34 插入"图名"图块

02 绘制卫生间的厨房的管道图形，完成小户型原始结构图的绘制，如图 9-35 所示。

9.4　墙体改造

墙体改造是指把室内的墙体进行拆除或新建。很多住户在装修之前都会对房屋进行一些改造,以便增强房间的功能性和追求设计的艺术性,冲破视觉的阻碍,扩大居室的视觉范围。本案例小户型墙体改造之后的空间如图9-36所示。

因为原始结构图中已经含有绘制好的墙体窗、门等图形,为了提高工作效率,可以直接在原始结构图的基础上绘制墙体改造图。

【案例9-11】: 墙体改造

01 复制图形。调用COPY/CO命令并按空格键,将原始结构图复制一份,并粘贴到一侧。

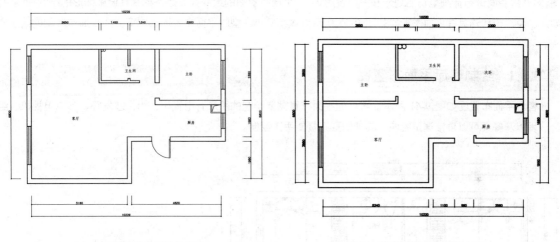

图 9-35　原始结构图最终效果　　　　　　　　　图 9-36　墙体改造后的空间

02 墙体改造。本案例改造的地方较多,包括客厅、卫生间以及厨房的改造,如图9-37所示为卫生间改造前后的对比,以下讲解具体墙体改造的方法。

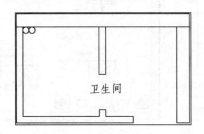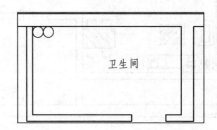

图 9-37　卫生间墙体改造

03 设置"QT_墙体"图层为当前图层。

04 将虚线表示的墙体进行删除,如图9-38所示。

05 调用PLINE/PL命令,在卫生间右侧墙体上绘制墙垛,如图9-39所示,完成卫生间墙体改造。

06 使用同样的方法,完成其他位置的墙体改造。

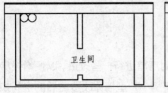

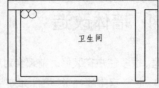

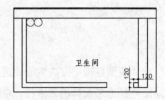

图 9-38 删除墙体   图 9-39 绘制墙垛

9.5 绘制小户型平面布置图

平面布置图是室内装饰施工图纸中的关键性图纸，它是在原始结构图的基础上，根据需要和设计师的设计意图，对室内空间进行详细地功能划分和室内设施定位。平面布置图的绘制重点是各种家具设施图形的绘制和调用，如床、桌、椅和洁具等平面图形。如图 9-40 所示为本案例小户型的平面布置图，以下介绍平面布置图的绘制方法。

9.5.1 绘制客厅平面布置图

客厅平面布置图如图 9-41 所示。客厅的平面布置需要绘制的图形有电视柜、组合沙发等，其中电视机、组合沙发以及餐桌可以直接调用图块，其他图形则需要手工绘制。

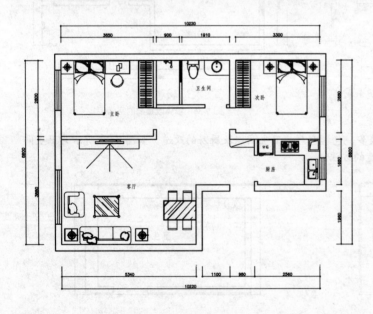

图 9-40 小户型平面布置图

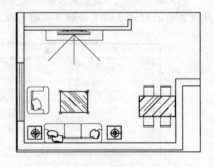

图 9-41 客厅平面布置图

【案例9-12】： 绘制客厅平面布置图

01 绘制电视柜。设置"JJ_家具"图层为当前图层。

02 调用 RECTANG/REC 命令，绘制 2370×350 大小的矩形表示电视柜，如图 9-42 所示。

03 插入图块。设置"JJ_家具"图层为当前图层。

04 按下 Ctrl+2 快捷键打开"设计中心"窗口，在左侧的树枝状目录列表中找到图块所在的文件，如本书配套光盘提供的"第 9 章/家具图例.dwg"文件。单击文件左侧的"+"图标，展开其下级列表，选择其中的"块"选项，如图 9-43 所示。

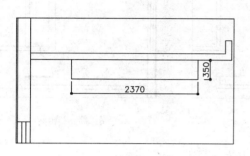

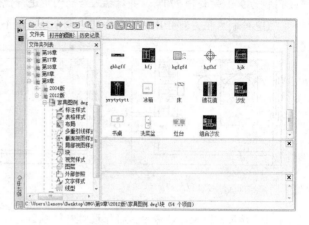

图 9-42　绘制矩形　　　　　　　　　　　图 9-43　AutoCAD"设计中心"

提示："设计中心"是 AutoCAD 图形的浏览器和管理中心，用于浏览、查找、预览图形，以及插入各种 AutoCAD 对象，包括块、样式和外部参照等，它可以使用以下三种方法打开：快捷键 Ctrl+2、命令行 ADCENTER/ADC 并按空格键、工具栏 单击"标准"工具栏 按钮。

05 在 AutoCAD"设计中心"右侧窗口中找到组合沙发图块，在图块上双击鼠标，打开如图 9-44 所示的"插入"对话框，适当设置参数，单击【确定】按钮。

06 在"客厅"适当位置拾取一点，将沙发图块插入到客厅中，使用相同的方法插入其他图形，包括餐桌、电视机等图块，结果如图 9-41 所示。

07 插入立面指向符。将立面指向符号插入到小户型平面布置图中，如图 9-45 所示。

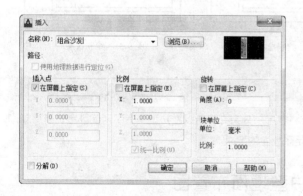

图 9-44　"插入"对话框　　　　　　　　图 9-45　插入立面指向符

9.5.2　绘制卧室平面布置图

卧室是一个混合空间，通过合理地分隔使之具有休息及储藏功能，如图 9-46 所示为本案例小户型的卧室平面布置图，需要绘制的图形包括床、衣柜及梳妆台等。

【案例9-13】：　绘制卧室平面布置图

01 插入门图块。调用 INSERT/I 命令，插入"门（1000）"图块，设置"X"轴方向的缩放比例为 0.9（门宽为 900），旋转 270°，并对插入后的图块进行镜像，结果如图 9-47 所示。

02 绘制衣柜。调用 RECTANG/REC 命令绘制一个尺寸为 1760×600 的矩形，如图 9-48 所示。

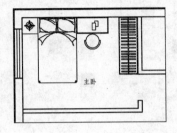

图 9-46　卧室平面布置图

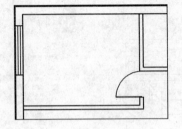

图 9-47　插入门图块

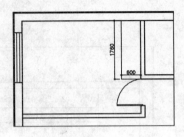

图 9-48　绘制矩形

03 调用 OFFSET/O 命令，将矩形向内偏移 20，如图 9-49 所示。

04 调用 RECTANG/REC 命令，以矩形的中点为第一个角点，绘制宽度为 10 的矩形，表示衣柜内的挂衣杆，如图 9-50 所示。

05 调用 RECTANG/REC 命令，绘制尺寸为 440×30 的矩形，表示衣架，调用 COPY/CO 命令，对其进行关联复制，完成效果如图 9-51 所示。

06 插入图块。按 Ctrl+O 快捷键，打开配套光盘提供的"第9章/家具图例.dwg"文件，选择其中的床、梳妆台图块，将其复制粘贴到卧室的区域内，如图 9-46 所示，卧室平面布置图绘制完成。

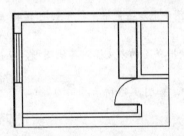

图 9-49　偏移线段

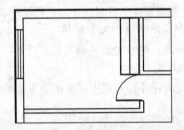

图 9-50　绘制挂衣杆

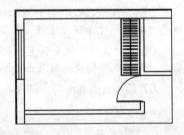

图 9-51　绘制衣架

9.5.3　绘制次卧和厨房平面布置图

如图 9-52 所示为次卧和厨房的平面布置图。因为将客厅一分为二，所以在户型中有了两间卧室，厨房新砌了墙，作为一个半封闭的区域，既分隔了空间，也满足了业主的要求。

9.6　绘制小户型地面布置图

小户型的地面材料非常简单，可以不画地面布置图，只需在平面布置图上找一块不被家具和陈设遮挡，又能充分表示地面做法的区域，画出一部分图案，标注上材料、规格就可以了，如图 9-53 所示。下面简单介绍其绘制方法。

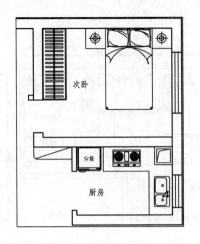

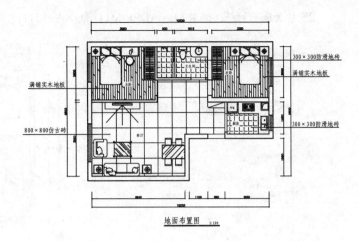

图 9-52　次卧和厨房的平面布置图　　　　　　　图 9-53　小户型地面布置图

【案例9-14】：　绘制小户型地面布置图

01 封闭填充区域。调用 RECTANG/REC 命令，封闭各填充区域，如图 9-54 所示。

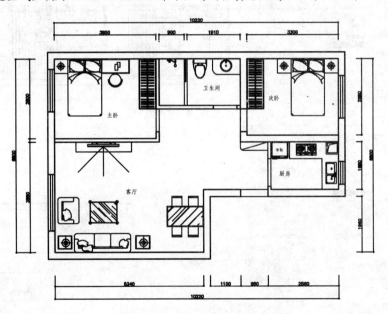

图 9-54　封闭填充区域

02 填充地面图案。填充客厅区域。调用 HATCH/H 命令，弹出如图 9-55 所示的对话框，进行参数设置，单击 ⊞ （添加：拾取点）按钮，回到绘图界面，在需要填充地面图案的区域内单击鼠标，需要填充的边界变成虚线，按空格键弹出"图案填充和渐变色"对话框，单击【确定】按钮，完成客厅地面的填充，完成效果如图 9-56 所示。

03 填充卧室地面。调用 HATCH/H 命令，填充 DOLMIT 图案表示卧室地面材料，填充参数和效果如图 9-57 所示。

04 填充卫生间及厨房地面，这两个区域都使用 300×300 防滑砖，可以同时填充，填充参数及完成效果如图 9-58 所示。

05 标注地面材料。调用 MLEADER/MLD 命令进行材料标注，标注效果如图 9-53 所示。

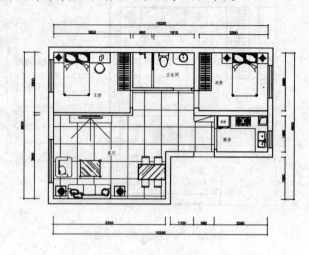

图 9-55 "图案填充和渐变色"对话框　　　　　图 9-56 填充客厅地面

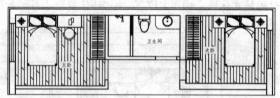

图 9-57 卧室填充参数及效果

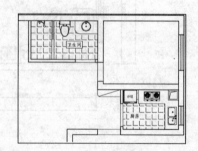

图 9-58 卧室填充参数设置及效果

9.7 绘制小户型顶面布置图

顶面又称天花板，是指建筑空间上部的覆盖层。顶面布置图是假想水平剖切面从窗台上把房屋剖开，移去下面的部分后，向顶面方向正投影所生成的图形。

顶面布置图用于表示顶面造型和灯具布置，同时也反映室内空间组合的标高关系和尺寸等。其内容包括各种装饰图形、灯具、文字说明、尺寸和标高等，本例小户型顶面布置如图 9-59 所示。

9.7.1　顶面设计基础

顶面的设计应与整个室内环境气氛相结合起来，使之成为一个有机整体。同时需要注意点、线、面的处理（如灯具、排气孔、横梁的处理和吊顶的处理等），要给人以恰如其分的心理影响。

9.7.2　直接式顶面与悬吊式顶面

顶面的做法有很多种，家庭室内装潢主要有直接式顶面和悬吊式顶面两种。

❑　**直接式顶面**

相对于悬吊式顶面，直接式顶面形式、用材和施工要简单得多，它是直接在混凝土顶面上进行抹灰、镶板或粘贴装饰布（纸）。因为房间高度有限，一般在卧室、书房等空间采用这种顶面，使室内空间显得简洁、大方。

❑　**悬吊式顶面**

悬吊式顶面又称吊顶，悬吊式顶面是指饰面与楼板之间留有悬挂高度做法的顶面，这样可以利用空间高度的变化，进行顶面造型和光环境创造，一般在客厅等大面积空间中使用，以便视觉上划分出功能空间。

悬吊式顶面可以综合考虑照明、通风、空调和防火等管线的布置，以及外观环境的设计。为了创建简洁大方的家庭环境，悬吊式顶面大多采用简单的几何造型，有圆形、弧形、矩形等，其中矩形居多。

悬吊式顶面常用的材料有纤维板、塑料板、有机玻璃、模板、金属板、石膏板、钙塑板等。

9.7.3　绘制餐厅顶面布置图

本案例餐厅采用的是悬吊式顶面，采用的形状是简单的矩形形状。其顶面布置如图 9-60 所示，以下讲解具体的绘制方法。

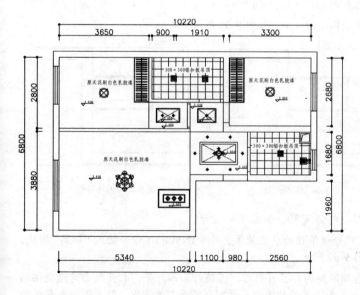

图 9-59　小户型顶面布置图

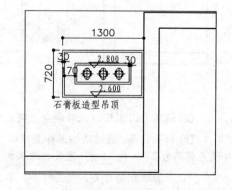

图 9-60　餐厅顶面布置图

【案例9-15】：　绘制餐厅顶面布置图

01 复制图形。顶面布置图可以在平面布置图的基础上绘制。调用 COPY/CO 命令，将顶面布置图复制到一边，并删除里面的家具图形，如图 9-61 所示。

02 绘制墙体线。设置"DM_地面"图层为当前图层

03 删除入口门图形，调用直线命令 LINE/L 连接门洞，封闭区域，表示门梁，如图 9-62 所示。

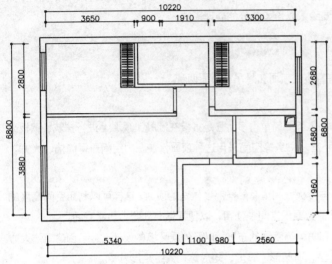

图 9-61　清理图形

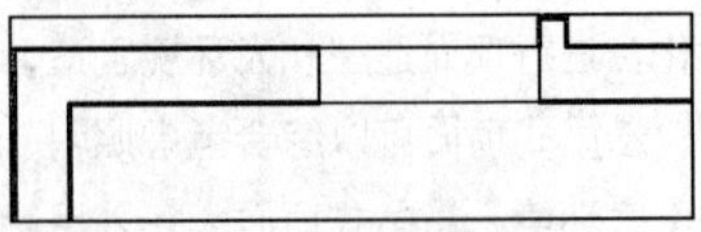

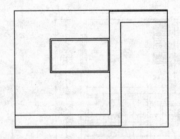

图 9-62　绘制墙体线

04 绘制吊顶轮廓。吊顶轮廓应该根据标高，从大到小、从整体到局部的顺序进行绘制。设置"DD_吊顶"图层为当前图层。

05 调用 RECTANG/REC 矩形命令，绘制一个尺寸为 1300×720 的矩形，如图 9-63 所示。

06 调用 OFFSET/O 偏移命令，将矩形向内偏移 30，如图 9-64 所示。

07 调用 OFFSET/O 偏移命令，将矩形向内偏移 170，如图 9-65 所示。

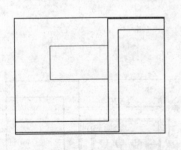
图 9-63　绘制矩形

图 9-64　偏移矩形

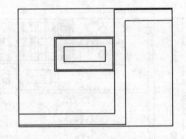
图 9-65　偏移矩形

08 调用 OFFSET/O 偏移命令，将矩形向内偏移 30，如图 9-66 所示。

09 标注标高。通过顶棚图标高可以直观分辨吊顶的层次关系。调用 INSERT/I 命令插入"标高"图块，设置标高为 2.6m 和 2.8m，完成后效果如图 9-67 所示。

10 布置顶棚的灯具。布置灯具。本案例用到的灯具有射灯、吸顶灯和吊灯等。打开配套光盘提供的"第9章/家具图例.dwg"文件，将该文件中事先绘制好的图例表复制到顶面布置图中，灯具图例表具体绘制方法这里就不详细讲解了。

11 复制小吊灯的图形，调用 COPY/CO 命令，将小吊灯图形复制到餐厅顶面图中，效果如图 9-68 所示。

提示：在室内照明中，常用的灯具有白炽灯、荧光灯、卤钨灯、高压水银荧光灯等。按照其照射方式不同可以分为直射式灯具、反射式灯具、半反射式灯具。按照其安装方式的不同又可以分为吸顶嵌入式、半嵌入式、悬吊式和壁式等。照明灯具的选择，应根据房间的功能、装饰风格来确定。餐厅主要使用了吊灯，餐厅灯具的布置如图 9-68 所示。

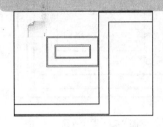

图 9-66　偏移矩形

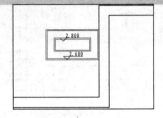

图 9-67　标注标高

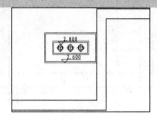

图 9-68　布置灯具

12 标注尺寸和文字说明。顶面布置图的尺寸、标高和文字应该标注清楚，以方便施工人员施工，其中说明文字用于说明顶面的用材和做法。设置 "BZ_标注" 图层为当前图层，设置当前注释比例为 1:100。

13 调用 DIMLINEAR/DLI 命令或执行【标注】|【线性】命令标注尺寸，尺寸标注要求尽量详细，但应该避免重复。

14 单击绘图工具栏多行文字按钮 $\mathbf{A}$ ，或者在命令行输入多行文字命令 MTEXT/MT，对顶面材料进行文字标注，完成后效果如图 9-59 所示。

9.7.4　绘制玄关顶面布置图

玄关采用的是简单的矩形形状悬吊式顶面，其顶面布置图如图 9-69 所示，以下讲解具体的绘制过程。

【案例9-16】：　绘制玄关顶面布置图

01 绘制吊顶轮廓。设置 "DD_吊顶" 图层为当前图层。

02 调用 LINE/L 直线命令，绘制吊顶的轮廓，如图 9-70 所示。

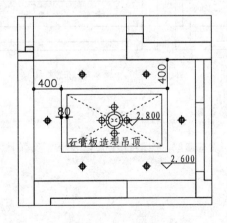

图 9-69　玄关顶面布置图

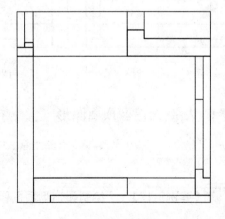

图 9-70　绘制轮廓线

03 调用 OFFSET/O 偏移命令，将之前所绘制的线段向内偏移 400，如图 9-71 所示。

04 调用 FILLET/F 命令，设置圆角半径为 0，圆角如图 9-72 所示线段，圆角效果如图 9-73 所示。

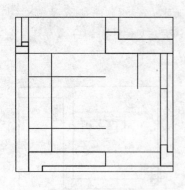
图 9-71　偏移线段

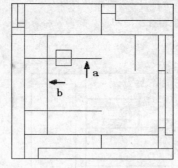
图 9-72　选择要倒角的线段

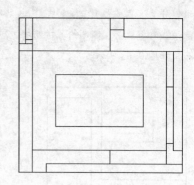
图 9-73　圆角效果

05 调用 OFFSET/O 命令，将所绘制的矩形向内偏移 80，完成效果如图 9-74 所示。

06 标注标高。直接调用 INSERT/I 命令插入"标高"图块，设置标高为 2.6m 和 2.8m，完成效果如图 9-75 所示。

07 布置顶棚灯具。打开配套光盘提供的"第 9 章/家具图例.dwg"文件，复制射灯和吊灯图形，调用 COPY/CO 命令，将灯具图形复制到玄关顶面图中，完成效果如图 9-76 所示。

08 标注尺寸和文字说明。读者可以沿用前面讲解的餐厅吊顶的绘制方法，标注尺寸和文字说明，这里就不详细介绍了，完成的效果如图 9-69 所示。

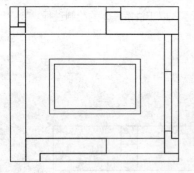
图 9-74　偏移矩形

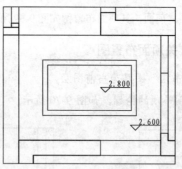
图 9-75　标注标高

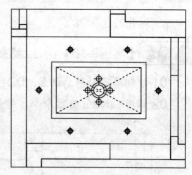
图 9-76　布置灯具

9.7.5　绘制无造型顶面图形

　　厨房和卫生间为铝扣板吊顶，属于无造型悬吊式顶棚。由于没有造型，可以直接用图案表示出顶面的材料和分格。

【案例9-17】：　绘制无造型顶面图形

01 在厨房和卫生间布置灯具、标注标高和文字说明，如图 9-77 所示。

02 厨房和卫生间顶面使用的是"用户自定义"类型图案，调用 HATCH/H 命令，填充参数设置如图 9-78 所示。

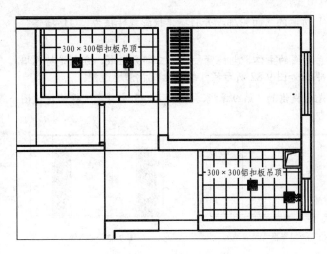

图 9-77　卫生间和厨房顶面布置图　　　　　　　图 9-78　填充参数

9.8　绘制小户型立面图

立面布置图是室内墙面与装饰物的正投影图，它表明了墙面装饰的式样及材料、位置尺寸，墙面与门、窗、隔断的高度尺寸，墙与顶及地的衔接方式等。

9.8.1　绘制客厅 A 立面图

客厅 A 立面图表达的范围是左至电视背景墙，右至玄关区域，主要表达了该墙面的装饰做法、鞋柜做法和尺寸材料等，如图 9-79 所示。

课堂举例　【案例9-18】：　绘制客厅 A 立面图

01 绘制立面轮廓。设置"LM_立面"图层为当前图层。复制平面布置图客厅 A 立面的平面部分。

02 调用直线命令 LINE/L，应用投影法绘制 A 立面图的墙体投影线，并绘制地面和顶面，如图 9-80 所示，该立面高度为 2800。

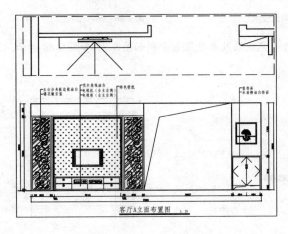

图 9-79　客厅 A 立面布置图

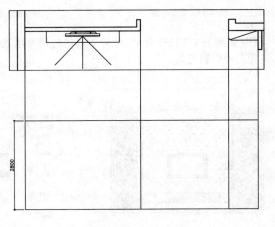

图 9-80　绘制墙体投影线

03 调用 TRIM/TR 命令，修剪得到如图 9-81 所示的立面轮廓，并将墙体投影线转换为"QT_墙体"图层。

04 绘制电视背景墙。电视背景墙是客厅 A 立面图的主体，电视背景墙由三部分组成，分别是特色墙纸、实木角线和镂花镜。调用 OFFSET/O 命令，根据如图 9-82 所示尺寸绘制电视背景墙造型。

05 插入图块。按 Ctrl+O 快捷键，打开配套光盘提供的"第 9 章/家具图例.dwg"文件，选择镂花镜图块，将其复制至背景墙区域，如图 9-83 所示。

图 9-81 修剪出立面轮廓

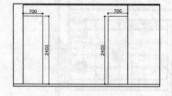

图 9-82 绘制电视背景墙造型

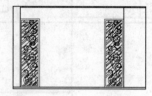

图 9-83 插入图块

> **提示：**立面外轮廓是指所画立面的最外侧边界线，主要为顶面的底面、左右侧面和地面。轮廓线可以根据平面图和顶面布置图中相关尺寸、标高进行绘制，这里采用投影法绘制。

06 绘制实木角线。调用 LINE/L 命令封闭绘制角线的区域，如图 9-84 所示。

07 调用 OFFSET/O 命令，选择线段向内偏移 40、25、15，如图 9-85 所示。

08 插入图块。打开配套光盘提供的"第 9 章/家具图例.dwg"文件，选择电视机、电视柜图块，将其复制至背景墙区域，如图 9-86 所示。

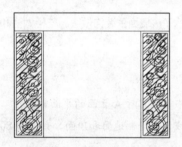

图 9-84 封闭区域

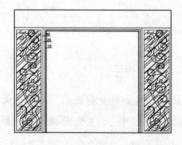

图 9-85 偏移线段

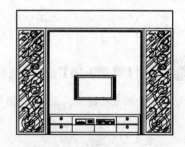

图 9-86 插入图块

09 调用 HATCH/H 命令，对背景墙进行图案填充，填充效果及参数设置分别如图 9-87 和图 9-88 所示。电视背景墙绘制完成。

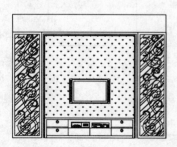

图 9-87 填充效果

图 9-88 参数设置

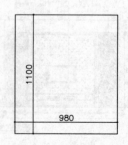

图 9-89 绘制矩形

10 绘制鞋柜。调用 RECTANG/REC 命令，绘制尺寸为 980×1100 的矩形，如图 9-89 所示。

11 使用 EXPLODE/X 命令将矩形分解，以方便编辑。

12 使用偏移命令，将矩形的上、左、右方向的线段向内偏移 30，下方的线段向内偏移 100，调用 TRIM/TR 命令，修剪多余线段，如图 9-90 所示。

13 调用 LINE/L 命令，取矩形中点为起始点绘制鞋柜门，如图 9-91 所示。

14 调用 PLINE/PL 命令，绘制对角线表示鞋柜门的开启方向，如图 9-92 所示。

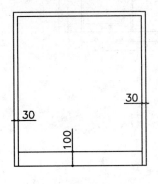

图 9-90　偏移线段

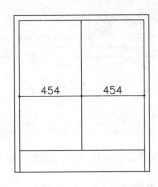

图 9-91　绘制柜门

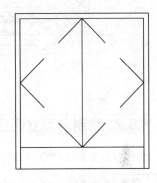

图 9-92　绘制多段线

15 打开配套光盘提供的"第 9 章/家具图例.dwg"文件，复制鞋柜门把手图块到鞋柜图形中，调用 PLINE/PL 命令，在鞋柜下方绘制多段线，表示镂空，如图 9-93 所示。鞋柜绘制完成。

16 插入装饰画图块。鞋柜绘制完成后，打开配套光盘提供的"第 9 章/家具图例.dwg"文件，复制装饰画图块到立面图形中，将图块移动到鞋柜上方合适尺寸，效果如图 9-94 所示。

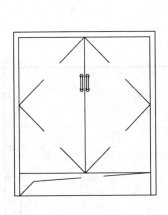

图 9-93　绘制结果

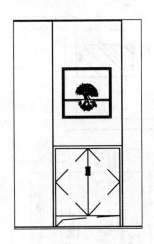

图 9-94　插入图块

17 标注尺寸和材料说明。设置"BZ_标注"图层为当前图层，设置当前注释比例为 1∶50。

18 调用 DIMLINEAR/DLI 命令或者执行【标注】|【线性】命令标注尺寸，如图 9-95 所示。

19 设置"ZS_注释"图层为当前图层，用 MLEADER/MLD 命令进行材料标注，标注结果如图 9-79 所示。

20 插入图名。调用插入图块命令 INSERT/I，输入"图名"图块，设置 A 立面图名称为"客厅 A 立面布置图"，客厅 A 立面布置图绘制完成。

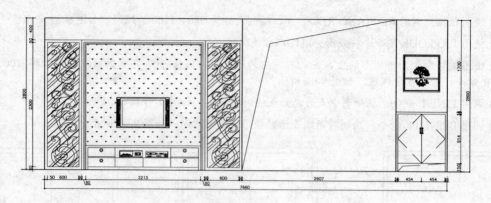

图 9-95 标注尺寸

9.8.2 绘制餐厅立面图

餐厅立面图表达了餐厅背景墙的装饰做法和材料尺寸等，如图 9-96 所示。

课堂举例【案例9-19】： 绘制餐厅立面图

01 复制图形。调用 COPY/CO 命令，复制餐厅平面布置图部分到一旁。

02 绘制立面外轮廓。设置"LM_立面"图层为当前图层。

03 调用 RECTANG/REC 矩形命令，绘制尺寸为 2200×2800 的矩形作为餐厅立面的外轮廓，如图 9-97 所示。

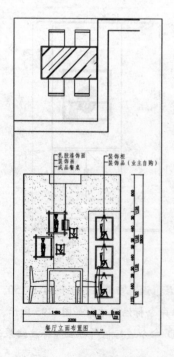

图 9-96 餐厅立面布置图

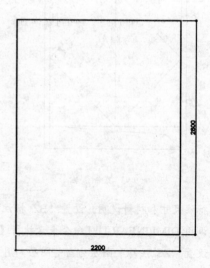

图 9-97 绘制矩形

04 绘制餐厅背景墙及顶面造型。餐厅背景墙由两个部分组成，分别是装饰画和装饰柜。调用 OFFSET/O 和 TRIM/TR 命令，绘制如图 9-98 所示尺寸的装饰柜轮廓。

05 调用 OFFSET/O 和 TRIM/TR 命令，绘制如图 9-99 所示尺寸的装饰柜内部结构。

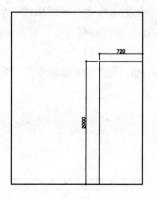

图 9-98 绘制装饰柜轮廓

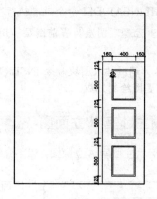

图 9-99 装饰柜内部结构

06 调用 OFFSET/O 和 TRIM/TR 命令，绘制餐厅吊顶造型，如图 9-100 所示。

07 插入图块。插入图块。打开配套光盘提供的"第 9 章/家具图例.dwg"文件，将射灯、装饰品等图块复制到餐厅立面图形中，如图 9-101 所示。

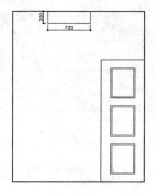

图 9-100 绘制吊顶

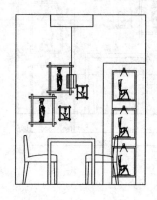

图 9-101 插入图块

08 调用 HATCH/H 命令，对餐厅墙面进行填充。填充效果及参数分别如图 9-102 和图 9-103 所示。

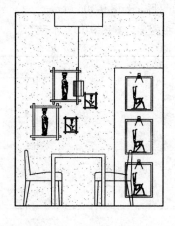

图 9-102 填充效果

图 9-103 填充参数

09 标注尺寸和材料说明。设置"BZ_标注"图层为当前图层，设置当前注释比例为 1：50。

10 调用 DIMLINEAR/DLI 命令或者执行【标注】|【线性】命令标注尺寸，如图 9-104 所示。

11 设置"ZS_注释"图层为当前图层，用 MLEADER/MLD 命令进行材料标注，标注结果如图 9-96 所示。

12 插入图名。调用插入图块命令 INSERT/I，输入"图名"图块，设置立面图名称为"餐厅立面布置图"，餐厅立面布置图绘制完成。

⚙ 9.8.3　绘制主卧室 A 立面图

如图 9-105 所示为主卧室 A 立面图，以下介绍具体绘制方法。

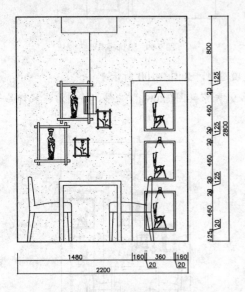

图 9-104　标注尺寸

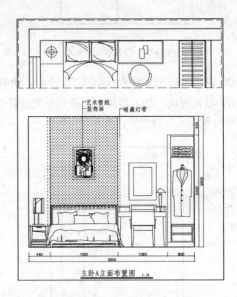

图 9-105　主卧室 A 立面布置图

▲课堂举例【案例9-20】：　绘制主卧室 A 立面图

01 绘制立面轮廓。设置"LM_立面"图层为当前图层，复制平面布置图主卧室 A 立面部分。

02 调用 RECTANG/REC 命令，绘制尺寸为 3650×2800 的矩形，如图 9-106 所示。

03 绘制衣柜。调用 OFFSET/O 和 TRIM/TR 命令，绘制衣柜轮廓，如图 9-107 所示。

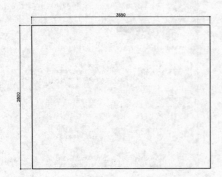

图 9-106　绘制矩形

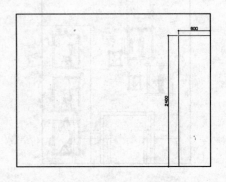

图 9-107　绘制轮廓线

04 调用 OFFSET/O 和 TRIM/TR 命令，根据衣柜不同功能划分区域，效果如图 9-108 所示。

05 绘制衣柜板材厚度，调用 OFFSET/O 命令，设置偏移距离为 20，得出板材的厚度，并进行修剪，效果如图 9-109 所示。

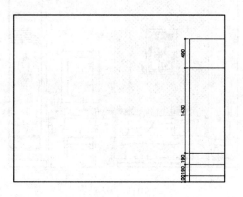

图 9-108　划分区域

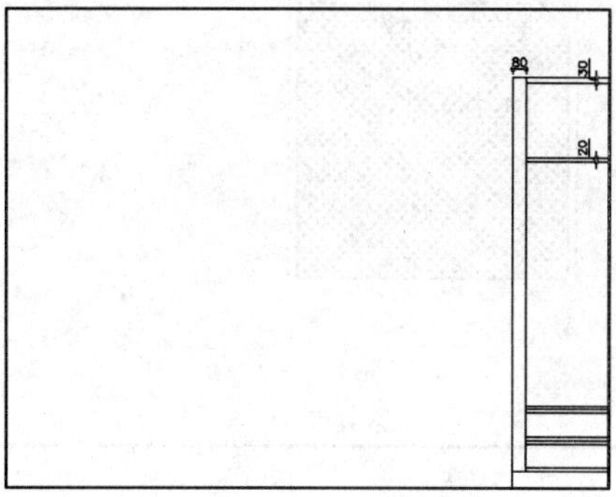

图 9-109　偏移线段

06 调用 LINE/L 命令，细化衣柜抽屉部位，如图 9-110 所示。

07 绘制卧室背景墙。调用 OFFSET/O 和 TRIM/TR 命令，绘制背景墙轮廓，如图 9-111 所示。

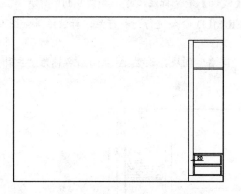

图 9-110　绘制抽屉

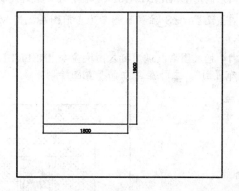

图 9-111　绘制背景墙轮廓

08 绘制背景墙灯带。调用 OFFSET/O 命令，设置偏移距离为 50，将背景墙轮廓向外偏移，并设置偏移线段为虚线，表示灯带，如图 9-112 所示。

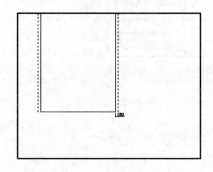

图 9-112　绘制灯带

图 9-113　填充参数

09 填充背景图案。调用 HATCH/H 命令，填充艺术壁纸图案，填充参数及效果分别如图 9-113 和图 9-114 所示。

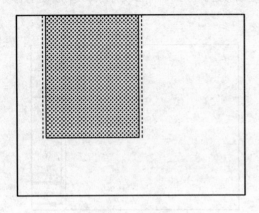

图 9-114　填充效果

图 9-115　插入图块

10 插入图块。背景墙绘制完成后，打开配套光盘提供的"第 9 章/家具图例.dwg"文件，复制床、梳妆台、装饰画等图块到立面图形中，效果如图 9-116 所示。

11 标注尺寸和材料说明。设置"BZ_标注"图层为当前图层，设置当前注释比例为 1:50。

12 调用 DIMLINEAR/DLI 命令或者执行【标注】|【线性】命令标注尺寸，如图 9-116 所示。

13 设置"ZS_注释"图层为当前图层，用 MLEADER/MLD 命令进行材料标注，标注结果如图 9-106 所示。

14 插入图名。调用插入图块命令 INSERT/I，输入"图名"图块，设置 A 立面图名称为"主卧室 A 立面布置图"，主卧室 A 立面布置图绘制完成。

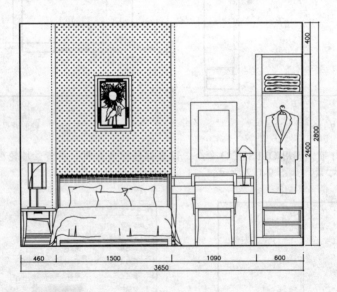

图 9-116　尺寸标注

第 10 章
中式风格三居室室内设计

本章导读

　　三居室是相对成熟的一种房型，住户可以涵盖各种家庭。这种房型的装修一般要体现住户的喜好和个性，所以往往对风格比较重视，功能分区明确。

　　本章以一套三居室户型为例，介绍中式风格的设计方法和施工图的绘制。

本章重点

- ⚙ 中式风格概述
- ⚙ 调用样板新建文件
- ⚙ 绘制三居室原始结构图
- ⚙ 绘制三居室平面布置图
- ⚙ 绘制三居室地面布置图
- ⚙ 绘制三居室顶面布置图
- ⚙ 绘制三居室冷热水管走向图
- ⚙ 绘制三居室插座与开关线路布置图
- ⚙ 绘制三居室立面图

10.1 中式风格概述

中式风格设计一般是指明清以来逐步形成的中国传统风格装修,这种风格最能体现中式的家居与传统文化的审美意蕴。从室内空间结构来说,以木构架形式为主,以彰显主人的成熟稳重。

10.1.1 中式风格设计要点

中式风格的构成主要体现在传统家具(多以明清家具为主)和以黑、红为主的装饰色彩。室内多采用对称式的布局方式,格调高雅,造型简朴优美,色彩浓重而成熟。

中国传统室内陈设包括字画、匾幅、挂屏、盆景、瓷器、古玩、屏风和博古架等,追求一种修身养性的生活境界。

中国传统室内装饰艺术的特点是总体布局对称均衡,端正稳健,而在装饰细节上崇拜自然情趣,富于变化,充分体现中国传统美学精神。

10.1.2 中式风格居室设计

❑ 天花

中式屋顶的装修主要分天花和藻井两种方式。天花以木条相交成方格形,上覆木板,然后再施以彩画。藻井以木板叠成,结构复杂,色彩绚丽。但是由于目前居室普遍不高,所以藻井基本上不用于家庭装修。

天花装修也可以简化,如可以做一个简单的环形灯池吊顶,用木板包边,漆成花梨木色,就可以现出中式风格。或吊顶也不做,只用雕花木线在屋顶上做出一个长方形的传统造型,效果也会不错。

中式风格天花设计如图 10-1 所示。

❑ 门窗

门窗确定居室整体风格很重要。中式门窗一般均是用棂子做成方格图案。讲究一点的还可以调出灯笼芯等嵌花图案。已经装了铝合金窗或是塑钢窗的家庭可以在里层再加一层中式窗,这样才可以使整个居室的风格统一。或者能将窗的一面墙都做成一排假窗,上面装上有彩绘的双层玻璃,效果非常漂亮。

❑ 隔断 屏风点缀

中国传统居室非常讲究空间的层次,常用隔断、屏风来分割空间。中式屏风多用木雕或金漆彩绘,隔断是固定在地上的,一般需要定做。隔断用实木做出结实的框栏以固定支架,中间用棂子、雕花做成古朴的图案,如图 10-2 所示。

图 10-1 天花设计

图 10-2 隔断设计

10.2 调用样板新建文件

这里使用室内装潢施工图样板创建图形，该样板已经设置了相应的图形单位、样式、图层和图块等，原始结构图可以直接在此样板的基础上进行绘制。

【案例10-1】： 调用样板新建文件

01 执行【文件】|【新建】命令，打开"选择样板"对话框。

02 选择"室内装潢施工图"样板，如图 10-3 所示。

03 单击【打开】按钮，以样板创建图形，新图形中包含了样板中创建的图层、样式和图块等内容。

04 选择【文件】|【保存】命令，打开"图形另存为"对话框，在"文件名"框中输入文件名，单击【保存】按钮保存图形。

10.3 绘制三居室原始结构图

如图 10-4 所示为三居室原始结构图，房间各功能空间划分为客厅、餐厅、厨房、主卧室、次卧室、小孩房、阳台以及卫生间，一般情况下先绘制轴线网，再绘制墙体、门窗和家具等固定设施。

图 10-3 "选择样板"对话框

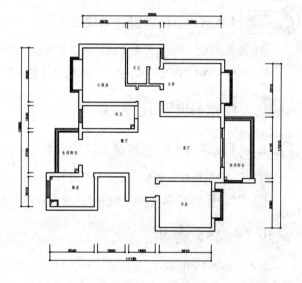

图 10-4 三居室原始结构图

10.3.1 轴线定位

这里使用 PLINE 多线段命令绘制轴线，绘制完成的轴线网如图 10-5 所示。

【案例10-2】： 绘制三居室墙体轴线

01 将"ZX_轴线"图层设置为当前图层。

02 调用 PLINE/PL 多线段命令，绘制轴网的外轮廓，如图 10-6 所示。

03 调用 PLINE/PL 命令分隔各主要功能空间，如图 10-7 所示。

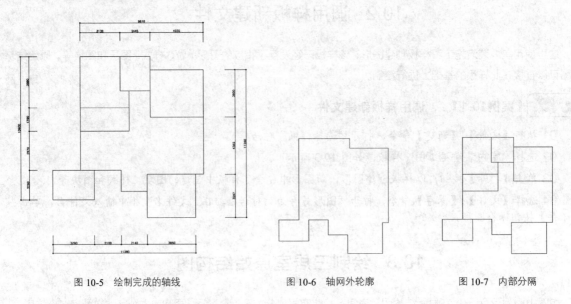

图 10-5 绘制完成的轴线   图 10-6 轴网外轮廓   图 10-7 内部分隔

10.3.2 标注尺寸

课堂举例【案例10-3】： 标注轴线尺寸

01 设置"BZ_标注"为当前图层，设置当前注释比例为 1:100。

02 调用 DIMLINEAR/DLI 命令，或执行【标注】|【线形】命令标注尺寸，效果如图 10-5 所示。

10.3.3 绘制墙体

课堂举例【案例10-4】： 绘制三居室墙体

01 将"QT_墙体"图层设置为当前图层。

02 调用 MLINE/ML 命令绘制墙体，墙体的厚度为 240，完成效果如图 10-8 所示。

10.3.4 修剪墙线

本节介绍调用 MLEDIT（编辑多线）命令修剪墙线的方法，该命令主要用于编辑多线相交或相接的部分，例如多线与多线之间的闭合与断开位置。

注意：使用 MLEDIT 命令编辑多线时，确认多线没有使用 EXPLODE/X 命令打断。

课堂举例【案例10-5】： 修剪墙线

01 在命令行输入 MLEDIT，并按空格键，打开如图 10-9 所示的"多段线编辑工具"对话框。

02 该对话框第一列用于处理十字交叉的多线，第二列用于处理 T 形交叉的多线，第三列用于处理角点连接和定点，第四列用于处理多线的剪切和接合。单击第一行第三列的"角点接合"样例图标，然后单击选择如图 10-10 所示虚框内的多线，效果如图 10-11 所示。

图 10-8　绘制墙线

图 10-9　"多线编辑"对话框

03 调用 MLEDIT 命令，在"多线编辑工具"对话框中选择第二列第二行的"T 形打开"样例图标，然后单击如图 10-12 所示虚框内的多线，先单击水平线，再单击垂直多线，修剪后效果如图 10-13 所示。

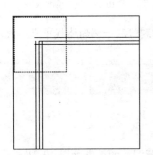

图 10-10　选择编辑的多线

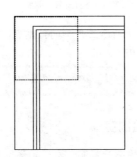

图 10-11　编辑效果

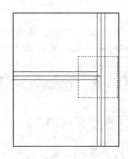

图 10-12　修剪虚框内的多线

04 使用其他编辑方法修剪墙线，最终得到结果如图 10-14 所示。

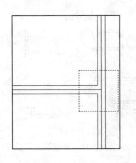

图 10-13　T 形打开方式修剪

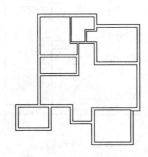

图 10-14　修剪后的墙体

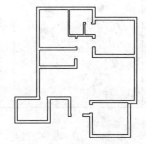

图 10-15　绘制门洞

10.3.5　开门洞和绘制门

开门洞主要使用 PL、OFFSET 和 TRIM 命令，门图形可以直接插入门图块得到。

 【案例10-6】：　开门洞和绘制门

01 开门洞。先使用 PLINE/PL 命令绘制出洞口边界线，然后使用 TRIM/TR 命令修剪出门洞，完成效果如图 10-15 所示。

02 绘制门。调用 INSERT/I 命令，打开"插入"对话框，在"名称"列表中选择"门（1000）"图块，不需要设置参数，直接单击【确定】按钮确认，拾取门洞内墙线的中点确定门图块的位置，如图 10-16 所示。

03 此时门的开启方向不正确，需要进行调整。调用 MIRROR/MI 命令，对门图块进行镜像，或者直接拖动门动态块的旋转控制点调整门的开启方向，如图 10-17 所示。

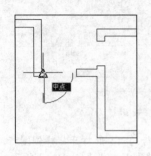 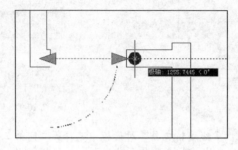 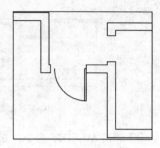

图 10-16 拾取中点插入图块   图 10-17 选择旋转控制点   图 10-18 旋转门图块

04 调整门大小。单击选择如图 10-19 所示三角形的控制点，向左移动到门洞一侧的墙线中点，使门大小与门洞匹配，完成结果如图 10-20 所示。

10.3.6 开窗洞与绘制窗

课堂举例【案例10-7】： 开窗洞与绘制窗

01 开窗洞。使用与开门洞相同的方法来开窗洞，在不再详细介绍，开窗洞后的效果如图 10-21 所示。

02 绘制窗。可以使用插入窗图块的方法来绘制窗，插入图块后的效果如图 10-22 所示。

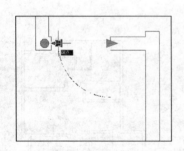 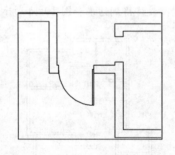 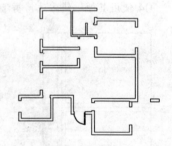

图 10-19 选择缩放控制点   图 10-20 调整结果   图 10-21 开窗洞

10.3.7 绘制飘窗

下面以绘制飘窗为例，介绍有特殊结构的窗图形的绘制方法，飘窗尺寸如图 10-23 所示。

课堂举例【案例10-8】： 绘制飘窗

01 设置"QT_墙体"图层为当前图层。

02 开窗洞。调用 OFFSET/O 命令，分别偏移如图 10-24 所示虚线表示的墙体线，偏移的距离分别为 610 和 650，偏移结果如图 10-25 所示。

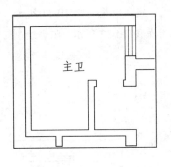

图 10-22　绘制结果

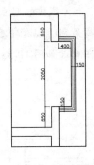

图 10-23　飘窗尺寸

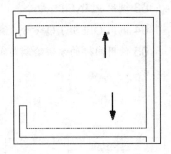

图 10-24　选择偏移线

[03] 使用夹点功能，分别延长偏移线段至另一侧墙线，如图 10-26 所示。调用 TRIM/TR 命令修剪出如图 10-27 所示窗洞效果。

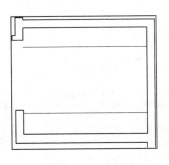

图 10-25　偏移结果

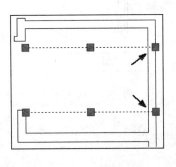

图 10-26　延长偏移线段

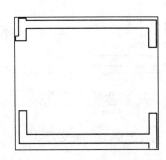

图 10-27　修剪窗洞

[04] 设置"C_窗"为当前图层。

[05] 绘制窗图形。调用多段线 PLINE/PL 命令，绘制飘窗轮廓，完成效果如图 10-28 所示。

[06] 调用 OFFSET/O 命令，向外偏移多段线，偏移距离为 50，偏移 3 次，得到飘窗平面图形，如图 10-29 所示。

⚙ 10.3.8　绘制阳台

【案例10-9】：　绘制阳台

[01] 使用前面介绍过的方法，修剪出餐厅通过阳台的门洞，门洞两侧墙体的宽度分别为 520 和 480，如图 10-30 所示。

[02] 设置"C_窗"图层为当前图层。

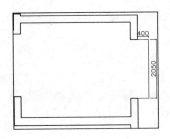

图 10-28　绘制窗轮廓

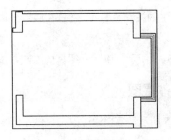

图 10-29　偏移轮廓线

图 10-30　绘制门洞

03 调用 PLINE/PL 命令，以内墙线的端点为线段的起点绘制多段线，完成效果如图 10-31 所示。

04 调用 OFFSET/O 命令，设置偏移距离为 80，偏移轮廓线得到阳台如图 10-32 所示，阳台绘制完成。

05 使用同样的方法绘制与客厅相连的阳台，如图 10-33 所示。

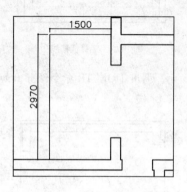

图 10-31　绘制多段线

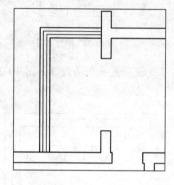

图 10-32　偏移多段线

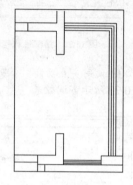

图 10-33　绘制阳台

10.3.9　标注文字

在建筑设计阶段，设计师通常会对各空间的功能有一个初步的设计和规划，在原始结构图中需要标注各个空间的功能，在进行室内设计时，可以根据需要更改部分空间的功能。

课堂举例【案例10-10】：　标注文字

01 单击绘图工具多行文字按钮 **A**，或者在命令行输入多行文字命令 MTEXT/MT，输入"客厅"文字标注。

02 使用相同的方法标注其他房间，结果如图 10-4 所示。

10.3.10　绘制其他图形

原始结构图还需要绘制地漏和烟道等图形，完成效果如图 10-4 所示，三居室原始结构图绘制完成。

10.4　绘制三居室平面布置图

平面布置图是室内装饰施工图纸中的关键性图纸，它是在原始结构图的基础上，根据业主要求和设计师的设计意图，对室内空间进行详细的功能划分和室内设施定位。

本案例三居室平面布置图如图 10-34 所示，以下介绍具体绘制方法。

10.4.1　绘制餐厅的平面布置图

本案例餐厅平面布置图如图 10-35 所示，墙壁通过改造，做了储物柜。

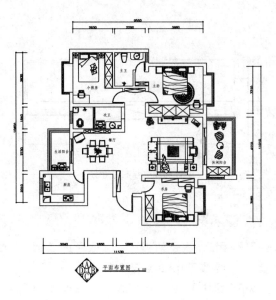

图 10-34　平面布置图

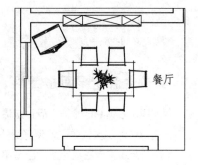

图 10-35　餐厅平面布置图

▲ **课堂**
举例【案例10-11】：　绘制餐厅的平面布置图

01 墙体改造。如图 10-36 所示是餐厅墙壁改造前后的对比。

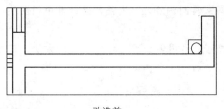

改造前

改造后

图 10-36　改造前后对比

02 调用 PLINE/PL 命令，找到储物柜的位置，完成效果如图 10-37 所示。

03 调用 TRIM/TR 命令，修剪出墙体效果，如图 10-38 所示。

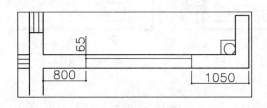

图 10-37　绘制多段线

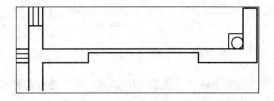

图 10-38　修剪线段

04 调用 RECTANG/REC 命令，绘制尺寸为 990×260 和 480×260 的矩形，效果如图 10-39 所示。

05 调用 LINE/L 命令，绘制矩形的对角线，表示到顶的柜子，效果如图 10-40 所示。

06 插入图块。按 Ctrl+O 快捷键，打开配套光盘提供的 "第 10 章/家具图例.dwg" 文件，选择其中的推拉门、冰箱、餐桌图块，将其复制到餐厅区域中，效果如图 10-35 所示。餐厅平面布置图绘制完成。

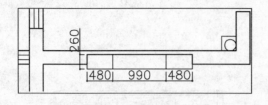

图 10-39　绘制矩形

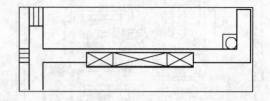

图 10-40　绘制对角线

10.4.2　绘制主卧室平面布置图

主卧室不仅是睡眠、休息的地方，而且是最具私密性的空间。因此，主卧室的设计必须根据主人的年龄、性格、兴趣爱好，考虑宁静稳重的或是浪漫舒适的情调，创造一个完全属于个人的温馨环境。

如图 10-41 所示为本案例三居室的主卧室平面布置图，以下介绍其具体的绘制方法。

【案例10-12】：　绘制主卧室平面布置图

01 复制图形。主卧室平面布置图可以直接在原始结构图的基础上进行绘制，调用 COPY/CO 命令复制三居室的原始结构图。

02 插入门图块。调用 INSERT/I 命令，插入主卧室进门的单扇门。

03 按 Ctrl+O 快捷键，打开配套光盘提供的"第 10 章/家具图例.dwg"文件，选择其中门图块，将其复制到主卧室区域中，效果如图 10-42 所示。

04 墙体改造。卧室的墙体也进行了改造，改造的方法可以沿用前面餐厅墙体改造的方法，这里就不详细介绍了。主卧室墙体改造效果如图 10-43 所示。

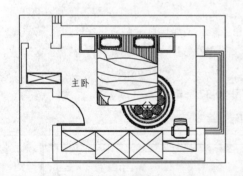

图 10-41　主卧室平面布置图

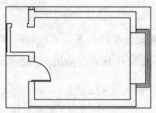

图 10-42　插入门图块

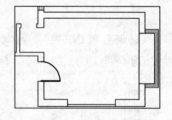

图 10-43　墙体改造

05 绘制衣柜。设置"JJ_家具"图层为当前图层。

06 调用 OFFSET/O 命令及 LINE/L 命令，绘制衣柜轮廓，效果如图 10-44 所示。

07 调用 OFFSET/O 命令，设置偏移距离为 20，偏移得到衣柜板材的厚度，效果如图 10-45 所示。

08 调用 LINE/L 命令，绘制矩形的对角线，表示是到顶的柜子，书柜是不到顶的，因此在矩形内仅需绘制一条对角线即可，效果如图 10-46 所示。

09 插入图块。按 Ctrl+O 快捷键，打开配套光盘提供的"第 10 章/家具图例.dwg"文件，选择其中床、椅子等图块，将其复制到主卧室区域中，效果如图 10-41 所示。主卧室平面布置图绘制完成。

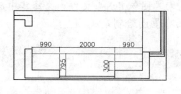

图 10-44　绘制多段线

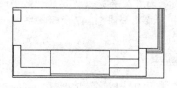

图 10-45　偏移多段线

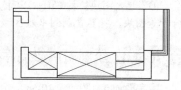

图 10-46　绘制对角线

10.4.3　绘制书房平面布置图

　　书房作为主人读书或写字的场所,对于照明和采光的要求很高,写字台最好放在阳光充足但是不直射的窗边。书房内一定要设有台灯和书柜用的射灯,便于主人阅读和查找书籍。书房需要的环境是安静,少干扰,所以通常放置在整套住宅的最里面,和卧室相对,不过也要根据实际情况而定。摆放的家具有写字桌及书柜,保证有较大的贮藏书籍的空间。

　　如图 10-47 所示为本案例三居室书房的平面布置图。本例书房放置了床与衣柜,可以偶尔充当客房使用。下面讲解书房的绘制方法。

【案例10-13】：　绘制书房平面布置图

01 插入门图形。调用 INSERT/I 命令,插入门图块,效果如图 10-48 所示。

02 绘制书柜。调用 RECTANG/REC 命令,绘制单个书柜轮廓,如图 10-49 所示。

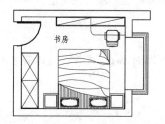

图 10-47　书房平面布置图

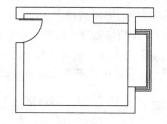

图 10-48　插入门图块

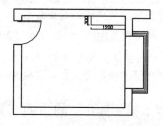

图 10-49　绘制矩形

03 调用 COPY/CO 命令,复制书柜轮廓,如图 10-50 所示。

04 调用 OFFSET/O 命令,向内偏移矩形,偏移距离为 20,完成效果如图 10-51 所示。

05 由于是不到顶的书柜,因此在矩形内仅需绘制一条对角线即可,结果如图 10-52 所示。

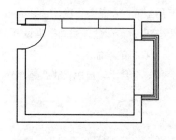

图 10-50　复制矩形

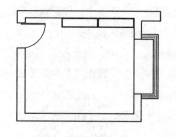

图 10-51　偏移矩形

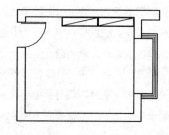

图 10-52　绘制对角线

06 调用 RECTANG/REC 命令,绘制尺寸为 600×1200 书桌,调用 CHAMFER/CHA 命令,对绘制完成的书桌进行倒角,完成效果如图 10-53 所示。

07 插入图块。按 Ctrl+O 快捷键，打开配套光盘提供的"第 10 章/家具图例.dwg"文件，选择其中床、椅子等图块，将其复制到书房区域中，效果如图 10-47 所示。书房平面布置图绘制完成。

10.4.4 绘制厨房平面布置图

厨房平面布置图如图 10-54 所示，采用的是 L 形布置方法。

L 形这种方式是把储存、洗涤和烹调三个工作区，按顺序设置于墙壁相接呈 90° 设计。如果厨房的开间为 1.8m，且有一定的深度，采用此模式较好。优点是可以有效利用空间，操作效率高。

课堂举例【案例10-14】：　绘制厨房平面布置图

01 插入门图块。调用 INSERT/I 命令，插入门图块，绘制厨房单扇门，如图 10-55 所示。

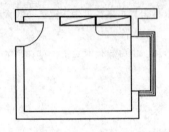
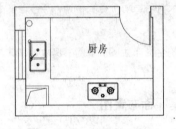
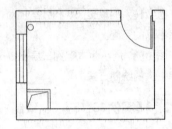

图 10-53　绘制书桌　　　　　　　图 10-54　厨房平面布置图　　　　　　图 10-55　插入门图块

02 绘制橱柜台面。厨房平面布置图需要绘制的内容有橱柜台面的大小和位置，以及洗菜盆、燃气灶和冰箱等图形。首先绘制橱柜台面，其尺寸如图 10-56 所示。

03 调用 PLINE/PL 命令，绘制多段线表示橱柜台面，如图 10-57 所示。

04 插入图块。按 Ctrl+O 快捷键，打开配套光盘提供的"第 10 章/家具图例.dwg"文件，选择其中洗菜盆、燃气灶图块，将其复制到厨房区域中。厨房平面布置图绘制完成。

10.4.5 绘制卫生间平面布置图

住宅卫生间的平面布局与气候、经济条件、文化、生活习惯、家庭成员构成、设备大小和形式有很大关系。因此布局上有多种形式。例如有把卫生间设备组织在一个空间中的，也有分别放置在几个小空间中的。归纳起来可以分为兼用型、独立型和折中型三种形式。

独立性浴室、厕所和洗脸间等各自独立的卫生间，称之为独立型。独立型的优点是各室可以同时使用，特别是在高峰期时可以减少互相干扰，各室功能明确，使用起来方便、舒适。缺点是空间占用太多，建造成本高。

兼用型把浴盆、洗脸池和便器等洁具组织在一个空间中，称之为兼用型。兼用型的优点是节省空间、经济和管线布置简单等。缺点是一个人占用卫生间时，影响其他人的使用，此外，面积较小时，储藏等空间很难设置，不适合人口多的家庭。兼用型卫生间不适合放置洗衣机，因为入浴等湿气会影响洗衣机的寿命。

折中型卫生间空间中的基本设备部分独立到一处。其优点是相对节省一些空间，组合比较自由，缺点是部分卫生设施设置于一室时，仍有互相干扰的现象。

本例采用的是折中型，如图 10-58 所示为本例卫生间平面布置图。

10.4.6 插入立面指向符

平面布置图绘制完成后，调用 INSERT/I 命令插入"立面指向符"图块，效果如图 10-34 所示。

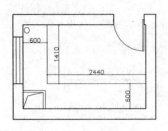

图 10-56　橱柜台面尺寸

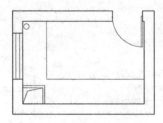

图 10-57　绘制多线段

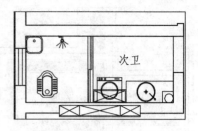

图 10-58　卫生间平面布置图

10.5　绘制三居室地面布置图

　　三居室的地面材料比较简单，可以不画地面布置图，只需要在平面布置图中找一块不被家具、陈设遮挡，又能充分表示地面做法的地方，画出一部分，标注上材料、规格就可以了，如图 10-59 所示。

10.6　绘制三居室顶面布置图

　　本户型的设计风格是中式风格，在顶面设计上使用了大量的中式元素，卧室和书房都布置了石膏角线，厨房以及卫生间采用集成吊顶。本例顶面布置图如图 10-60 所示。

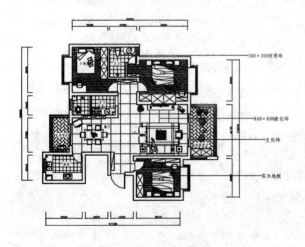

图 10-59　含有地面材料的平面布置图

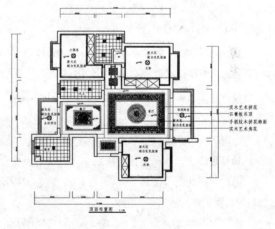

图 10-60　三居室顶面布置图

10.6.1　绘制客厅餐厅顶面布置图

　　客厅和餐厅的顶面布置采用了实木艺术拼花和实木艺术角花，辅以石膏角线，布置中式雕花吊灯，如图 10-61 所示为客厅餐厅的顶面布置图。

【案例10-15】：　绘制客厅餐厅顶面布置图

　　01 复制图形。顶面布置图可以在平面布置图的基础上绘制，复制三居室的平面布置图，并且删除与顶面无关的图形，并在门洞出绘制墙体线，如图 10-62 所示。

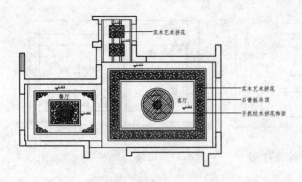

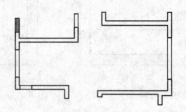

图 10-61　客厅餐厅顶面布置图　　　　　　　　　　图 10-62　复制图形

02 绘制窗帘。设置"DD_吊顶"图层为当前图层

03 绘制窗帘盒。调用直线命令 LINE/L，在需要挂窗帘的位置绘制线段确定窗帘盒的宽度，如图 10-63 所示。

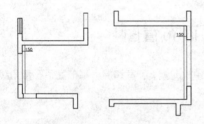

图 10-63　绘制线段　　　　　　　　　　　　　　图 10-64　窗帘图形

04 绘制窗帘。窗帘平面图形如图 10-64 所示，主要使用 PLINE/PL 命令绘制，命令行提示如下：

```
命令:PLINE↙                              //调用多段线命令
指定起点：                                //在任意位置拾取一点，确定多段线的起点
当前线宽为 0.1000
指定下一个点或 [圆弧(A)/半宽(H)/长度(L)/放弃(U)/宽度(W)]:            //向右移动光标到
0° 极轴追踪线上，在适当位置拾取一点，确定多段线的第二点
指定下一点或 [圆弧(A)/闭合(C)/半宽(H)/长度(L)/放弃(U)/宽度(W)]: A↙    //输入 A 选择"圆弧
(A)"选项
指定圆弧的端点或[角度(A)/圆心(CE)/闭合(CL)/方向(D)/半宽(H)/直线(L)/半径(R)/第二个点
(S)/放弃(U)/宽度(W)]: A↙                 //输入 A 选择"角度(A)"选项
指定包含角：180↙                         //设置圆弧角度为180°
指定圆弧的端点或 [圆心(CE)/半径(R)]: 30↙  //向右移动光标到 0° 极轴追踪线上，输入 30，
并按空格键，确定圆弧的端点，如图 10-65 所示
指定圆弧的端点或[角度(A)/圆心(CE)/闭合(CL)/方向(D)/半宽(H)/直线(L)/半径(R)/第二个点
(S)/放弃(U)/宽度(W)]:30↙                 //保持光标在 0° 极轴追踪线上不变，输入 30，
按空格键，确定第二个圆弧端点
……  ……  ……                           //重复上述操作，绘制出若干个圆弧，如图
10-66所示
```

指定圆弧的端点或[角度(A)/圆心(CE)/闭合(CL)/方向(D)/半宽(H)/直线(L)/半径(R)/第二个点(S)/放弃(U)/宽度(W)]: L↙　　　　　　　　　　　　　　　// 输入 L 选择 "直线 (L)"

指定下一点或 [圆弧(A)/闭合(C)/半宽(H)/长度(L)/放弃(U)/宽度(W)]: ↙　　//向右移动光标到0° 极轴追踪线上，在适当的位置拾取一点，如图 10-67 所示。

指定下一点或 [圆弧(A)/闭合(C)/半宽(H)/长度(L)/放弃(U)/宽度(W)]:W↙　　//输入 W 选择 "宽度(W)"

指定起点宽度 <0.1000>: 20↙　　　　　　　　　　　　　　//设置多段线起点宽度为 20
指定端点宽度 <20.0000>: 0.1↙　　　　　　　　　　　　　//设置多段线端点宽度为 0.1

指定下一点或 [圆弧(A)/闭合(C)/半宽(H)/长度(L)/放弃(U)/宽度(W)]:　　//在适当的位置拾取一点，完成窗帘的绘制，结果如图 10-64 所示。

指定下一点或 [圆弧(A)/闭合(C)/半宽(H)/长度(L)/放弃(U)/宽度(W)]: ↙　　//按空格键退出命令

图 10-65　确定圆弧的端点　　　　　图 10-66　绘制圆弧　　　　　图 10-67　指定多段线的端点

05 选择窗帘图形，调用 MOVE/M 命令和 ROTATE/RO 命令，将窗帘移动到窗帘盒内，再调用 MIRROR/MI 命令镜像复制，得到另一侧窗帘，结果如图 10-68 所示。

06 调用 LINE/L 命令，封闭客厅和餐厅吊顶区域，如图 10-69 所示。

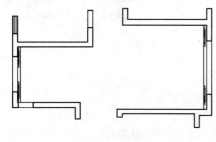

图 10-68　移动窗帘

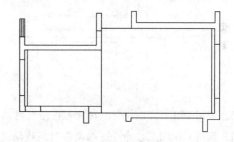

图 10-69　封闭区域

07 绘制石膏板吊顶与角线。调用 OFFSET/O 命令，偏移如图 10-70 箭头所示的线段，偏移距离为 320，完成效果如图 10-71 所示。

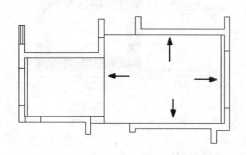

图 10-70　选择偏移线段

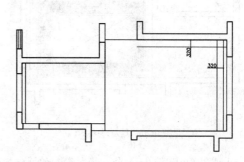

图 10-71　偏移线段

08 调用 RECTANG/REC 命令，以辅助线的交点为矩形的第一个角点，绘制一个尺寸为 4950×3470 的矩形，并删除辅助线，如图 10-72 所示。

09 调用 OFFSET/O 命令，将绘制的矩形向内偏移 80，如图 10-73 所示。

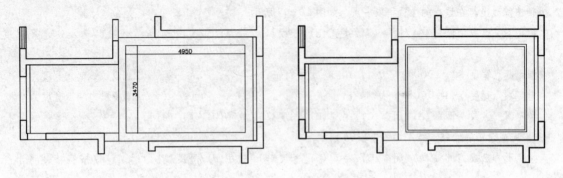

图 10-72　绘制矩形　　　　　　　　　　　　图 10-73　偏移矩形

10 调用 OFFSET/O 命令，将矩形向内分别偏移 530 和 80，效果如图 10-74 所示。

11 按 Ctrl+O 快捷键，打开配套光盘提供的"第 10 章/家具图例.dwg"文件，选择其中的中式实木艺术拼花图块，将其复制到吊顶中，效果如图 10-75 所示。

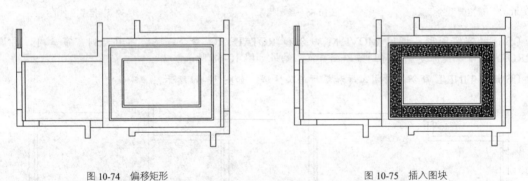

图 10-74　偏移矩形　　　　　　　　　　　　图 10-75　插入图块

12 调用 PLINE/PL 命令，在矩形内绘制对角线，如图 10-76 所示。

13 调用 CIRCLE/C 命令，以两条对角线的交点为圆心绘制直径为 1200 的圆形，并删除对角线，如图 10-77 所示。

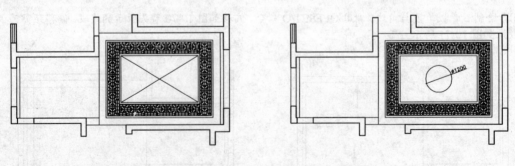

图 10-76　绘制对角线　　　　　　　　　　　图 10-77　绘制圆形

14 调用 OFFSET/O 命令，将所绘制的圆向内偏移 80，如图 10-78 所示。

15 调用 HATCH/H 命令，对所偏移的圆形进行图案填充，填充效果及参数设置分别如图 10-79 和图

10-80 所示。

16 餐厅的吊顶可以依据客厅吊顶的绘制方法进行绘制，在这里就不做详细介绍。餐厅吊顶绘制效果如图 10-61 所示。

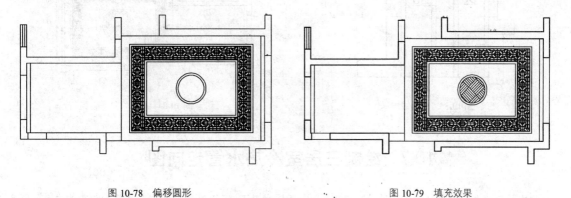

图 10-78　偏移圆形　　　　　　　　　　　　　　　图 10-79　填充效果

10.6.2　绘制过道顶面布置图

过道的吊顶布置如图 10-81 所示。

课堂举例【案例10-16】：　绘制过道顶面布置图

01 调用 OFFSET/O 命令，偏移左侧和右侧的墙体线，得到效果如图 10-82 所示。

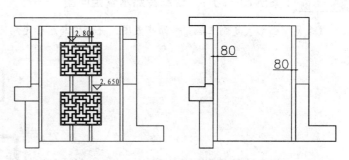

图 10-80　参数设置　　　　　　　　图 10-81　过道吊顶布置图　　　　　　图 10-82　偏移线段

02 调用 OFFSET/O 命令，再将线段向内分别偏移 450 和 80，效果如图 10-83 所示。

03 按 Ctrl+O 快捷键，打开配套光盘提供的"第 10 章/家具图例.dwg"文件，选择其中的中式实木艺术拼花图块，将其复制到吊顶中，效果如图 10-81 所示。

04 插入灯具。打开配套光盘提供的"第 10 章/家具图例.dwg"文件，选择其中的灯具图例，将其复制到吊顶中，效果如图 10-84 所示。

05 插入标高和标注文字。调用 INSERT/I 命令插入"标高"图块创建标高。

06 调用 MLEADER/MLD 命令，标注顶面材料说明，完成后的效果如图 10-61 所示。

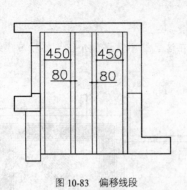

图 10-83　偏移线段

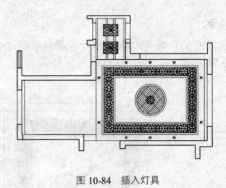

图 10-84　插入灯具

10.7　绘制三居室冷热水管走向图

冷热水管走向图反映了住宅水管的分布走向，用于指导水电工施工。冷热水管走向图需要绘制的内容主要为冷、热水管和出水口。

⚙ 10.7.1　绘制图例表

水管走向图需要绘制冷、热水管及出水口图例，如图 10-85 所示，由于图形较简单，请读者运用前面所学知识自行绘制，在这就不做详细介绍。

⚙ 10.7.2　绘制冷热水管走向图

冷热水管走向图主要绘制冷、热水管和出水口，其中冷、热水管分别使用实线、虚线表示，以下介绍三居室冷热水管走向图的具体绘制方法。

【案例10-17】：　绘制冷热水管走向图

01 复制图形。复制三居室平面布置图，并删除与水管走向图无关的图形，如图 10-86 所示。

图标	名称
——○	冷水管及水口
-----○	热水管及水口

图 10-85　冷热水管走向图图例表

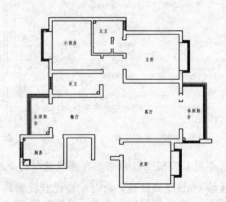

图 10-86　复制图形

02 绘制出水口。创建一个"SG_水管"图层，并设置为当前图层。

03 根据平面图中洗脸盆、洗菜盆、洗衣机、淋浴花洒、热水器的位置，绘制出水口图形（用圆形表示），如图 10-87 所示。其中虚线表示接热水管，实线表示接冷水管。

04 绘制水管。调用 PLINE/PL 命令和 MTEXT/MT 命令，绘制热水器，如图 10-88 所示。

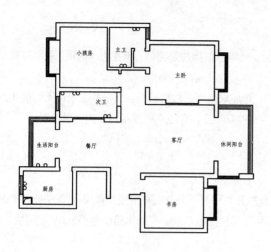

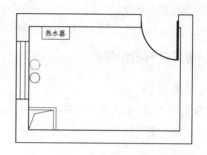

图 10-87　绘制出水口　　　　　　　　　　图 10-88　绘制热水器

05 绘制冷水管。调用 LINE/L 命令，绘制实线线段表示冷水管，结果如图 10-89 所示。

06 绘制热水管。调用 LINE/L 命令，将热水管连接至各个热水出水口，注意热水管使用虚线表示，如图 10-90 所示，三居室冷热水管走向图的绘制完成。

图 10-89　绘制冷水管　　　　　　　　　　图 10-90　绘制热水管

10.8　绘制三居室插座与开关线路布置图

电气图用来反映室内装修的配电情况，包括配电箱规格、型号、配置以及照明、插座开关线路的敷设方式和安装说明等。

本节以三居室为例，讲解电气图的绘制方法。

10.8.1　电气设计基础

室内电气设计涉及到很多相关的电工知识，为了使没有电工基础的读者也能够理解本节内容，这里首先简单介绍一些相关的电气基础知识。

1. 强电和弱电系统

现代家庭的电气设计包括强电系统和弱电系统两大部分。强电系统指的是空调、电视机、冰箱、照明等家用电器的用电系统。

弱电系统指的是电视、电话、家庭影院的音响输出线路、电脑局域网等线路系统。弱电系统根据不同的用途需要采用不同的连接介质，例如电脑局域网等线路一般使用五类双绞线，有线电视线路则使用同轴电缆。

2. 常用电气名词解析

❑ **户配电箱**

现代住宅的进线一般装有配电箱。户配电箱内一般装有总开关和若干分支回路的断路器/漏电保护器，有时也装有熔断器和计算机防雷击电涌防护器。户配电箱通常自住宅楼总配电箱或中间配电箱以单相220V电压供电。

❑ **分支回路**

分支回路是指从配电箱引出的若干供电给用电设备或插座的末端线路。足够的回路数量对于现代家居生活是必不可少的。一旦某一线路发生短路或其他问题时，不会影响其他回路的正常工作。根据使用面积，照明回路可选择两路或是三路，电源插座三至四路，厨房和卫生间各走一条线路，空调回路两至三条，一个空调回路最多带两部空调。

❑ **漏电保护器**

漏电保护器俗称漏电开关，是用于在电路或电器绝缘受损发生对地短路时防人身触电和电气火灾的保护电器，一般安装与每户配电箱的插座回路上和全楼总配电箱的电源进线上，后者专用与防电气火灾。

❑ **电线截面与截流量**

在家庭装潢中，因为铝线极易氧化，因此常用的电线为 BV 线（铜芯聚乙烯绝缘电线）。电线的截面指的是电线内铜芯的截面。住宅内常用的电线截面有 $1.5mm^2$、$2.5mm^2$、$4mm^2$ 等。导线截面越大，它所通过的电流量也越大。

截流量指的是电线在常温下持续工作并能保证一定的使用寿命（比如30年）的工作电流大小。电线截流量的大小与其截面积的大小有关，即导线截面越大，它所能通过的电流也越大。如果线路电流超过载流量，使用寿命就相应缩短，如不及时换线，就可能引起种种电气事故。

3. 电线与套管

强电电气设备虽然均为 220V 供电，但仍需根据电气的用途和功率大小，确定室内供电的回路划分，采用何种电线类型，例如柜式空调等大型家用电器供电需要设置线径大于 $2.5mm^2$ 的动力电线，插座回路应采用截面不小于 $2.5mm^2$ 的单股绝缘铜线，照明回路应采用截面不小于 $1.5mm^2$ 的单股绝缘铜线。如果考虑到将来厨房及卫生间电器种类和数量的激增，厨房和卫生间的回路建议也使用 $4mm^2$ 电线。

此外，为了安全起见，塑料护套线或其他绝缘导线不得直接埋设在水泥或石灰粉刷层内，必须穿管（套管）埋设。套管的大小根据电线的粗细进行选择。

10.8.2 绘制图例表

图例表用来说明各种图例图形的名称、规格以及安装形式等，在绘制电气图之前需要绘制图例表，图例表由图例图形、图例名称以及安装说明等几个部分组成，如图 10-91 所示为本节所绘制的图例表。

电气图例表按照其类别可分为开关图例、灯具图例、插座图例和其他图例，下面按照图例类型分别介绍绘制方法。

10.8.3　绘制开关图例

开关图例画法基本相同，先画出其中的一个，通过复制修改即可完成其他图例的绘制。下面以绘制"双联开关"图例图形为例，介绍开关图例图形的画法，其尺寸如图 10-92 所示。

课堂举例 【案例10-18】：　绘制开关图例

01 设置"DQ_电气"图层为当前图层。

02 调用 LINE/L 命令，绘制如图 10-93 所示线段。

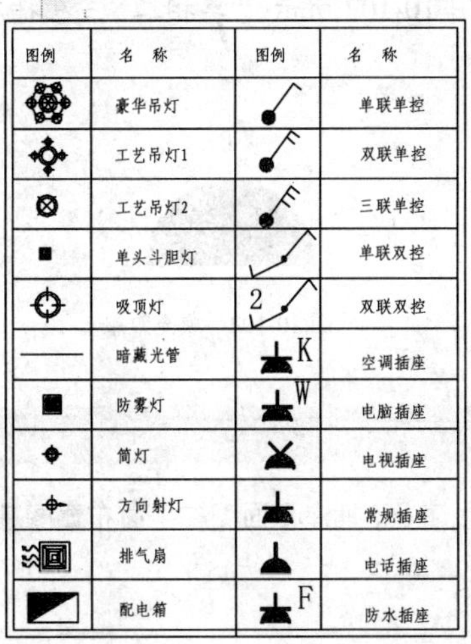

图例	名　称	图例	名　称
✺	豪华吊灯		单联单控
✤	工艺吊灯1		双联单控
⊗	工艺吊灯2		三联单控
■	单头斗胆灯		单联双控
✛	吸顶灯	2	双联双控
—	暗藏光管	⊥K	空调插座
■	防雾灯	⊥W	电脑插座
✦	筒灯		电视插座
✦	方向射灯		常规插座
▨	排气扇		电话插座
◪	配电箱	⊥F	防水插座

图 10-91　图例表

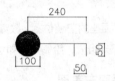

图 10-92　双联开关尺寸

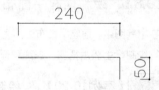

图 10-93　绘制线段

03 调用 OFFSET/O 命令，偏移线段，如图 10-94 所示。

04 调用 DONUT/DO 命令，绘制填充圆环，设置圆环的内径为 0，外径为 100，绘制效果如图 10-95 所示。

05 调用 ROTATE/RO 命令，旋转绘制的图形，效果如图 10-96 所示，"双联"开关绘制完成。

图 10-94　偏移线段　　　　　图 10-95　绘制填充圆环　　　　　图 10-96　旋转图形

06 调用 COPY/CO 命令，复制"双联"开关，再使用 TRIM/TR 命令修改得到单联开关，如图 10-97 所示。

10.8.4　绘制插座类图例

本节以"单相二、三孔插座"图例图形为例，介绍插座类图例图形的画法，其尺寸如图 10-98 所示。

课堂举例 【案例10-19】：　绘制插座类图例

01 调用 CIRCLE/C 命令，绘制半径为 75 的圆，如图 10-99 所示，并通过圆心绘制一条水平线段。

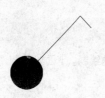

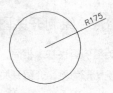

图 10-97 单联开关 　　　　图 10-98 单相二、三孔插座 　　　　图 10-99 绘制圆

02 调用 TRIM/TR 命令，修剪圆的下半部分，得到一个半圆，如图 10-100 所示。

03 调用 LINE/L 命令，在半圆上方绘制线段，如图 10-101 所示，所有线段都通过圆心。

04 调用 HATCH/H 命令，在圆内填充 SOLID 图案，效果如图 10-102 所示，"单相二、三孔插座"图例绘制完成。

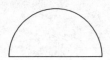

图 10-100 修剪圆 　　　　图 10-101 绘制线段 　　　　图 10-102 填充效果

⚙ 10.8.5 绘制插座平面布置图

在电气图中，插座平面布置图主要反映了插座的安装位置、数量和连线情况。插座平面图在平面布置图基础上进行绘制，主要由插座、连线和配电箱等部分组成，绘制方法如下：

课堂举例【案例10-20】：　绘制插座平面布置图

01 复制图例表中的插座、配电箱等图例，放置在平面布置图中相应的位置，如图 10-103 所示。

02 确定了插座位置之后，可以隐藏家具图层，效果如图 10-104 所示。三居室插座平面图绘制完成。

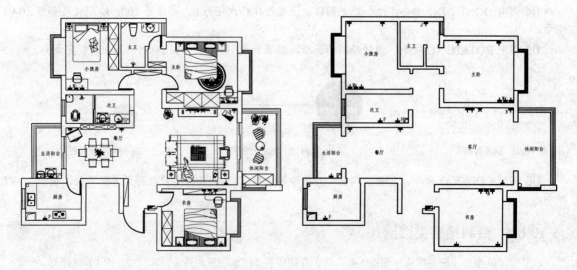

图 10-103 复制插座和配电箱 　　　　　　　　图 10-104 隐藏家具图层

提示：家具图形在电气图中起参考作用，如摆放有床头灯的位置应设置一个插座。

10.8.6　绘制灯具布置图

灯具布置图反映了灯具、开关的安装位置、数量和线路的走向，是电气施工中不可缺少的图样，同时也是将来电气线路检修和改造的主要依据。

灯具布置图在顶面布置图的基础上进行绘制，主要由灯具、开关以及它们之间的连线组成，绘制方法与插座平面布置图基本相同，以下以三居室顶面布置图为例，介绍灯具布置图的绘制方法。

【案例10-21】：　绘制灯具布置图

01 调用 COPY/CO 命令，复制一份顶面布置图，删除不需要的图形，如图 10-105 所示。

02 从图例列表中将灯具及开关复制到整理好的图形中，如图 10-106 所示。

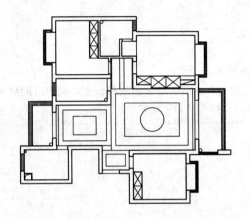

图 10-105　删除图形

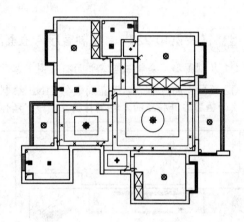

图 10-106　复制图形

03 调用 SPLINE/SPL 命令，绘制连线，如图 10-107 所示。

04 绘制其他连线，完成效果如图 10-108 所示，完成灯具平面图的绘制。

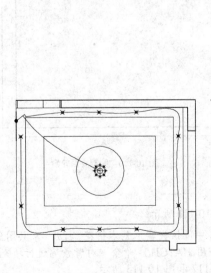

图 10-107　绘制连线

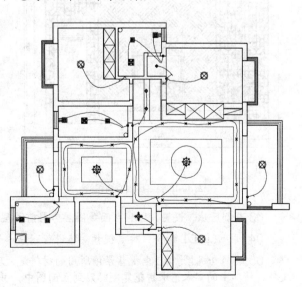

图 10-108　绘制其他连线

10.9 绘制三居室立面图

立面图是一种与垂直界面平行的正投影图，它能够反映垂直界面的形状、装修做法和其上的陈设，是很重要的图样。

本节以绘制客厅和主卧室立面图为例，介绍立面图的画法和相关规则。

10.9.1 绘制客厅 A 立面图

客厅是家庭群体活动的主要空间，通常作为会客和聚谈的中心。本例客厅在设计上以中式风格为主，对立面进行装饰处理。通过对本节的学习，读者可进一步掌握立面图的绘制方法及技巧，如图 10-109 所示为客厅 A 立面图。

【案例10-22】： 绘制客厅 A 立面图

01 复制图形。复制三居室平面布置图上客厅 A 立面的平面部分。

02 绘制立面轮廓。调用直线命令 LINE 绘制墙体、顶面和地面，留出吊顶的位置，调用 TRIM 命令修剪立面轮廓，并将立面外轮廓转换至 "QT_墙体" 图层，如图 10-110 所示。

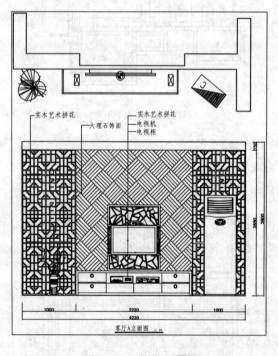

图 10-109 客厅 A 立面图

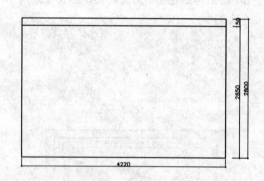

图 10-110 绘制立面轮廓

03 分割区域。设置 "LM_立面" 图层为当前图层

04 调用 LINE/L 命令，对电视背景墙进行划分，如图 10-111 所示。

05 绘制电视背景墙。电视背景墙所用的材料是大理石，中间镶嵌实木艺术拼花，打开 "家具图例.dwg" 文件，将其中的实木艺术拼花复制粘贴到立面图中，并且调用 HATCH/H 命令，对背景墙进行填充，并将图层转换至 "JJ_家具" 图层，填充参数及效果分别如图 10-112 和图 10-113 所示。

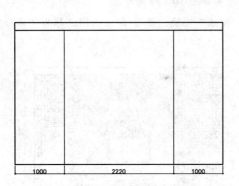

图 10-111　分割区域

图 10-112　填充参数

06 插入中式实木艺术拼花图块。插入图块。按 Crtl+O 快捷键，打开配套光盘提供的"第 10 章/家具图例.dwg"文件，选择其中的实木艺术拼花图块，将其复制到矩形中，并移动到相应的位置，如图 10-114 所示。

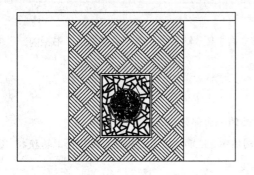

图 10-113　填充效果

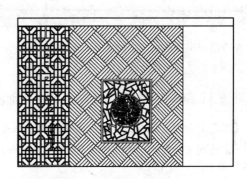

图 10-114　插入拼花图块

07 调用 MIRROR/MI 命令，将实木艺术拼花图形镜像到右边墙体区域，如图 10-115 所示。

08 插入图块。按 Crtl+O 快捷键，打开配套光盘提供的"第 10 章/家具图例.dwg"文件，选择其中的电视柜、电视机以及空调等图块，将其复制客厅立面区域，并移动到相应的位置，如图 10-116 所示。

图 10-115　镜像图形

图 10-116　插入图块

09 调用 TRIM/TR 命令，将图块与图形交叉的位置进行修剪，以便体现出层次关系，完成效果如图 10-117 所示。

10 标注尺寸和材料说明。设置"BZ_标注"图层为当前图层，设置当前注释比例为 1：50。

11 调用 DIMLINEAR/DLI 命令，或执行【标注】|【线性】命令标注尺寸，结果如图 10-118 所示。

12 调用 MLEADER/MLD 命令进行材料标注，标注结果如图 10-109 所示。

13 插入图名。调用插入图块命令 INSERT/I，插入"图名"图块，设置 A 立面图名称为"客厅 A 立面图"，客厅 A 立面图绘制完成。

图 10-117　修剪图形

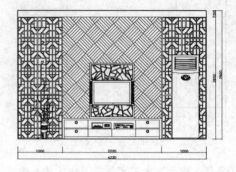
图 10-118　标注尺寸

10.9.2　绘制书房 A 立面图

A 立面是书房的一个主要立面，如图 10-119 所示，该立面主要表达了书柜兼书桌的做法及书柜内部区域的划分，以下简单介绍其绘制方法。

【案例10-23】：　绘制书房 A 立面图

01 复制图形。复制三居室平面布置图上书房 A 立面的平面部分。

02 绘制立面轮廓。调用 RECTANG/REC 命令，绘制墙体、地面、顶面，并将立面外轮廓转换指"QT_墙体"图层，如图 10-120 所示。

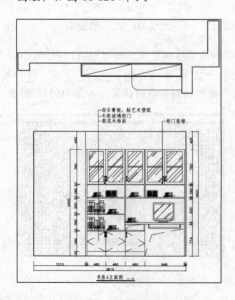
图 10-119　书房 A 立面布置图

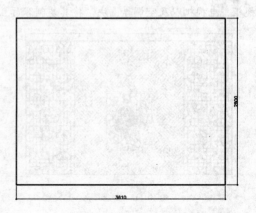
图 10-120　绘制立面轮廓

03 绘制书柜。调用 OFFSET/O 和 TRIM/TR 命令，绘制书柜的轮廓，如图 10-121 所示。

04 调用 OFFSET/O 和 TRIM/TR 命令，根据书柜不同功能划分区域，效果如图 10-122 所示。

05 绘制板材厚度。书柜左右两边板材厚为 36，中间层板厚度为 20，调用 OFFSET/O 命令，设置需要的偏移距离，得出板材的厚度，并进行修剪，结果如图 10-123 所示。

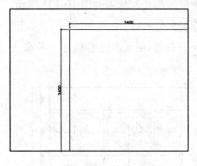

图 10-121 书柜轮廓

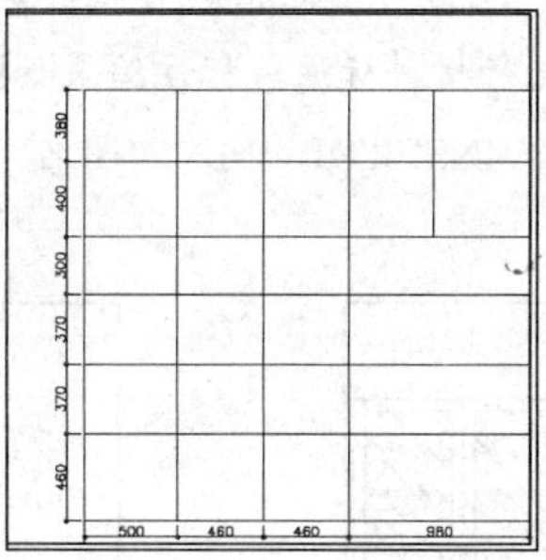

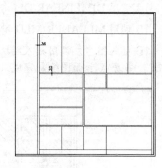

图 10-122 划分区域

图 10-123 偏移线段

06 绘制玻璃柜门。调用 OFFSET/O 命令，设置偏移距离为 50，结果如图 10-124 所示。

07 调用直线命令，绘制柜内层板，如图 10-125 所示。

08 调用 HATCH/H 命令，对矩形进行填充，如图 10-126 所示。

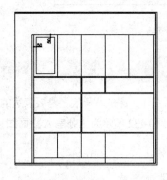

图 10-124 绘制矩形

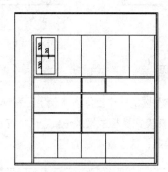

图 10-125 绘制层板

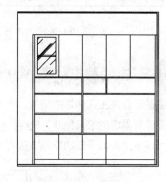

图 10-126 填充矩形

09 调用 COPY/CO 命令，将所绘制的玻璃柜门镜像至右边各区域，如图 10-127 所示。

10 绘制书桌。绘制书桌台面。调用 OFFSET/O 命令，绘制如图 10-128 所示尺寸的书桌台面。

11 调用 OFFSET/O 和 TRIM/TR 命令，绘制键盘托架，如图 10-129 所示。

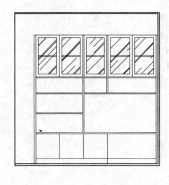

图 10-127 镜像柜门

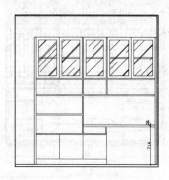

图 10-128 绘制台面

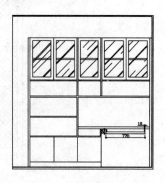

图 10-129 绘制键盘托架

12 插入图块。按 Crtl+O 快捷键，打开配套光盘提供的"第 10 章/家具图例.dwg"文件，选择其中的柜门把手、书本、电脑显示器以及椅子等图块，将其复制书房立面区域，并移动到相应的位置，如图 10-130 所示。

13 标注尺寸和材料说明。设置"BZ_标注"图层为当前图层，设置当前注释比例为 1：50。

14 调用 DIMLINEAR/DLI 命令，或执行【标注】|【线性】命令标注尺寸，结果如图 10-131 所示。

15 调用 MLEADER/MLD 命令进行材料标注，标注结果如图 10-119 所示。

16 插入图名。调用插入图块命令 INSERT/I，插入"图名"图块，设置 A 立面图名称为"书房 A 立面图"，书房 A 立面图绘制完成。

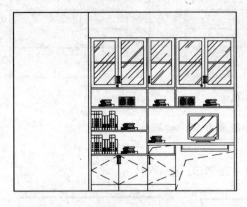

图 10-130　插入图块

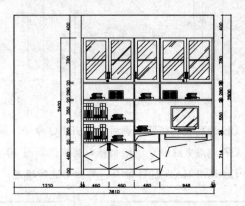

图 10-131　尺寸标注

10.9.3　绘制主卧室 A 立面图

主卧室作为主人休息的场所，是非常重要的一个空间。本例主卧室 A 立面图作为床的背景墙，需要表达的内容有床背景墙的装修做法、使用材料、床及床头柜的摆放位置、尺寸等，如图 10-132 所示为主卧室 A 立面图，读者可以参考前面介绍的绘制方法进行绘制，这里就不做介绍。

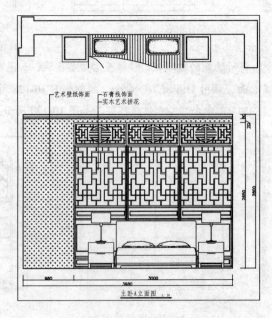

图 10-132　主卧室 A 立面布置图

第 *11* 章
欧式风格别墅室内平面设计

本章导读

随着经济水平的提高,人们对生活品质的追求越来越高,购买别墅的业主也越来越多。别墅一般有两种类型:一是住宅别墅,大多建造在城市郊区附近,独立或群体,环境优雅恬静,有花园绿地,交通便捷,便于上下班;而休闲别墅,则建造在人口稀少、风景优美、山清水秀的风景区,供周末或是假期独家消遣、疗养和避暑之用。

本章以一套两层别墅户型为例,介绍欧式风格别墅家装设计及施工图的绘制方法。

本章重点

- ⚙ 欧式别墅设计概述
- ⚙ 调用样板新建文件
- ⚙ 绘制别墅原始结构图
- ⚙ 绘制别墅平面布置图
- ⚙ 绘制别墅地面布置图
- ⚙ 绘制别墅顶面布置图

11.1 欧式别墅设计概述

从室内设计角度而言，别墅不同于一般的居住建筑，它一般由多层组成，房间多，空间大，因而对设计师提出了更高的要求。首先，别墅的功能性区分很强，起居空间与睡眠区的区分，主人房与客人房的区分等；第二，别墅装修要利用房子的特点，特别是楼梯、中空等比较突出的特点；第三，内部装修与外部环境的协调，园林规划与房子的协调等都要考虑充分。

11.1.1 别墅功能空间设计

就建筑功能而言，别墅平面需要设置的空间虽然不多，但一应齐全，可以满足日常生活不同需要。根据日常起居和生活质量的要求，别墅空间平面设置主要有下面一些功能分区：

厅：门厅、客厅以及餐厅等。

卧室：主人房、次卧室、儿童房和客人房等。

辅助房间：书房、视听室、娱乐室和衣帽间等。

生活配套：厨房、卫生间、淋浴间和运动健身房等。

其他房间：工人房、洗衣房、储藏室和车库等。

在上述各功能区中，门厅、客厅、餐厅、厨房、卫生间和淋浴间等多设置在首层平面中，次卧室、儿童房、主人房和衣帽间等多设置在二层或三层中。

11.1.2 欧式风格设计特点

欧式风格的主基调为白色，主要的用材为石膏线、石材、铁艺、玻璃、壁纸和涂料等，以体现欧式的美感，欧式风格独特门套及窗套的造型更能体现出欧式风情。

家具：应选择深色、带有西方复古图案以及非常西化的造型家具，与大的氛围和基调相和谐。

墙纸：可以选择一些比较有特色的墙纸装饰房间，比如画有圣经故事及任务等内容的墙纸就是很典型的欧式风格。

灯具：可以是一些外形线条柔和或者光线柔和的灯，象铁艺枝灯，有一点造型、朴拙。

装饰画：欧式风格装饰的房间应该选用线条繁琐，看上去比较厚重的画框，才能与之匹配。而且并不排斥描金、雕花甚至看起来较为隆重的样子，相反，这恰恰是风格所在。

配色：欧式风格的底色大多是采用白色、淡色位置，家具则是白色或深色都可以，但是要成系列，风格统一。一些布艺的面料和质感很重要，丝质面料会显得比较高雅。

地板：一楼的大厅地板可以采用石材进行铺设，这样会显得大气，如果是普通居室，可以铺设木质地板。

地毯：欧式风格装修设计中地面的主要角色应该是地毯。地毯的舒适脚感和典雅的独特质地与西式家具的搭配相得益彰。图案和色彩要相对淡雅，过于花俏的地面也许会与欧式古典的宁静、和谐相冲突。

如图 11-1 和图 11-2 所示为欧式风格的餐厅及卧室设计。

图 11-1　欧式风格餐厅设计

图 11-2　欧式风格卧室设计

11.2　调用样板新建文件

使用已经创建的室内装潢施工图样板，该样板已经设置了相应的图形单位、样式、图层和图块等，原始结构图可以直接在此样板的基础上进行绘制。

【案例11-1】：　调用样板新建文件

01 执行【文件】|【新建】命令，打开"选择样板"对话框。

02 单击使用样板按钮，选择"室内装潢施工图"样板，如图 11-3 所示。

03 单击【打开】按钮，以样板创建图形，新图形中包含了样板中创建的图层、样式和图块等内容。

04 选择【文件】|【保存】命令，打开"图形另存为"对话框，在"文件名"框中输入文件名，单击【保存】按钮保存图形。

11.3　绘制别墅原始结构图

本套别墅共两层，限于篇幅，本节以如图 11-4 所示的一层原始结构图为例，讲解别墅原始结构图的绘制方法，二层的原始结构图可以在一层平面图的基础上修改得到。

图 11-3　"选择样板"对话框

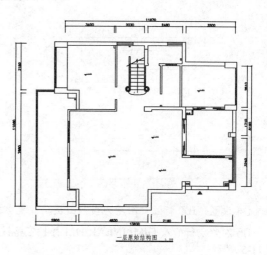

图 11-4　一层原始结构图

11.3.1 绘制轴网

如图 11-5 所示为一层墙体的轴网图，下面介绍其绘制方法。

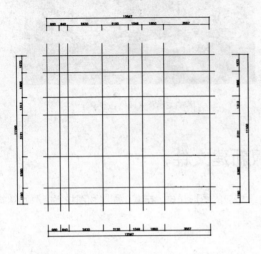

图 11-5 一层轴网

图 11-6 绘制线段

【案例11-2】： 绘制别墅轴网

01 设置 "ZX_轴线" 图层为当前图层。

02 调用 LINE/L 命令，在图形窗口中绘制长度为 12800×11300（略大于建筑平面最大尺寸）的水平和垂直线段，如图 11-6 所示。

03 调用 OFFSET/O 命令，根据如图 11-5 所示尺寸，分别将水平线段和垂直线段进行偏移，结果如图 11-7 所示。

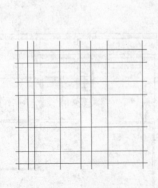

图 11-7 偏移线段

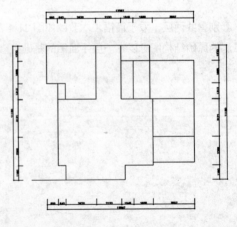

图 11-8 修剪后的轴线

04 设置 "BZ_标注" 图层为当前图层，设置当前注释比例为 1:100。

05 在命令行输入 DIMLINEAR/DLI 并按空格键，或执行【标注】|【线性】命令，进行标注，效果如图 11-5 所示。

06 修剪轴线。调用 TRIM 命令修剪轴线，轴线修剪后的效果如图 11-8 所示。

11.3.2　绘制墙体

这里介绍使用【多线】命令绘制墙体的方法，根据不同的墙体厚度，设置相应的多线比例。

课堂举例【案例11-3】：　绘制别墅墙体

01 设置 "QT_墙体" 图层为当前图层。

02 调用 MLINE/ML 命令，绘制外墙线，效果如图 11-9 所示。

03 调用 MLINE/ML 命令，绘制内墙线，其中内墙厚度为 120，完成后效果如图 11-10 所示。

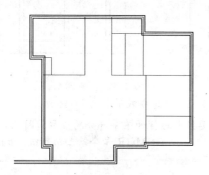

图 11-9　绘制外墙线

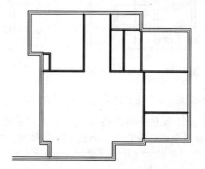

图 11-10　绘制内墙线

提示： 在使用 MLINE/ML 命令绘制墙线过程中，可能会遇到不同宽度的墙线不能对齐的问题，如图 11-11 所示，此时可以在分解墙体多线后，使用 MOVE/M 命令手动将墙体线对齐。

04 修剪墙线。隐藏 "ZX_轴线" 图层，以便于修剪操作。

05 调用 EXPLODE/X 命令分解多线。

06 多线分解之后，即可使用 TRIM/TR 命令和 CHAMFER/CHA 命令进行修剪，调用 LINE 命令封闭墙线，完成效果如图 11-12 所示。

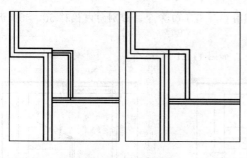

图 11-11　对齐墙线

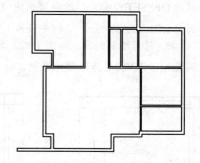

图 11-12　修剪墙线

11.3.3　绘制楼梯

楼梯作为一层至二层通道，需要同时在一层、二层平面图中表示出来。一层、二层楼梯平面图虽然表示方法有所不同，但是画法相同，以下以一层楼梯为例介绍其绘制方法。

一层楼梯、台阶图形与尺寸如图 11-13 所示。

课堂
举例 【案例11-4】： 绘制楼梯

01 绘制一层楼梯。调用 LINE/L 命令，绘制楼梯轮廓线，如图 11-14 所示。

02 调用 OFFSET/O 命令，设置偏移距离为 250，绘制踏步轮廓线，效果如图 11-15 所示。

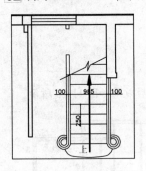
图 11-13 一层楼梯尺寸

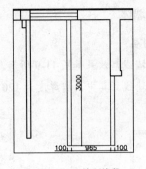
图 11-14 绘制线段

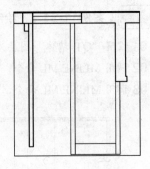
图 11-15 绘制轮廓线

03 调用 OFFSET/O 命令，偏移踏步轮廓线，偏移距离为 250，完成效果如图 11-16 所示。

04 根据房屋平面图的形成原理，首层楼梯平面图只需要绘制楼梯的下半部分的投影，因此删除位于楼梯上半部分的踏步图形，如图 11-17 所示，并调用 LINE/L 命令和 TRIM/TR 命令绘制折断线，如图 11-18 所示。

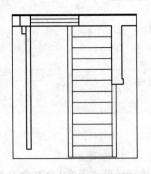
图 11-16 偏移轮廓线

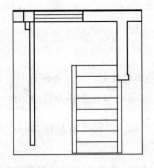
图 11-17 删除踏步

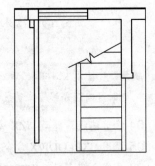
图 11-18 绘制折断线

05 调用 OFFSET/O 命令，绘制楼梯两侧的扶手，如图 11-19 所示。

06 调用 CIRCLE/C 命令，绘制半径为 127 圆，并调用 OFFSET/O 命令，分别向内偏移 50，40，调用 TRIM/TR 命令，修剪绘制的圆，如图 11-20 所示。

07 调用 MIRROR/MI 命令镜像复制，得到右侧扶手，如图 11-21 所示。

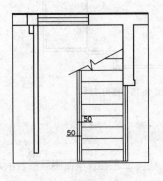
图 11-19 偏移线段

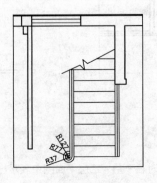
图 11-20 绘制同心圆

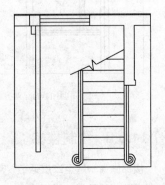
图 11-21 镜像复制

08 调用 LINE/L 命令和 CHAMFER/CHA 倒角命令绘制外层台阶轮廓线，完成效果如图 11-22 所示。

09 标注指向箭头和说明文字。调用 PLINE/PL 命令绘制楼梯的指向箭头，命令选项如下：

```
命令：PLINE↙                                         //调用【多段线】命令
指定起点：                     //在如图 11-23 所示的光标位置拾取一点作为多段线的起点
当前线宽为 0.1000
指定下一个点或 [圆弧(A)/半宽(H)/长度(L)/放弃(U)/宽度(W)]:L↙      //选择"长度(L)"选项
指定直线的长度：2000↙                                 //输入长度 2000
指定下一点或 [圆弧(A)/闭合(C)/半宽(H)/长度(L)/放弃(U)/宽度(W)]:W↙    //选择"宽度(W)"
选项
指定起点宽度 <0.1000>:60↙      //设置多段线起点宽为 60
指定端点宽度 <60.0000>:0↙      //设置多段线端点宽为 0，以得到箭头效果
指定下一点或 [圆弧(A)/闭合(C)/半宽(H)/长度(L)/放弃(U)/宽度(W)]:
                      //在适当位置拾取一点，完成多段线的绘制，结果如图 11-24 所示。
指定下一点或 [圆弧(A)/闭合(C)/半宽(H)/长度(L)/放弃(U)/宽度(W)]:↙//按空格键退出命令
```

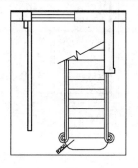

图 11-22　绘制外层台阶

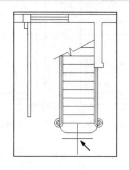

图 11-23　指定起点

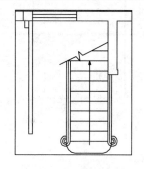

图 11-24　绘制方向箭头

10 调用 MTEXT/MT 命令，打开"文字格式"对话框，输入"上"，单击【确定】按钮确认，完成效果如图 11-25 所示。

11.3.4　绘制窗和阳台

使用前面讲解的方法开窗洞和绘制窗，如图 11-26 所示为绘制窗后的一层平面图。

本别墅一层和二层阳台造型完全相同，其尺寸如图 11-27 所示。下面简单介绍其绘制方法及步骤。

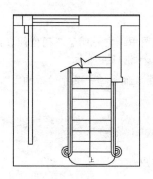

图 11-25　添加文字

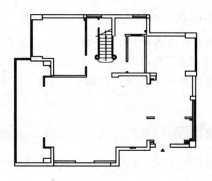

图 11-26　一层窗和阳台

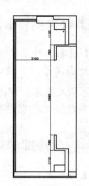

图 11-27　阳台尺寸

课堂举例【案例11-5】： 绘制窗和阳台

01 调用 OFFSET/O 命令，向外偏移箭头所指的墙体线，偏移距离为 2100，如图 11-28a 所示。

02 使用夹点拉伸法或使用 EXTEND/EX 命令，将左侧偏移线段延长到下方的墙体线，如图 11-28b 所示。

03 调用 LINE/L 命令，将偏移线段与上方墙体连接起来，如图 11-28c 所示。

04 调用 OFFSET/O 命令，向外偏移延长的线段，偏移两次，偏移距离为 50，然后使用 CHAMFER/CHA 命令进行圆角，完成效果如图 11-28d 所示。

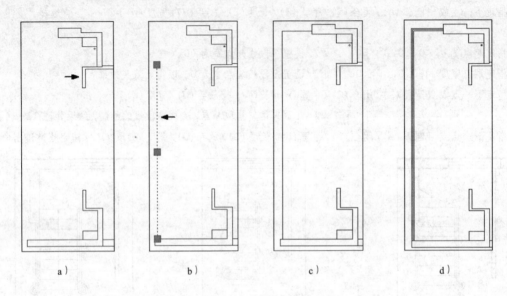

a）   b）   c）   d）

图 11-28　绘制阳台轮廓

11.3.5　开门洞及绘制推拉门

由于篇幅有限，开门洞和绘制推拉门的具体操作过程这里不做详细讲解，请读者参照前面章节学习的方法进行绘制，最终效果如图 11-29 所示。

11.3.6　绘制其他图形

最后标注地面标高并插入图名，完成别墅原始结构图的绘制。

课堂举例【案例11-6】： 绘制其他图形

01 标高。标高是进行室内设计需要重点考虑的因素之一，在原始结构图中，它标明了不同空间在设计前的地面高差。样板文件已经包含了标高图块，这里直接调用即可，效果如图 11-4 所示。

02 插入图名。调用插入图块命令 INSERT/I，插入"图名"图块，设置名称为"一层原始结构图"，别墅一层原始结构图绘制完成。

11.3.7　其他层原始结构图

用上述方法可以绘制其他层原始结构图，如图 11-30 所示为二层的原始结构图。

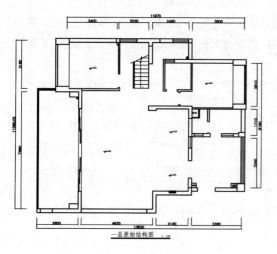

图 11-29　一层门洞及推拉门

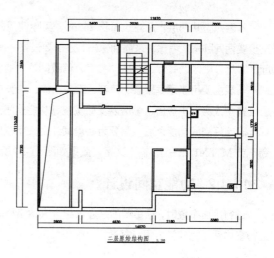

图 11-30　二层原始结构图

11.4　绘制别墅平面布置图

平面布置图是整个室内设计的直观表现，是设计师与业主沟通的桥梁，它能让业主非常直观地了解设计师的设计理念和设计意图。有了平面布置图，才能准确地对室内设施进行定位和确定规格大小，从而为室内设施设计提供依据。

如图 11-31 和图 11-32 所示为别墅一、二层平面布置图。绘制平面布置图时，首先复制原始结构图，根据业主的要求和人体参数在结构平面图上划分各功能空间，然后确定各功能空间内家用设施和摆放位置，从而绘制得到平面布置图。

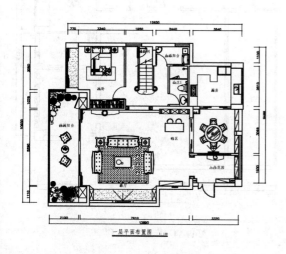

图 11-31　一层平面布置图

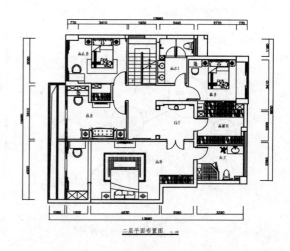

图 11-32　二层平面布置图

11.4.1　功能空间划分

功能空间的划分，是绘制平面布置图的第一步。住宅室内空间通常由玄关、客厅、卧室、卫生间、厨房和餐厅等家庭日常生活必须的居住空间与辅助空间组成，它们的有机联系如图 11-33 所示。

本套户型共两层，总建筑面积265m²，实际使用面积为210m²，业主为3口之家。首先根据居住人数，确定至少要两间卧室，考虑将来雇佣保姆，还需要设置一间工人房。再根据本套户型的结构特点和业主要求，设置门厅、客厅、吧区、餐厅、厨房、书房、储藏间等功能空间。

一层主要用于家庭聚会、待客、工人工作、进餐等，设置客厅、吧区、餐厅、次卧、卫生间等功能空间，二层设置主人房、小孩房、书房以及储藏室等功能空间。

确定好空间功能之后，需要为各房间注上文字说明。本节以别墅一层为例标注各房间名称。调用 TEXT 命令（或 MTEXT 命令），输入文字，效果如图11-34所示。

11.4.2 功能空间设计

进行平面布置时，最重要的是应该结合人体工程学进行设计。只有符合人体工程学的室内布置，才能使人在进行室内活动时感觉方便、舒适。

1. 门厅设计

门厅也称玄关，是进入住宅空间的前站，是推门入户的必经之路。门厅空间处理得好坏，直接关系到人们对居室的整体印象。玄关的功能，相对于其他空间而言要单纯得多，因为人在该区域的逗留时间较短，给定的面积有限，除了起到空间的过渡作用之外，最常见的使用功能是存放鞋、雨具、外衣等。对于小空间，设计鞋柜时应该考虑换鞋开启柜门和弯腰的空间，应保证走道宽度大于1000mm，鞋柜的深度一般为300mm。

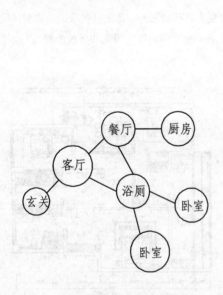

图 11-33 空间功能关系

图 11-34 标注房间名称

2. 客厅设计

客厅是家庭群体活动的主要空间，具有多功能的特点。其家具包括沙发、茶几、电视柜等，一般以茶几为中心布置沙发群，作为会客、聚谈的中心。

沙发群是客厅的主要组成部分，它在很大程度上决定了客厅的格局。为了避免沙发与通道发生干扰，应保证走道尺寸在1220~1520mm之间，图11-35所示为可通行沙发拐角的布置，图11-36所示为沙发的摆放尺寸。

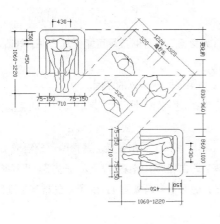

图 11-35　可通行沙发拐角布置

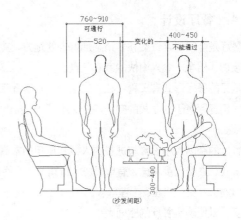

图 11-36　沙发间距

另外，以电视机为中心的影视区的位置和占用区域需要根据电视机的型号、人的视力等进行布局，电视柜的深度一般小于 600mm。

3. 厨房设计

厨房在家庭生活中占有重要位置，一日三餐都与它发生密切关系。现代化的厨房要求光线充足、通风良好、环境洁净、使用方便。

厨房是居家的家政活动空间，一件完善而实用的现代化厨房，通常包含储藏、配餐、烹调和备餐 4 个区域。也有的将用餐区纳入进来，形成可以用餐的厨房。厨房的平面布置就是以调整这 4 个工作区的位置为主要内容，其格局通常由空间的大小决定。设计时应综合考虑以下几点：

> 要有足够的面积，合理的操作路线：储藏（冰箱）→配餐（水池、工作台）→烹调（灶台）→备餐（餐桌或案台）。
> 设置布置尺寸要符合人体工程学的要求，从粗加工、洗涤到烹调的流线要简捷，以减少劳动强度。
> 有良好的自然采光、通风和排气、排烟等清洁卫生的设施。
> 有利于室内设备管线的合理布置。

厨房的布置基本上可以分为：一字形、L 形、U 形、H 形和岛形。厨房的主体为橱柜，橱柜台面深度一般在 540~600mm 之间，同时需要根据厨房的大小、形式，采用合理的橱柜布置形式。

一般厨房宽度小于 1500mm 的采用一字形，在 1500m—1800mm 之间采用 L 形，大于 1800mm 的采用 U 形、H 形橱柜，宽度大于 2400mm 的开放式厨房或面积大于 10m² 厨房，并且做饭次数较少，可以优先选用岛式橱柜。对于比较小的厨房，应留出至少 900mm 的走道，当打开橱柜门及电器用品时，才不会相互干扰。

设计橱柜时，应注意留出足够的空间放置诸如冰箱等电器用品。另外，还应注意洗菜盆、灶台的位置安排和空间处理，由于洗菜盆是使用最频繁的家务活动中心，因此洗菜盆的位置最好设计在冰箱和炉灶之间，且两侧应留出足够的活动空间。而在摆放灶台时，考虑到以后有较大体积炒锅的使用，所以应在其两侧留出 300mm 左右的活动空间。

本例中的厨房，其长宽为 3810 mm×2810mm 左右，空间比较大，在布局上也比较灵活。将厨房与餐厅相连，考虑到进餐的便利，同时也使空间上功能分区更加明确、流线安排更加合理。根据本例厨房特点，最终布置如图 11-37 所示。

4. 餐厅设计

餐厅是全家日常进餐和宴请亲朋好友的地方，其使用频率非常之高，设计时应尽可能使其方便、舒适，营造一种亲切、洁净、令人愉快的家庭气氛。

常见的餐厅形式有三种：独立的空间、与客厅相连的空间及与厨房同处一体的空间。

本例餐厅属于独立式的空间，在设计上可以自由灵活地进行发挥，但是设计时应该考虑与相近的空间格调保持一致。

餐厅的空间大小设置与进餐的人数和使用的家具陈设有关（餐厅家具主要由餐桌、餐椅两部分组成）。从坐席的方式、进餐尺度考虑，有单面座、折角座、对面座、三面座、四面座等，餐桌有方形、长方形、圆形等，座位有四座、六座、八座、十座等。它们所占的空间不一。餐厅设计时可以参考如图 11-38 所示的就餐活动所需要的尺度，以便确定餐厅的空间大小。

本户为 3 口之家，加上保姆 4 人，父母偶尔来访，考虑到要招待朋友，所以选择圆形的六人餐桌，其尺寸如图 11-39 所示。

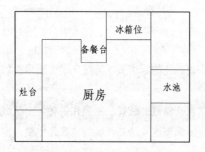

图 11-37　厨房设计图

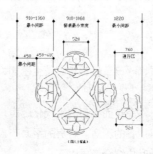

图 11-38　餐桌及四面通行尺寸

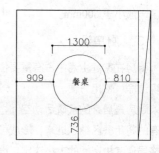

图 11-39　餐厅尺寸

5. 卧室设计

卧室是人们主要休息的场所，除用于睡眠之外，有时也兼做学习、梳妆等活动场所，根据家庭成员的不同，卧室一般可以分为主卧室、小孩房、家庭其他成员的次卧室、工人房等，每间卧室有较强的从属性，一般不能混用。

卧室内一般由就寝区、化妆区、贮存区、学习区和沙发区几个部分组成，环境应尽可能舒适、平和、宁静、柔和、和谐、轻松、保持凉爽、通风，充分满足主人的个性要求。对于小孩房的家具，在其摆设上要有助于小孩的身心发展，家具要少而精，摆放时应注意安全，为了能给孩子留出更多的活动空间与安全，应尽可能的靠墙放置。

卧室常用的家具有床、衣柜、梳妆台、休息椅、衣架、电视柜等。电视柜的尺寸由于电视机的原因，深度一般为 600mm，双人床的尺寸一般为 1500~2000mm，单人床为 900 mm×2000mm。

6. 书房的设计

书房作为阅读、书写和从事研究的空间，设计时必须考虑书房环境的安静。书房的位置应尽量选择在整个住宅较为僻静的部位，要选用隔音、吸音效果佳的装饰材料作为墙体的隔断。

书房对于照明和采光的要求很高，在设计时要考虑尽量保持良好的自然采光外，还必须增加人工光源补充和照明。

写字台最好放在光线充足，同时又不受阳光直射的窗下，如面北的窗下，这样光线比较柔和，在工作疲倦时还可以临窗远眺一下便于眼睛休息。书桌上一定要设有台灯，书柜内建议装几盏射灯，便于阅读和查找书籍。设计时要注意台灯的光线应均匀的照射读书写字的书桌上，不宜离人太近，以免强光刺伤眼睛。

书房在家具布置上一定要考虑学习、工作的方便，有序合理的书房布置，是提高学习和工作效率的基本保证。书房内的书籍种类一般较多，可将书籍分为常看、不常看和藏书等，在书柜设计时应该充分考虑采用不同的结构形式，便于将各类书籍进行分类存放。对于面积较大的书房，还可以考虑将书房分为书写区、查阅区、储存区等不同区域，这样可以使书房井然有序。

本户书房内放置了电视机和沙发，可以兼做主人私密会客用，如图 11-40 所示为本例书房的设计图。

7. 卫生间设计

现代卫生间除了单一的用厕之外，还具有盥洗、洗浴、洗衣等多种功能，相应的要设置淋浴房（或者浴缸）、座便器、洗脸盆和洗衣机等卫生洁具。主卫还可以安装一些较高档次、占地面积较大的洁具，如按摩浴盆、蒸汽浴盆等，供主人消除疲劳，放松身心使用。

卫生间的布置，有许多灵活的布置方式，但是应该以淋浴房（或浴缸）为主，然后安排其他的洁具。原因是淋浴房（或浴缸）的选择因人而异，需要根据身高、体形等决定淋浴房（或浴缸）。

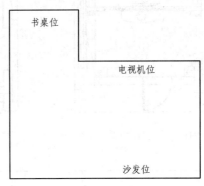

图 11-40 书房设计图

如果使用浴缸，可以根据使用者的身高、体形来决定浴缸的大小。一般只要足够容纳人的身体，使人充分放松就可以了，太大的既不便于管理，用水量又很大。因此，一般家庭只要选用市场上最常见的标准尺寸就足够了，最常见的是 1200mm 的浴缸。

淋浴房的规格有很多，它对卫生间的布局影响很大，规格太小，成人洗澡时空间不够，规格太大了，卫生间又无法放下。

其他设备如洗脸盆、座便器对卫生间布局的影响不大，但是应该注意座便器两侧应留出一定的空间，一般为200mm 左右。

在介绍了相关的设计要点和思路之后，下面将完成本例平面布置图的绘制。

11.4.3 绘制门厅、餐厅的平面布置图

门厅、餐厅的平面布置图如图 11-41 所示，需要绘制的图形有鞋柜、大理石装饰柱、装饰柜等，以及门厅的墙体改造。

根据设计要求，门厅的面积改小，由门厅通往客厅的门改宽，将门厅与厨房间的墙体打通，从而合理安排空间，划分门厅、餐厅和厨房三个区域。图 11-42 所示为改造前的效果，图 11-43 所示为改造后的效果。

课堂 举例 【案例11-7】： 绘制门厅、餐厅的平面布置图

01 门厅墙体改造。修改由门厅通往客厅的门。设置"M_门"图层为当前图层。

02 使用 DELETE 键，删除如图 11-44a 所示的墙体，得到如图 11-44b 所示的结果。

03 打开"家具图例.dwg"文件，将罗马柱平面图块复制粘贴至平面图区域，如图 11-44c 所示。

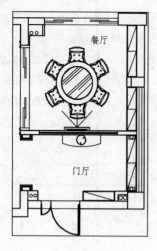

图 11-41 门厅、餐厅平面布置图

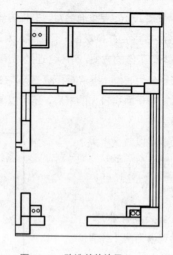

图 11-42 改造前的效果

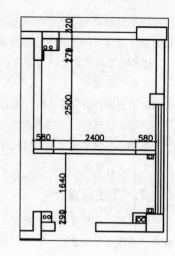

图 11-43 改造后的效果

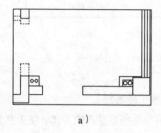

a)

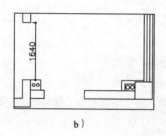

b)

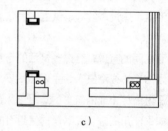

c)

图 11-44 删除墙体

04 新增墙体，将门厅的面积改小。设置"QT_墙体"图层为当前图层。

05 调用 LINE/L 命令，在如图 11-45 所示的位置绘制新增墙体。

06 调用 OFFSET/O 命令，绘制窗，完成效果如图 11-46 所示。

07 餐厅墙体改造。删除墙体，增大餐厅面积。按 Delete 键，删除如图 11-47a 所示的墙体，得到如图 11-47b 所示的结果。

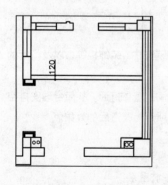

图 11-45 绘制新增墙体

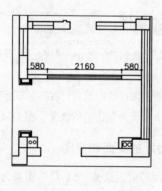

图 11-46 绘制推拉窗

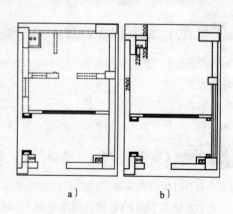

a)   b)

图 11-47 删除墙体

08 调用 LINE/L 命令，绘制推拉门门套轮廓线，如图 11-48 所示。

09 调用 INSERT/I 命令，插入欧式门套平面图块，如图 11-49 所示。

10 按 Ctrl+O 快捷键，打开配套光盘提供的"第 11 章/家具图例.dwg"文件，选择其中的推拉门图块，将其复制至餐厅区域中，如图 11-50 所示。

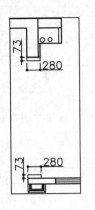

图 11-48 绘制轮廓线

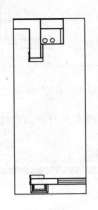

图 11-49 插入门套图块

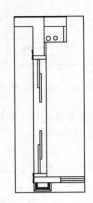

图 11-50 插入推拉门图块

11 绘制鞋柜。设置"JJ_家具"图层为当前图层。

12 调用 RECTANG/REC 命令，绘制矩形表示鞋柜，如图 11-51 所示。

13 调用 OFFSET/O 命令，向内偏移矩形，偏移距离为 20，表示鞋柜厚度，如图 11-52 所示。

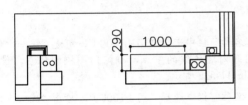

图 11-51 绘制矩形

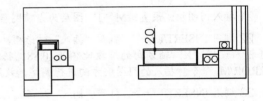

图 11-52 偏移线段

14 调用 LINE/L 命令，绘制柜内斜线，表示是不到顶的柜子，如图 11-53 所示。鞋柜绘制完成。

15 绘制矮柜。调用 OFFSET/O 命令，偏移如图 11-54 所示的墙线，偏移距离为 300，偏移结果如图 11-55 所示。

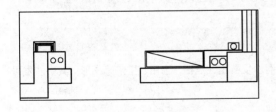

图 11-53 绘制斜线

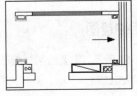

图 11-54 选择线段

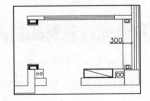

图 11-55 偏移线段

16 调用 LINE/L 命令，以所偏移线段的中点为起点绘制直线，结果如图 11-56 所示。

17 调用 OFFSET/O 命令，向内偏移垂直线段和水平线段，偏移距离为 20，调用 TRIM/TR 命令删除多余的线段，结果如图 11-57 所示。

18 调用 LINE/L 命令，绘制柜内斜线，表示是不到顶的柜子，如图 11-58 所示。

19 矮柜的台面使用了大理石进行装饰，调用 HATCH/H 命令对其进行填充。填充参数如图 11-59 所示，填充效果如图 11-60 所示，矮柜绘制完成。

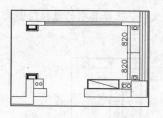
图 11-56　绘制直线

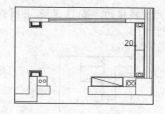
图 11-57　偏移结果

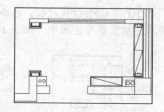
图 11-58　绘制斜线

20 绘制餐厅餐边柜。餐厅餐边柜的绘制可以参照鞋柜以及矮柜的绘制方法进行，这里不做详细介绍，绘制效果如图 11-61 所示。

图 11-59　设置参数

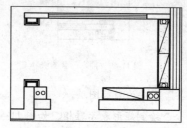
图 11-60　填充效果

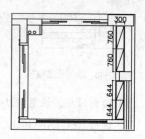
图 11-61　餐边柜的绘制

21 插入门图块。设置 "M_门" 图层为当前图层。

22 调用 INSERT/I 命令，打开 "插入" 对话框，在 "名称" 栏中选择 "门（1000）"，勾选 "统一比例" 复选框，设置 "X" 轴方向的缩放比例为 0.88。拾取门洞内墙体线的中点，确定门图块的位置，使用 MIRROR/MI 命令对插入的门图块方向进行调整，效果如图 11-62a 所示。

23 调用 INSERT/I 命令，打开 "插入" 对话框，在 "名称" 栏中选择 "门（1000）"，勾选 "统一比例" 复选框，设置 "X" 轴方向的缩放比例为 0.30。拾取门洞内墙体线的中点，确定门图块的位置，使用 MIRROR/MI 命令对插入的门图块方向进行调整，效果如图 11-62b 所示。

24 插入图块。打开配套光盘提供的 "第 11 章/家具图例.dwg" 文件，选择其中的餐桌、装饰柜、电视机图块，将其复制粘贴到门厅及餐厅区域。效果如图 11-41 所示，门厅及餐厅的平面布置图绘制完成。

 提示： 别墅入口大门为子母门，子门宽度为 300，母门宽度为 880，因此需要对插入的单扇门宽度作调整。

11.4.4　绘制客厅平面布置图

别墅客厅平面布置图如图 11-63 所示，需要绘制的图形有沙发群组、酒柜、窗帘、壁炉等图形。其中沙发可以直接调用图块，其他图形需要手工绘制。

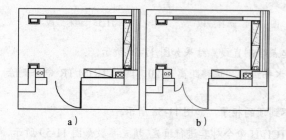
图 11-62　插入门图块

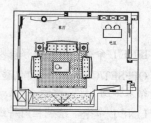
图 11-63　客厅平面布置图

【案例11-8】： 绘制客厅平面布置图

01 绘制雕花造型墙。客厅电视背景墙是雕花造型墙，在合理利用空间的同时，也为居室增添亮点，烘托居室氛围，体现主人品位。

02 设置 "ZXQ_造型墙" 图层为当前图层。

03 调用 RECTANG/REC 命令绘制如图 11-64 所示的矩形。

04 调用 LINE/L 命令绘制斜线，结果如图 11-65 所示。

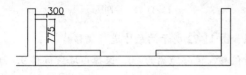

图 11-64 绘制线段

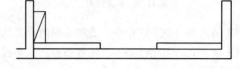

图 11-65 绘制斜线

05 调用 MIRROR/MI 命令镜像复制出另一侧的雕花造型，结果如图 11-66 所示。

06 绘制大理石线条。调用 PLINE/PL 命令，根据如图 11-67 所示尺寸绘制多段线。

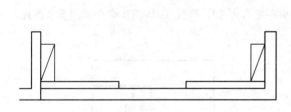

图 11-66 镜像结果

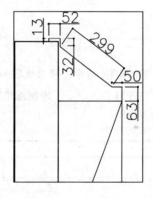

图 11-67 绘制多段线

07 调用 MIRROR/MI 命令镜像复制出另一侧的大理石线条，结果如图 11-68 所示。

08 调用 LINE/L 命令，绘制大理石地台轮廓线，结果如图 11-69 所示。

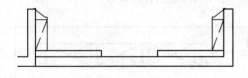

图 11-68 镜像结果

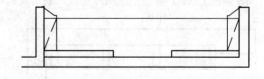

图 11-69 绘制轮廓线

09 设置 "TC_填充" 图层为当前图层。

10 调用 HATCH/H 命令，对大理石地台进行填充，填充参数可参照前面矮柜台面的绘制方法，填充效果如图 11-70 所示。

 提示：大理石线条作为背景墙的装饰，多由业主根据自己的爱好自行定做。

11 绘制酒柜。设置 "JJ_家具" 为当前图层。

12 调用 OFFSET/O 命令，在吧区内绘制长度为 300 的垂直线段和长度为 2180 的水平线段，结果如图 11-71 所示。

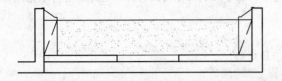

图 11-70　填充效果

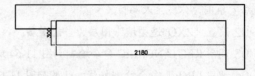

图 11-71　绘制线段

13 调用 OFFSET/O 命令，选择绘制的垂直线段按照如图 11-72 所示的尺寸进行偏移。

14 调用 OFFSET/O 命令，选择绘制的水平线段进行偏移，偏移距离为 20，选择内墙线偏移 9，结果如图 11-73 所示。

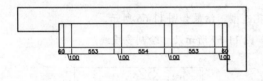

图 11-72　偏移

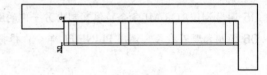

图 11-73　偏移

15 调用 TRIM/TR 命令，修剪线段如图 11-74 所示。

16 调用 OFFSET/O 命令，绘制酒柜隔板厚度，偏移距离为 20，调用 TRIM/TR 命令删除多余线段，结果如图 11-75 所示。

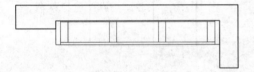

图 11-74　修剪

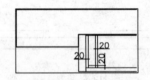

图 11-75　偏移线段

17 调用 COPY/CO 命令复制出其他的隔板，效果如图 11-76 所示。

18 调用 LINE/L 命令，绘制对角线，表示是到顶的柜子，结果如图 11-77 所示。

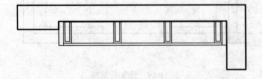

图 11-76　复制隔板

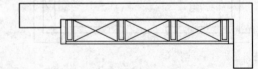

图 11-77　绘制对角线

19 插入图块。打开配套光盘提供的"第 11 章/家具图例.dwg"文件，选择其中的沙发群、窗帘、电视机等图块，将其复制粘贴到客厅区域。

20 绘制壁炉。壁炉图形使用 RECTANG/REC 命令和 ARC/A 命令绘制，由于比较简单，读者可以参照如图 11-63 所示的尺寸自行绘制完成。

11.4.5　绘制厨房平面布置图

厨房的平面布置图如图 11-78 所示，需要绘制的图形有橱柜、备餐台、炉灶以及洗涤槽等，还包括厨房门和墙体改造等。

根据设计要求，由楼梯过道通往厨房的门改为由餐厅通往厨房，餐厅与厨房间的墙体被打通，做玻璃推拉门，图 11-79 所示为改造前的效果，图 11-80 所示为改造后的效果。

图 11-78　厨房平面布置图

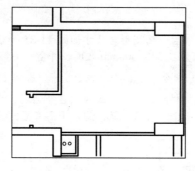

图 11-79　改造前

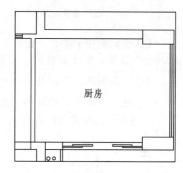

图 11-80　改造后

课堂举例【案例11-9】：　绘制厨房平面布置图

01 厨房门和墙体改造。修改厨房门。设置"QT_墙体"图层为当前图层。

02 调用 LINE/L 命令，将原厨房门洞封闭，如图 11-81a 所示。

03 调用 OFFSET/O 命令，选择线段进行延伸，并调用 TRIM/TR 命令对延伸的线段进行修剪，如图 11-81b 所示。

04 绘制结果如图 11-81c 所示。

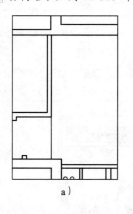

a）

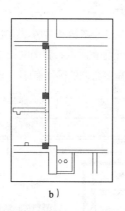

b）

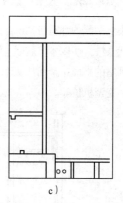

c）

图 11-81　封闭原门洞

05 设置"QT_墙体"图层为当前图层。

06 修改厨房与餐厅间的墙体。按 Delete 键删除如图 11-82 所示的墙体。

07 调用 LINE/L 命令，绘制新增墙体，如图 11-83 所示。

08 打开配套光盘提供的"第 11 章/家具图例.dwg"文件，选择其中的推拉门图块，将其复制粘贴到厨房区域，如图 11-84 所示。

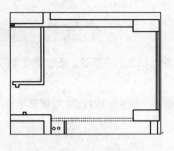

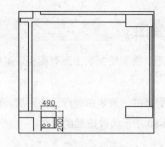
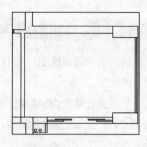

图 11-82　删除墙体　　　　　　　　　图 11-83　新增墙体　　　　　　　　　图 11-84　插入门图块

09 绘制橱柜和餐台。橱柜和餐台平面图形与尺寸如图 11-85 所示，重点应该掌握橱柜位置、尺寸参数的合理设置，例如橱柜的宽度应该在 540~600mm 之间，并留出足够的空间放置诸如冰箱等厨房电器。

10 绘制橱柜。调用 PLINE/PL 命令，绘制橱柜台面轮廓，如图 11-86 所示。

11 插入图块。打开配套光盘提供的"第 11 章/家具图例.dwg"文件，选择其中的燃气灶、洗涤槽等图块，将其复制粘贴到厨房区域，如图 11-78 所示。厨房平面布置图绘制完成。

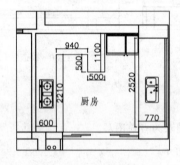
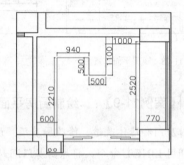

图 11-85　橱柜及餐台尺寸　　　　　　　　　　　　　　　　　　图 11-86　绘制橱柜

11.4.6　绘制主卧室平面布置图

本案例别墅的卧室包括一层的次卧、二层的小孩房和客房以及主卧，一共 4 间卧室。由于主卧室相对来说比较具有代表性，所以本节就以主卧室为例介绍卧室平面布置图的绘制方法。

主卧室的平面布置图如图 11-87 所示，需要绘制的图形有床、电视、电视柜、门套、窗帘、储物柜、衣柜、梳妆台、空调机位等。

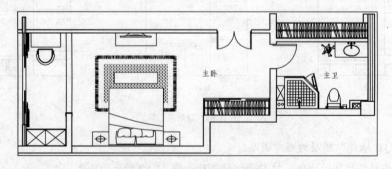

图 11-87　主卧室平面布置图

根据本案例的设计方案，将主卧室原空间重新进行了划分，将书房、衣帽间、主卫生间等配套设施进行了合理的安排，原衣帽间的墙体做了相应的改动，增大了使用面积。以下以主卫的门改动为例，介绍其修改方法。

如图 11-88 所示为主卫改造前后的对比。

课堂举例 【**案例11-10**】：　绘制主卧室平面布置图

01 墙体改造。设置"QT_墙体"图层为当前图层。

02 按 Delete 键，删除如图 11-89 虚线所示的墙体。

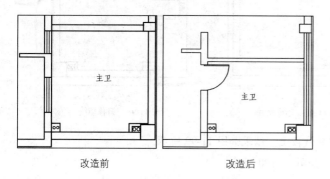

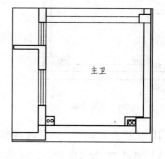

改造前　　　　　改造后

图 11-88　主卫改造前后效果

图 11-89　删除墙体

03 调用 OFFSET/O 命令，选择如图 11-90 所示的内墙线，向上偏移两次，偏移距离分别为 1410、100，结果如图 11-91 所示。

04 使用夹点拉伸法，拉伸如图 11-92 所示墙线。

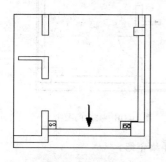

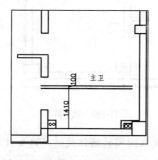

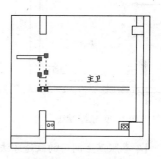

图 11-90　选择墙线

图 11-91　偏移墙线

图 11-92　延伸墙线

05 调用 TRIM/TR 命令，修剪拉伸的墙线，结果如图 11-93 所示。

06 调用 OFFSET/O 命令，选择上方门洞线向上偏移，偏移距离为 400，如图 11-94 所示。

07 调用 LINE/L 命令，绘制尺寸如图 11-95 所示的墙体。

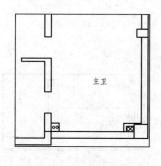

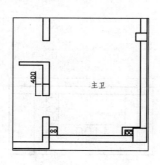

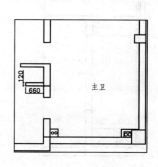

图 11-93　修剪墙线

图 11-94　偏移线段

图 11-95　绘制线段

08 调用 TRIM/TR 命令，删除不需要的墙体，结果如图 11-96 所示。

09 调用 OFFSET/O 命令，选择如图 11-97 所示的墙线向上偏移，偏移距离为 560，如图 11-98 所示。

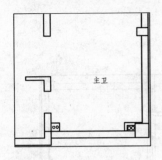
图 11-96 删除墙体

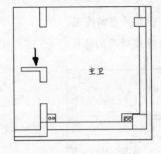
图 11-97 选择墙线

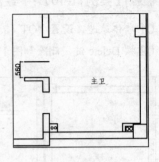
图 11-98 偏移墙线

10 使用夹点拉伸法，将墙线拉伸至所偏移的线段上，结果如图 11-99 所示。

11 调用 TRIM/TR 命令，修剪延伸的墙线，如图 11-100 所示。

12 设置 "M_门" 图层为当前图层。

13 调用 INSERT/I 命令，插入门图块，完成效果如图 11-101 所示。主卫生间门改造完成。

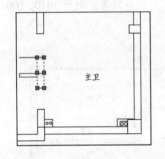
图 11-99 延伸墙线

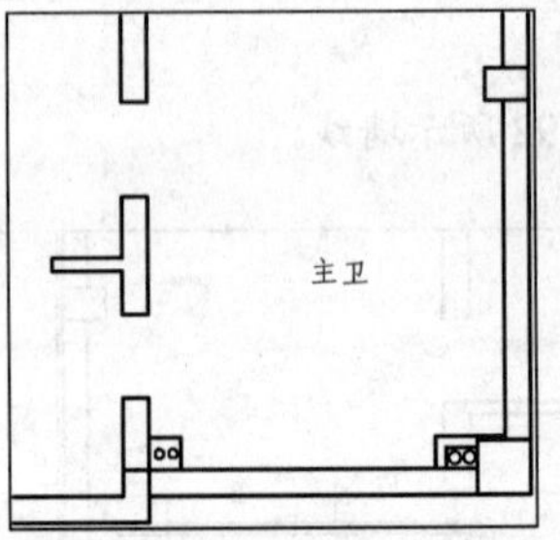

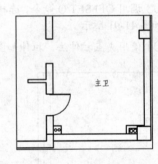
图 11-100 修剪墙线

图 11-101 插入门图块

14 参照卫生间门的改造方法，完成衣帽间的墙体改造，这里就不做详细介绍。

15 绘制梳妆台及储物柜。梳妆台及储物柜的尺寸如图 11-102 所示。设置 "JJ_家具" 图层为当前图层。

16 调用 RECTANG/REC 命令，绘制尺寸为 1100×500 的矩形，结果如图 11-103 所示，梳妆台绘制完成。

17 调用 OFFSET/O 命令，选择内墙线向上偏移，偏移距离为 600，如图 11-104 所示。

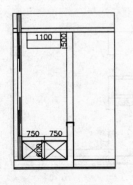
图 11-102 储物柜及梳妆台尺寸

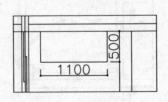
图 11-103 绘制矩形

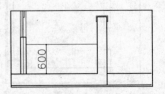
图 11-104 偏移墙线

18 调用 OFFSET/O 命令，绘制储物柜板材厚度，结果如图 11-105 所示。

19 调用 LINE/L 命令，拾取偏移墙线的中点绘制分隔线段，如图 11-106 所示。

20 调用 LINE/L 命令，绘制矩形内的对角线，表示是到顶的柜子，效果如图 11-107 所示。储物柜绘制完成。

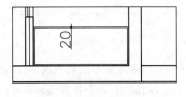
图 11-105　偏移线段

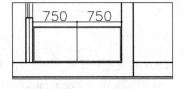
图 11-106　绘制分隔

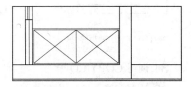
图 11-107　绘制对角线

21 绘制衣柜。主卧室衣柜尺寸如图 11-108 所示。

22 调用 RECTANG/REC 命令，绘制尺寸为 2400×600 的矩形，完成效果如图 11-109 所示。

23 绘制衣柜侧板。调用 EXPLODE/X 命令，将矩形进行分解。调用 OFFSET/O 命令，选择矩形左边线段向右进行偏移，偏移距离为 25，如图 11-110 所示。

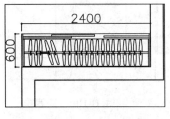
图 11-108　衣柜尺寸

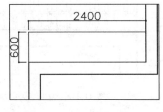
图 11-109　绘制矩形

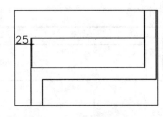
图 11-110　绘制左边侧板

24 调用 OFFSET/O 命令，绘制右边侧板，如图 11-111 所示。

25 绘制衣柜的背板（即九厘板）。调用 OFFSET/O 命令，选择矩形下方线段向上进行偏移，偏移距离为 9，结果如图 11-112 所示。

26 绘制衣柜推拉门轮廓。调用 OFFSET/O 命令，选择矩形上方线段向下进行偏移，偏移距离为 100，如图 11-113 所示。

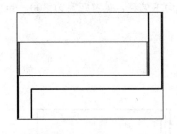
图 11-111　绘制右边侧板

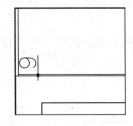
图 11-112　绘制背板

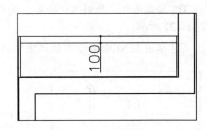
图 11-113　绘制轮廓线

27 绘制推拉门，调用 RECTANG/REC 命令，绘制尺寸为 800×30 的矩形，如图 11-114 所示。

28 调用 MIRROR/MI 命令，镜像复制出另外两扇门，结果如图 11-115 所示。

29 调用 RECTANG/REC 命令，拾取矩形左侧线段中点绘制衣柜挂衣杆，如图 11-116 所示。

30 插入衣架图块。打开配套光盘提供的"第 11 章/家具图例.dwg"文件，选择其中的衣架图块，将其复制粘贴到衣柜图形中，完成效果如图 11-117 所示。

图 11-114　绘制矩形

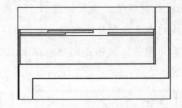

图 11-115　镜像门

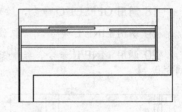

图 11-116　绘制挂衣杆

31 调用 COPY/CO 命令，对插入的衣架图块进行复制，如图 11-118 所示。衣柜图形绘制完成。

32 绘制门套。主卧室门套的尺寸如图 11-119 所示，调用 OFFSET/O 和 TRIM/TR 命令进行绘制即可。

33 插入图块。本例需要调用的图块有床、电视机、椅子等图形，请读者应用前面介绍的插入图块方法完成图块的调用，如图 11-87 所示。

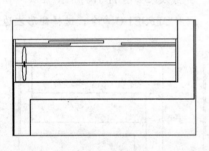

图 11-117　插入图块

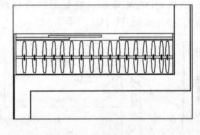

图 11-118　复制衣架图块

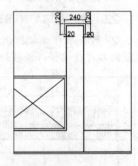

图 11-119　门套尺寸

⊙ 11.4.7　绘制书房平面布置图

书房是从一个较大的空间里隔出来的一个小空间，如图 11-120 所示，书房的主要家具有写字台、书柜、电视机和沙发，下面介绍其绘制方法。

课堂举例【案例11-11】：　绘制书房平面布置图

01 绘制书柜。绘制书柜轮廓。调用 OFFSET/O 命令，选择上方墙线向下偏移，偏移距离为 300，如图 11-121 所示。

02 调用 LINE/L 命令，拾取偏移线段中点绘制线段如图 11-122 所示。

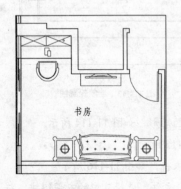

图 11-120　书房平面布置图

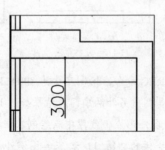

图 11-121　偏移线段

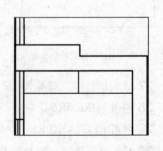

图 11-122　绘制线段

03 调用 LINE/L 命令，绘制对角线，表示是到顶的柜子，如图 11-123 所示。

04 绘制写字台台面。调用 OFFSET/O 命令，选择书柜轮廓线向下进行偏移，偏移距离为 360，表示写字台台面，如图 11-124 所示。写字台及书柜绘制完成。

05 绘制电视柜。电视柜尺寸如图 11-125 所示。

06 调用 RECTANG/REC 命令进行绘制，完成效果如图 11-120 所示。

07 插入图块。打开配套光盘提供的"第 11 章/家具图例.dwg"文件，选择其中的沙发、电视机椅子图块，将其复制至书房区域，如图 11-120 所示，书房平面布置图绘制完成。

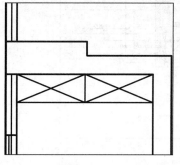

图 11-123　绘制对角线

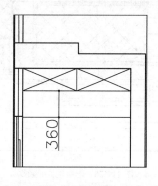

图 11-124　绘制写字台台面

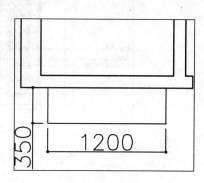

图 11-125　电视柜尺寸

11.4.8　绘制其他房间平面布置图

其他房间布置图有一层的次卧、二层的小孩房、衣帽间和主卧室的卫生间等。它们的绘制方法与前面介绍的各空间平面布置图的绘制方法大同小异，由于篇幅有限，这里就不再一一讲解了，请读者作为练习自行完成。

11.4.9　插入立面索引符号和图名

立面指向符是立面图的一个识别符号，这里只需要调用 INSERT/I 命令将立面指向符插入到图形中的适当位置，并输入立面编号即可。

调用插入图块 INSERT/I 命令，插入"图名"图块，完成平面布置图的绘制。

11.5　绘制别墅地面布置图

地面布置图是用来表示地面做法的图样，包括地面用材和形式（如分格、图案等）。其形成方法与平面布置相同，所不同的是地面布置图不需要绘制家具，只需要绘制地面所使用的材料和固定于地面的设备及设施图形。

本节绘制别墅一层、二层的地面布置图，如图 11-126 及图 11-127 所示，读者可以掌握各种地面材料的表示方法和绘制技巧。

11.5.1　绘制门厅地面布置图

门厅地面主要是由"玛雅米黄石面"、"爵士白石面"两种材料辅以黑金沙等石材共同拼贴而成，如图 11-128 所示。对于这种拼花地面，需要首先绘制拼花轮廓，然后根据需要在轮廓内填充材料图样。

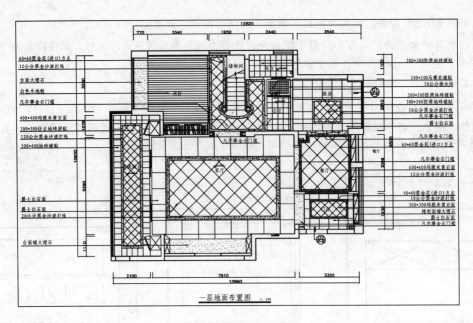

图 11-126　一层地面布置图

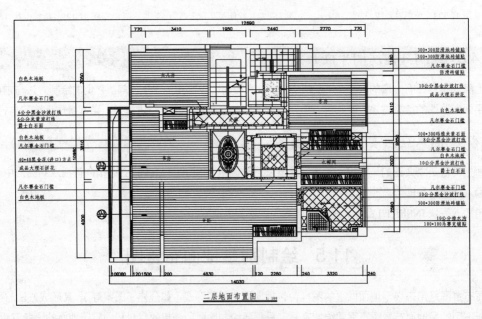

图 11-127　二层地面布置图

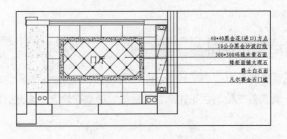

图 11-128　门厅地面布置图

【案例11-12】：　绘制门厅地面布置图

01 复制图形。复制别墅一层平面布置图，删除里面的家具。

02 绘制门槛线。设置"DM_地面"图层为当前图层。

03 删除门，并调用 LINE/L 命令，绘制门槛线，封闭填充图案区域，如图 11-129 所示。

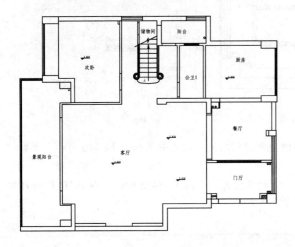

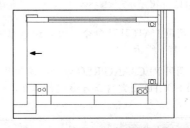

图 11-129　绘制门槛线　　　　　　　　　　　　　图 11-130　选择线段

04 绘制拼花轮廓。设置"DM_地面"图层为当前图层。

05 调用 ZOOM/Z 命令，局部放大区域。调用 OFFSET/O 命令，偏移如图 11-130 所示的线段，偏移距离为 540，结果如图 11-131 所示。

06 调用 OFFSET/O 命令，选择如图 11-132 所示的线段进行偏移，偏移距离分别为 300、590、600，结果如图 11-133 所示。

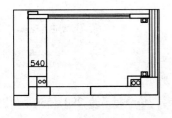

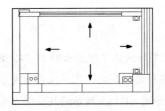

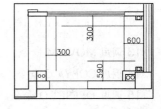

图 11-131　偏移线段　　　　　　　　图 11-132　选择线段　　　　　　　　图 11-133　偏移线段

07 调用 CHAMFER/CHA 命令，对偏移的线段进行倒角处理，完成效果如图 11-134 所示。

08 调用 OFFSET/O 命令，选择修剪好的线段向内进行偏移，偏移距离为 100，调用 TRIM/TR 命令，对偏移的线段进行修剪，如图 11-135 所示。

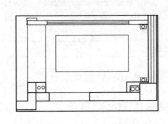

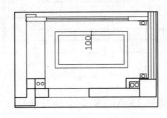

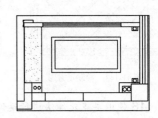

图 11-134　修剪线段　　　　　　　　图 11-135　偏移线段　　　　　　　　图 11-136　门槛石填充效果

09 填充地面图案。调用 HATCH/H 命令,对设在门厅通往客厅的门槛石进行填充,填充效果如图 11-136 所示,参数设置如图 11-137 所示。

10 调用 HATCH/H 命令,对波打线进行填充。填充效果如图 11-138 所示,参数设置如图 11-139 所示。

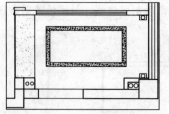

图 11-137 门槛石填充设置参数   图 11-138 波打线填充效果   图 11-139 波打线填充参数

11 调用 HATCH/H 命令,对铺设玛雅米黄石材的地面进行填充,填充效果如图 11-140 所示,参数设置如图 11-141 所示。

12 调用 RECTANG/REC 命令,绘制尺寸为 40×40 的正方形,如图 11-142a 所示。调用 HATCH/H 命令,使用 SOLTD 图案对正方形进行填充,如图 11-142b 所示。

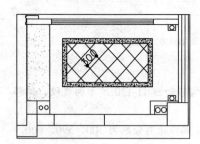

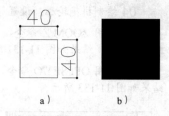

图 11-140 玛雅米黄石材填充   图 11-141 参数设置   图 11-142 绘制正方形

13 调用 MOVE/M 命令,移动绘制好的正方形至如图 11-143 所示的位置。

14 调用 COPY/CO 命令,对正方形进行复制,完成效果如图 11-144 所示。

15 调用 OFFSET/O 命令,选择如图 11-145 所示的线段向内进行偏移,偏移距离为 290、530,如图 11-146 所示。

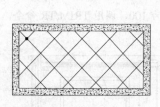

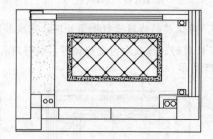

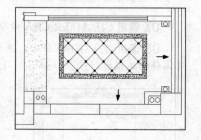

图 11-143 移动正方形   图 11-144 复制正方形   图 11-145 选择线段

16 使用夹点延伸法进行延伸,调用 TRIM/TR 命令进行修剪,完成效果如图 11-147 所示。

17 标注材料。调用 MLEADER/MLD 命令,标注地面材料说明,完后效果如图 11-128 所示。

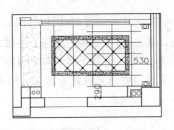

图 11-146　偏移线段

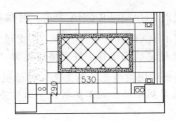

图 11-147　修剪结果

11.5.2　绘制客厅地面布置图

客厅地面布置图的绘制方法与门厅地面布置图的绘制方法大同小异，读者可自行完成绘制。客厅地面布置图绘制效果如图 11-148 所示。

11.5.3　绘制一层公卫地面布置图

一层公卫的盥洗区与淋浴区的地面采用了不同的铺贴方法。盥洗区使用"300×300 的防滑地砖"进行铺贴，淋浴区则采用了"100×100 的马赛克"进行铺贴。

如图 11-149 所示为一层公卫地面布置图。

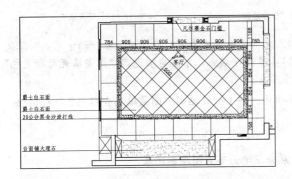

图 11-148　客厅地面布置图

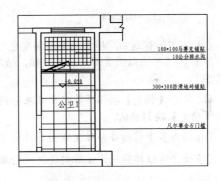

图 11-149　公卫地面布置图

课堂举例【案例11-13】：　绘制一层公卫地面布置图

01 调用 OFFSET/O 命令，绘制线段划分盥洗区与淋浴区，如图 11-150 所示。

02 绘制排水沟。调用 OFFSET/O 命令，选择如图 11-151 所示的线段向内进行偏移，偏移距离为 100，结果如图 11-152 所示。

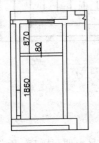

图 11-150　绘制线段

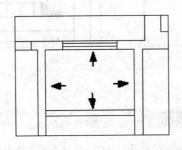

图 11-151　选择线段

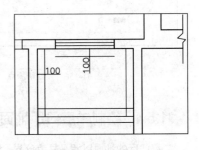

图 11-152　偏移线段

03 调用 CHAMFER/CHA 命令，对偏移线段进行倒角处理，完成效果如图 11-153 所示。

04 调用 HATCH/H 命令打开"图案填充和渐变色"对话框，单击 🔲（添加：选择）按钮，在淋浴区内拾取一点确定填充边界。按空格键返回"图案填充和渐变色"对话框，设置参数如图 11-154 所示。

05 单击"图案填充与渐变色"对话框中的【预览】按钮，显示当前填充效果如图 11-155 所示。此时的填充图案显然不符合施工要求，下面对齐进行调整。

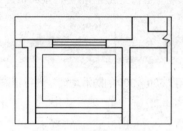

图 11-153　倒角处理

图 11-154　参数设置

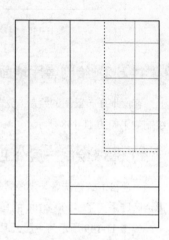

图 11-155　预览填充效果

06 按 Esc 键返回"图案填充与渐变色"对话框，在"图案填充原点"区域内选择"指定原点"单选项，单击 🔲（单击以设置新原点）按钮，拾取如图 11-156 所示端点，系统自动返回"图案填充与渐变色"对话框。

07 单击【预览】按钮预览当前效果如图 11-157 所示。按 Esc 键返回"图案填充和渐变色"对话框，单击【确定】按钮确认。

08 调用多重引线命令标注地面材料文字说明。

09 读者可以按照此方法对盥洗区进行填充。一层公卫地面布置图绘制完成。

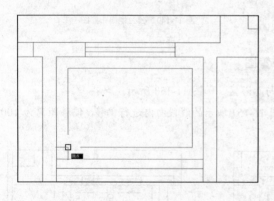

图 11-156　设置新原点

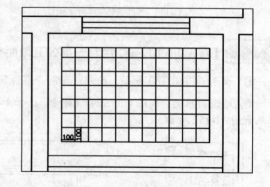

图 11-157　预览填充效果

⚙ 11.5.4　绘制二层门厅地面布置图

二层门厅的地面以罗马柱为分界，铺贴不同的材质。其中，连接走廊的地面铺贴成品大理石拼花，而连接主卧室与衣帽间的地面则使用爵士白石材、玛雅米黄石材等材质进行铺贴。

图 11-158 所示为二层门厅的地面布置图，以下具体介绍绘制方法。

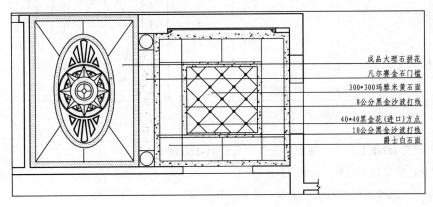

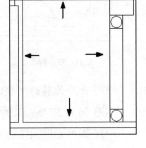

成品大理石拼花
凡尔赛金石门槛
300*300玛雅米黄石面
8公分黑金沙波打线
40*40黑金花(进口)方点
10公分黑金沙波打线
爵士白石面

图 11-158　二层门厅地面布置图　　　　　　　　　图 11-159　选择线段

课堂举例【案例11-14】：　绘制二层门厅地面布置图

01 绘制成品大理石拼花。绘制拼花轮廓。调用 OFFSET/O 命令，选择如图 11-159 所示的线段向内进行偏移，偏移距离为 100，如图 11-160 所示。

02 调用 CHAMFER/CHA 命令，对所偏移线段进行修剪，效果如图 11-161 所示。

03 调用 OFFSET/O 命令，选择上方与下方线段向内进行偏移，偏移距离为 235，调用 LINE 命令，取上方线段中点为端点绘制直线，如图 11-162 所示。

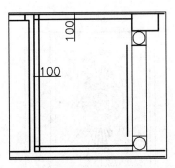

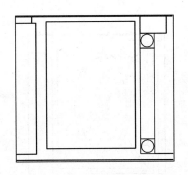

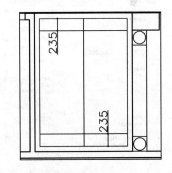

图 11-160　偏移线段　　　　　　　　图 11-161　修剪线段　　　　　　　　图 11-162　绘制线段

04 调用 ELLIPSE/EL 命令绘制椭圆。命令行选项如下：

命令:ELLIPSE↙　　　　　　　　　　　　　　//调用椭圆绘制命令

　指定椭圆的轴端点或〔圆弧(A)/中心点(C)〕：　　//拾取上方偏移线段与绘制直线的交点为椭圆的起点，如图 11-163 所示

　指定轴的另一个端点：　　　　　　　　　　//拾取下方偏移线段与绘制直线的交点为椭圆的终点，如图 11-164 所示

　指定另一条半轴长度或〔旋转(R)〕：541↙　　//输入椭圆的半径值 541，按空格键退出绘制命令，如图 11-165 所示

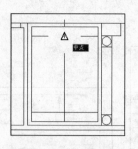

图 11-163 指定起点

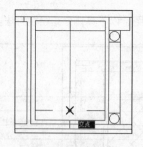

图 11-164 指定终点

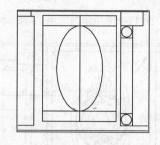

图 11-165 绘制效果

05 删除偏移的线段，调用 LINE/L 命令，绘制对角线，如图 11-166 所示。

06 调用 TRIM/TR 命令，修剪绘制线段，如图 11-167 所示。

07 调用 OFFSET/O 命令，选择椭圆向内进行偏移，偏移距离为 80，如图 11-168 所示。

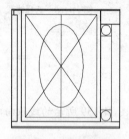

图 11-166 绘制对角线

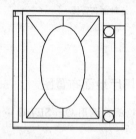

图 11-167 修剪线段

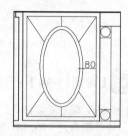

图 11-168 偏移椭圆

08 调用 HATCH/H 命令，对边界进行填充，参数设置如图 11-169 所示，填充效果如图 11-170 所示。

图 11-169 填充参数

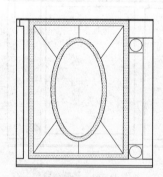

图 11-170 填充效果

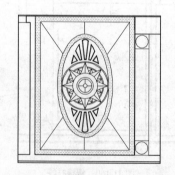

图 11-171 插入图块

09 插入拼花图块。打开配套光盘"第 11 章/家具图例.dwg"文件，选择其中的大理石拼花图块，复制到椭圆区域中，完成效果如图 11-171 所示。

10 绘制连接主卧室与衣帽间地面布置。该区域的地面布置可参照一层门厅的绘制方法，请读者自行完成。完成效果如图 11-158 所示。

⚙ 11.5.5 绘制卧室、书房地面布置图

包括书房和衣帽间，别墅内的所有卧室都铺设白色木地板，直接使用 BHATCH 命令填充图案即可，方法如下：调用 HATCH/H 命令，在所有卧室及书房和衣帽间内填充自定义图案，参数设置如图 11-172 所示，填充效

果如图 11-173 所示。

图 11-172　参数设置

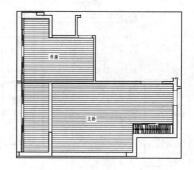

图 11-173　填充效果

11.5.6　绘制其他房间地面布置图

其他房间地面还有生活阳台、景观阳台、一层楼梯间、台阶、主卫、二层公卫、走廊等，请读者按照前面介绍的方法完成这些房间地面图形的绘制，最终效果如图 11-126 和图 11-127 所示。

11.6　绘制别墅顶面布置图

顶面设计需要依据布置图进行，这样才能上下呼应，突出整体效果。如本例餐厅顶面灯具，其位置正好位于餐桌上方。对于灯具的设计，应该考虑顶面的效果和光线均匀照射等因素，灯具数量可变，但是总功率不能增加。本例的景观阳台及生活阳台为直接式顶面，其余的均为悬吊式顶面。一层的次卧和二层的客房顶面无造型，为石膏板刷乳胶漆吊顶，其余门厅、客厅、餐厅等都进行了详细的顶面造型设计。

图 11-174 和图 11-175 所示为绘制完成的别墅一层、二层的顶面布置图。

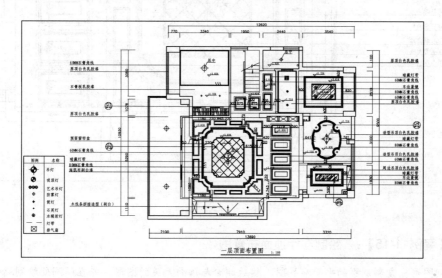

图 11-174　一层顶面布置图

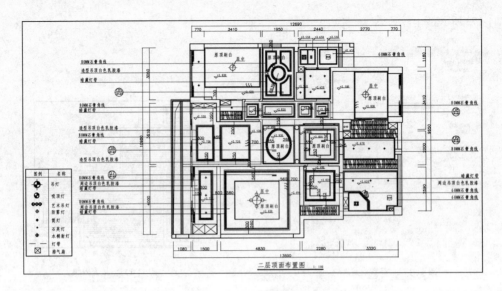

图 11-175　二层顶面布置图

11.6.1　绘制客厅顶面布置图

本别墅客厅顶面布置图如图 11-176 所示，下面介绍其绘制方法。

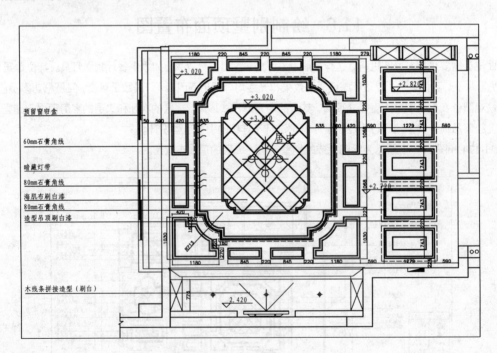

图 11-176　客厅顶面布置图

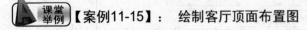【案例11-15】：　绘制客厅顶面布置图

01 复制图形。复制别墅的平面布置图，然后删除与顶面无关的图形，并在门洞处绘制墙体线，如图 11-177 所示。

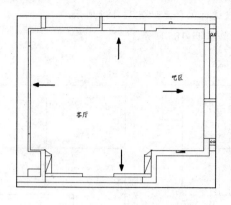

图 11-177　绘制墙体线

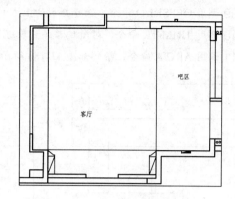

图 11-178　绘制分界线

02 绘制吊顶分界线。调用 LINE/L 命令，绘制客厅吊顶分界线，如图 11-178 所示。

03 调用 OFFSET/O 命令，绘制窗帘盒，完成效果如图 11-179 所示。

04 绘制客厅局部吊顶造型。客厅吊顶局部造型如图 11-180 所示。

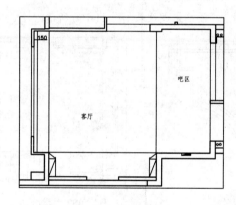

图 11-179　绘制窗帘盒

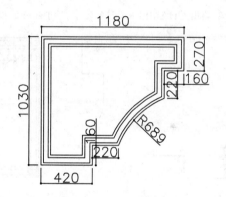

图 11-180　局部吊顶造型

05 设置 "DD_吊顶" 图层为当前图层。

06 调用 RECTANG/REC 命令，绘制尺寸为 1010×1180 的矩形，如图 11-181 所示。

07 调用 EXPLODE/X 命令，分解所绘制的矩形。调用 OFFSET 命令，偏移矩形的左边和下方线段，如图 11-182 所示。

08 调用 TRIM/TR 命令进行修剪，如图 11-183 所示。

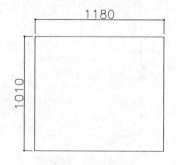

图 11-181　绘制矩形

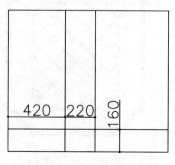

图 11-182　偏移线段

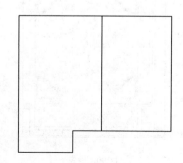

图 11-183　修剪线段

09 调用 OFFSET/O 命令，选择矩形的上方和右边线段进行偏移，如图 11-184 所示。

10 调用 TRIM/TR 命令，对所偏移的线段进行修剪，如图 11-185 所示。

11 调用 ARC/A 命令，绘制如图 11-186 所示的圆弧。

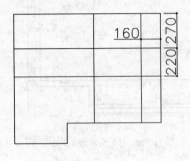
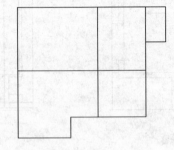
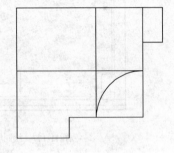

图 11-184　偏移线段　　　　　　图 11-185　修剪线段　　　　　　图 11-186　绘制圆弧

12 调用 TRIM/TR 命令，修剪线段，如图 11-187 所示。

13 调用 OFFSET/O 命令，对修剪后的线段进行偏移，结果如图 11-188 所示。

14 调用 CHAMFER/CHA 命令，对偏移的线段进行倒角，最终完成效果如图 11-180 所示。

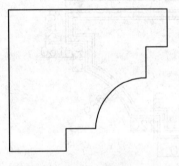
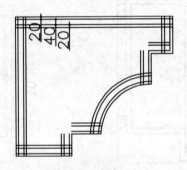
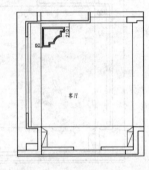

图 11-187　修剪线段　　　　　　图 11-188　偏移线段　　　　　　图 11-189　移动图形

15 调用 MOVE/M 命令，将所绘制的局部造型移动到客厅吊顶区域，如图 11-189 所示。调用 MIRROR/MI 命令，进行镜像复制，完成效果如图 11-190 所示。

16 绘制客厅中央吊顶造型。客厅中央吊顶造型如图 11-191 所示，以下讲解绘制方法。

17 调用 RECTANG/REC 命令，绘制尺寸为 3490×3940 的矩形，如图 11-192 所示。

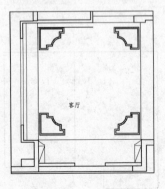
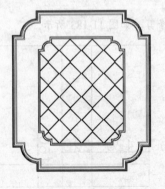
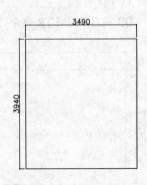

图 11-190　镜像图形　　　　　　图 11-191　吊顶造型　　　　　　图 11-192　绘制矩形

18 调用 OFFSET/O 命令，偏移矩形上方和左边线段，结果如图 11-193 所示。

19 调用 TRIM/TR 命令，对绘制的线段进行修剪，完成效果如图 11-194 所示。

20 调用 ARC/A 命令，绘制如图 11-195 所示的圆弧。

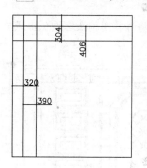

图 11-193　偏移线段

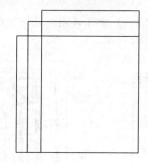

图 11-194　修剪线段

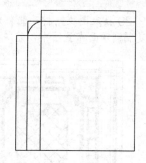

图 11-195　绘制圆弧

21 调用 TRIM/TR 命令，对线段进行修剪，如图 11-196 所示。

22 调用 MIRROR/MI 命令，镜像复制左上角造型到矩形其他三个角，调用 TRIM/TR 命令修剪多余线段，完成效果如图 11-197 所示。

23 调用 OFFSET/O 命令，对绘制好的造型线段进行偏移，偏移尺寸如图 11-198 所示。

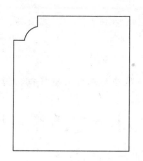

图 11-196　修剪线段

图 11-197　镜像复制

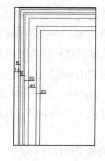

图 11-198　偏移线段

24 调用 CHAMFER/CHA 命令，对偏移的线段进行倒角，完成效果如图 11-199 所示。

25 海肌布刷白漆区域的边框造型可根据上面讲解的绘制方法进行绘制，这里就不详细讲解了。绘制效果如图 11-191 所示。

26 调用 HATCH/H 命令，对海肌布刷白漆区域填充 ANSI37 图案，完成效果如图 11-191 所示。

27 如图 11-200 所示的客厅周围局部造型，读者可调用 RECTANG/REC 命令、OFFSET/O 命令以及 CHAMFER/CHA 命令进行绘制。

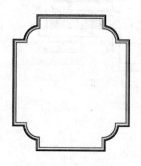

图 11-199　倒角结果

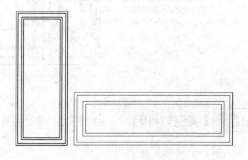

图 11-200　其他局部造型

28 绘制灯带。调用 OFFSET/O 命令，将吊顶轮廓线偏移 80 得到灯带，并调用 TRIM/TR 命令修剪多余线段。由于灯带位于灯槽内，在顶面布置图中为不可见，选择灯带的轮廓线，在"特性"工具栏列表框中选择 ——— ACAD...03W10(▼ 线型，效果如图 11-201 所示。

29 插入图块。打开配套光盘提供的"第 11 章/家具图例.dwg"文件，将灯具图例及空调侧出风口图例复制到顶面布置图中，完成效果如图 11-202 所示。

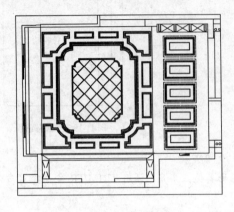

图 11-201　绘制灯带

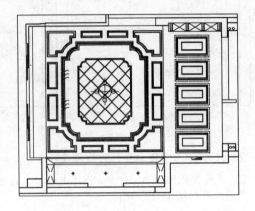

图 11-202　插入图块

30 标注尺寸、标高和文字说明。顶面布置图的尺寸、标高和文字说明应该标注清楚，以方便施工人员施工，其中说明文字用于说明顶面的用材和做法。

31 设置"BZ_标注"图层为当前图层，设置 1:00 为当前注释比例。

32 调用 DIMLINEAR/DLI 命令或执行【标注】|【线性】命令标注尺寸，尺寸标注要尽量详细，但应避免重复。

33 调用 MLEADER/MLD 命令和 MTEXT/MT 命令，标注顶面材料说明，完成后的效果如图 11-174 所示。

34 调用 INSERT/I 命令，插入"标高"图块标注吊顶标高，标高值请参照如图 11-176 所示。

11.6.2　绘制主卧室顶面布置图

主卧室顶面布置图如图 11-203 所示。

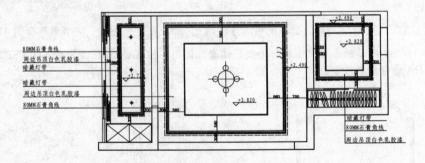

图 11-203　主卧室吊顶布置图

课堂举例 【案例11-16】：　绘制主卧室顶面布置图

01 绘制吊顶造型。调用 LINE/L 命令，在门洞绘制墙体线，如图 11-204 所示。

02 调用 OFFSET/O 命令，绘制左侧阳台窗帘盒，如图 11-205 所示。

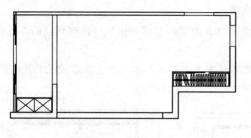

图 11-204　绘制墙体线　　　　　　　　图 11-205　绘制窗帘盒

03 调用 LINE/L 命令，绘制横梁，如图 11-206 所示。

04 调用 OFFSET/O 命令，偏移如图 11-207 所示的墙体线，偏移结果如图 11-208 所示。

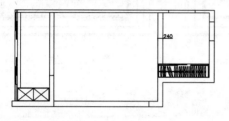
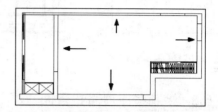

图 11-206　绘制梁　　　　　　　　　　图 11-207　选择线段

05 调用 CHAMFER/CHA 命令，修剪偏移的线段，完成效果如图 11-209 所示。

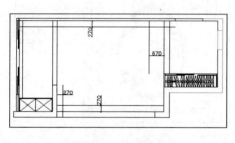
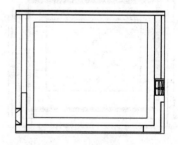

图 11-208　偏移线段　　　　　　　　　图 11-209　修剪线段

06 调用 OFFSET/O 命令，选择修剪完成的线段向内偏移，偏移距离为 90，结果如图 11-210 所示。

07 调用 OFFSET/O 命令，选择修剪完成的线段依次向内偏移两次，距离分别为 500、25，如图 11-211 所示。

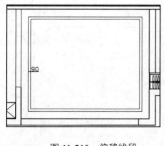
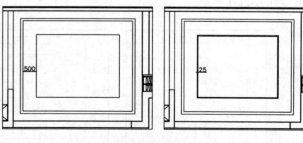

图 11-210　偏移线段　　　　　　　　　图 11-211　偏移线段

08 绘制石膏角线。调用 OFFSET/O 命令，按如图 11-212 所示尺寸向内偏移，结果如图 11-213 所示。

09 绘制灯带的方法可以按照前面绘制客厅吊顶灯带的方法，绘制效果如图 11-214 所示。

10 参照以上讲解的方法来绘制主卧室的其他区域吊顶。

11 插入图块。调用 COPY/CO 命令，复制图例表中的灯具图形和空调侧出风口图形到顶面布置图中的相应位置，完成后的效果如图 11-215 所示。

12 标注尺寸、标高和文字说明。标注尺寸、标高文字说明方法与客厅相同，完成后效果如图 11-203 所示。

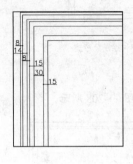

图 11-212　偏移尺寸

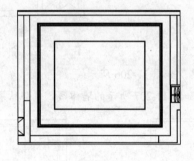

图 11-213　绘制结果

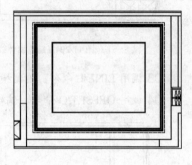

图 11-214　绘制灯带

11.6.3　绘制餐厅顶面布置图

餐厅顶面布置图如图 11-216 所示。

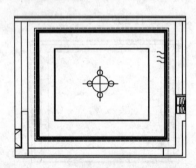

图 11-215　插入图块

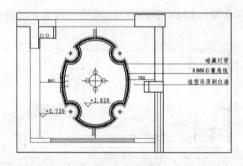

图 11-216　餐厅顶面布置图

课堂举例【案例11-17】：　绘制餐厅顶面布置图

01 绘制图形。调用 OFFSET/O 命令，选择如图 11-217a 所示的线段向内进行偏移，偏移距离为 320，结果如图 11-217b 所示。

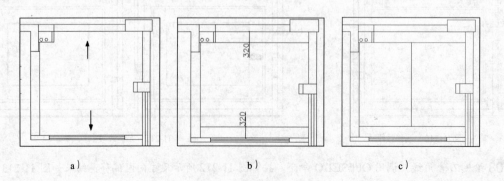

a)　　　　　　　　　　b)　　　　　　　　　　c)

图 11-217　绘制辅助线段

02 调用 LINE/L 命令，取偏移直线中点为端点绘制垂直线段，如图 11-217c 所示。

03 调用 ELLIPSE/EL 命令，以偏移线段和绘制线段的交点为轴端点绘制椭圆，命令提示如下：

命令:ELLIPSE↙　　　　　　　　　　　　　//调用绘制椭圆命令

　指定椭圆的轴端点或 [圆弧(A)/中心点(C)]：　　　//选择偏移线段与绘制线段的上方交点，如图
11-218a 所示。

　指定轴的另一个端点：　　　　　　　　　//选择偏移线段与绘制线段的下方交点，如图
11-218b 所示。

　指定另一条半轴长度或 [旋转(R)]：940↙　　//输入半轴长度，按空格键结束绘制，如图
11-218c 所示

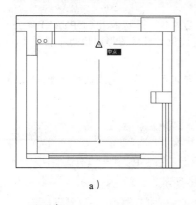
a)

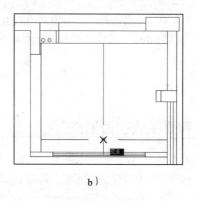
b)

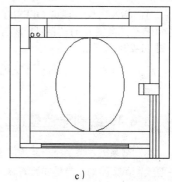
c)

图 11-218　绘制椭圆

04 调用 ERASE/E 命令，删除辅助线，结果如图 11-219 所示。

05 调用 OFFSET/O 命令，偏移如图 11-220 所示的线段，偏移距离为 790。

06 调用 CIRCLE/C 命令，以所偏移线段与椭圆的交点为圆心，绘制半径为 300 的圆，如图 11-221 所示。

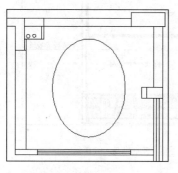

图 11-219　删除辅助线

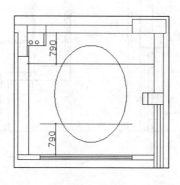
图 11-220　偏移线段

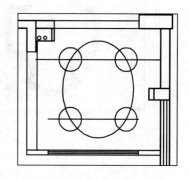
图 11-221　绘制圆

07 调用 TRIM/TR 命令，对绘制圆形进行修剪，结果如图 11-222 所示。

08 调用 OFFSET/O 命令，选择修剪完成的弧线向内偏移，偏移距离为 90，调用 CHA 命令对偏移线段进行倒角，结果如图 11-223 所示。

09 绘制石膏角线。调用 OFFSET/O 命令，选择修剪完成的线段进行偏移，偏移距离参照主卧室顶面石膏线，调用 CHAMFER/CHA 命令，对偏移线段进行倒角，完成效果如图 11-224 所示。

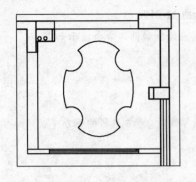

图 11-222 修剪圆

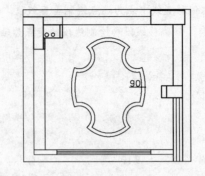

图 11-223 偏移弧线

图 11-224 继续偏移

10 插入图块。调用 OFFSET/O 命令，偏移出灯带，并且将其设置为虚线，然后调用 COPY/CO 命令，复制配套光盘提供的"第 11 章/家具图例.dwg"文件中的灯具图形、空调侧送风口图形到顶面布置图中，如图 11-225 所示。

11 标注尺寸、标高和文字说明。标注尺寸、标高和文字说明方法与客厅相同，完成效果如图 11-216 所示。

11.6.4 绘制无造型顶面和直接式顶面图形

本别墅案例无造型悬吊式顶面主要有客房、次卧室及衣帽间和一层次卫及二层主卫。由于没有造型，因此不需要绘制吊顶图形，直接布置灯具、标注标高和文字说明即可，如图 11-226 所示。

生活阳台及观景阳台顶面为直接式顶面。直接式顶面的绘制方法与无造型悬吊式顶面相同，只需要直接布置灯具、标注标高和文字说明即可。

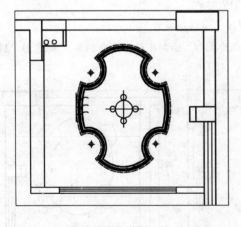

图 11-225 插入图块

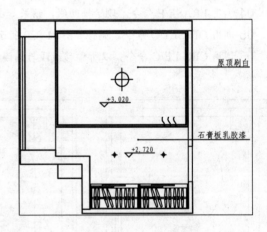

图 11-226 无造型悬吊式顶面

第 12 章
欧式别墅立面设计及图形绘制

本章导读

　　立面图是一种与垂直界面平行的正投影图，它能够反映室内垂直界面的形状、装修做法及其上的陈设，是一种很重要的图样。本章以绘制别墅主卧、主卧卫生间、客厅、厨房等立面图为例，详细介绍别墅立面图的画法。

本章重点

- ⚙ 绘制客厅立面图
- ⚙ 绘制主卧室立面图
- ⚙ 绘制主卫立面图
- ⚙ 绘制主卧衣帽间立面图

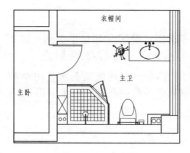
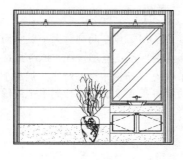
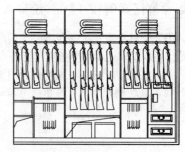

12.1 绘制客厅立面图

本户型客厅在设计上以欧式风格为主，结合现代居住空间的特点，对立面进行装饰处理。

客厅立面的内容、画法比较复杂，绘制难度相对来说也比较大，通过对本节的学习，读者可以进一步掌握立面图的绘制方法及技巧。

12.1.1 绘制 A 立面图

本节绘制的是包括过道在内的客厅立面图。客厅 A 立面图表达的是：左至客厅落地窗，右至吧区墙面，上至二层顶面，如图 12-1 所示。为了力求图形的精确，本例仍然采用投影法进行绘制。

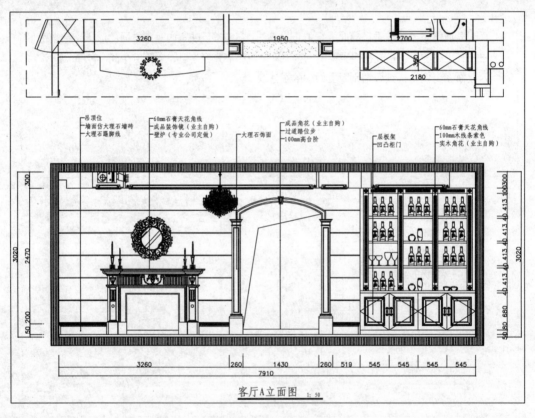

图 12-1　客厅 A 立面图

【案例12-1】：　绘制 A 立面图

01 绘制立面外轮廓和顶面。调用 ZOOM/Z 命令局部放大一层平面布置图，将客厅部分复制到一边，调用 LINE 命令，应用投影法绘制客厅 A 立面左、右侧轮廓和地面（客厅地面），如图 12-2 所示。

02 复制客厅顶面布置图到本例客厅 A 立面图下方并对齐。调用 LINE/L 命令，按照顶面布置图中吊顶的轮廓线绘制投影线，再根据吊顶的标高在 A 立面图内绘制水平线段，确定吊顶的位置，结果如图 12-3 所示。

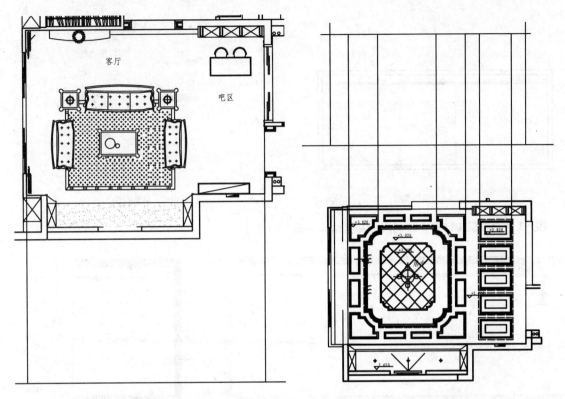

图 12-2　绘制墙体和地面　　　　　　　　图 12-3　绘制顶棚投影线

03 调用 COPY/CO 命令，将配套光盘中"第 12 章/素材文件.dwg"中的客厅 A 立面顶面详图复制到立面图中，吧区上方吊顶的绘制方法与客厅的吊顶基本相同，读者可参照前面介绍的方法自行复制到立面图中，结果如图 12-4 所示。

04 绘制内部轮廓图形。客厅的 A 立面以过道为界，分为两部分绘制。右边为吧区酒柜立面布置，左边为壁炉的背景布置，如图 12-5 所示，下面分别进行绘制。

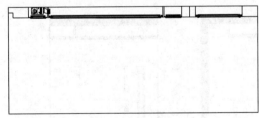

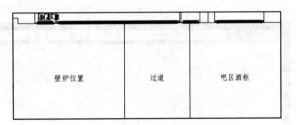

壁炉位置　　　　过道　　　　吧区酒柜

图 12-4　插入顶面详图　　　　　　　　图 12-5　客厅 A 立面的组成部分

05 设置"LM_立面"图层为当前图层。

06 调用 OFFSET/O 命令，绘制墙体、地面与楼板的厚度。为了绘制方便及便于观看，这里的墙体、楼板与地面统一以 150mm 的厚度表示，绘制效果如图 12-6 所示。

07 调用\HATCH/H 命令，填充墙体、地面与楼板，填充参数如图 12-7 所示，填充效果如图 12-8 所示。将图案转换到"TC_填充"图层。

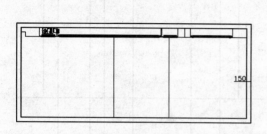

图 12-6　绘制厚度

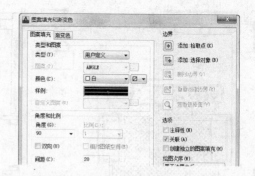

图 12-7　填充参数

08 调用 OFFSET/O 命令绘制地砖层，结果如图 12-9 所示。

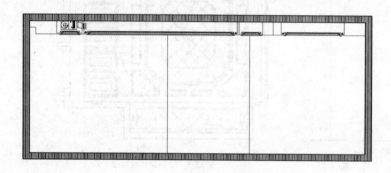

图 12-8　填充效果

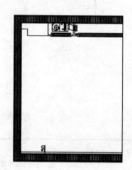

图 12-9　绘制地砖层

09 绘制过道立面。过道的主要内容是罗马柱，调用 OFFSET/O 命令，绘制罗马柱的柱墩，如图 12-10 所示。

10 调用 COPY/CO 命令，复制配套光盘"第 12 章/家具图例.dwg"文件中的罗马柱图块到立面图中，调整高度为 1800，完成效果如图 12-11 所示。

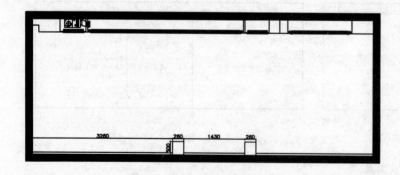

图 12-10　绘制柱墩

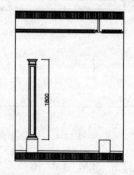

图 12-11　插入图块

11 调用 COPY/CO 命令，将罗马柱镜像复制至右边，如图 12-12 所示。

12 绘制辅助线。调用 LINE/L 命令，绘制尺寸如图 12-13 所示的辅助线。

13 调用 ARC/A 命令，绘制圆弧，结果如图 12-14 所示。

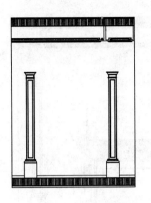
图 12-12　镜像复制

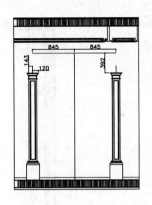
图 12-13　绘制辅助线

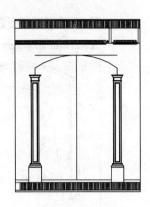
图 12-14　绘制圆弧

14 调用 ERASE/E 命令，删除辅助线。调用 OFFSET/O 命令，选择绘制完成的圆弧向内偏移，偏移尺寸分别为 20、40、20，如图 12-15 所示。

15 调用 CHAMFER/CHA 命令，对偏移的圆弧进行倒角，完成效果如图 12-16 所示。

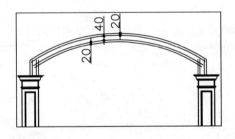
图 12-15　偏移圆弧

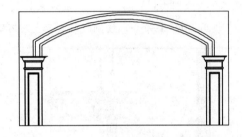
图 12-16　圆角

16 调用 COPY/CO 命令，复制配套光盘"第 12 章/家具图例.dwg"成品角花图块到立面图中，拾取圆弧的中点放置，完成效果如图 12-17 所示。

17 调用 TRIM/TR 命令，对圆弧进行修剪，结果如图 12-18 所示。

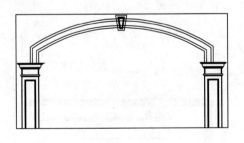
图 12-17　插入图块

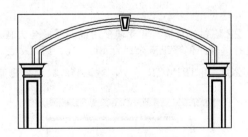
图 12-18　修剪圆弧

18 调用 PLINE/PL 命令，在过道门洞处绘制多段线，表示镂空，如图 12-19 所示，过道立面绘制完成。

19 绘制壁炉背景墙。调用 COPY/CO 命令，复制配套光盘"第 12 章/家具图例.dwg"壁炉线图块到立面图中，如图 12-20 所示。

提示： 壁炉一般都由专业公司定做，所以在绘图的过程中只需要将图块调入即可，不需要进行专门绘制。这里只介绍壁炉背景的绘制方法。

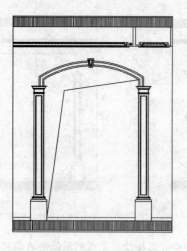

图 12-19 绘制多段线

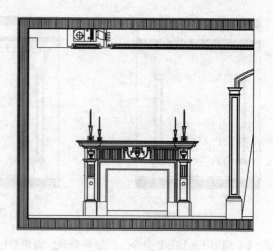

图 12-20 插入图块

20 绘制大理石踢脚线。调用 COPY/CO 命令，复制配套光盘提供的"第 11 章/家具图例.dwg"文件中的大理石踢脚线图块到立面图中，完成效果如图 12-21 所示。

21 调用 LINE/L 命令，绘制线段表示大理石踢脚线的凹凸感，完成效果如图 12-22 所示。

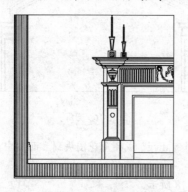

图 12-21 插入图块

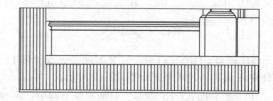

图 12-22 绘制线段

22 绘制背景墙。背景墙使用的材质是仿大理石墙砖，调用 OFFSET/O 命令，选择顶面的底面线段向下进行偏移，偏移距离分别为 400、10，结果如图 12-23 所示。

23 调用 TRIM/TR 命令，对偏移线段进行修剪，完成效果如图 12-24 所示。

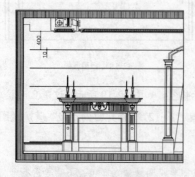

图 12-23 偏移线段

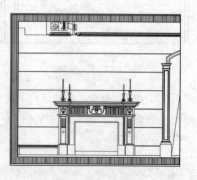

图 12-24 修剪线段

24 绘制吧区酒柜。调用 LINE/L 命令，绘制酒柜轮廓，如图 12-25 所示。

25 调用 OFFSET/O 命令，绘制酒柜的侧板厚度及柜脚高度，如图 12-26 所示。

26 调用 OFFSET/O 命令，划分酒柜内部各功能区域，如图 12-27 所示。

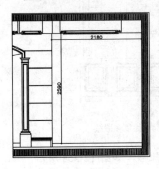

图 12-25　绘制线段

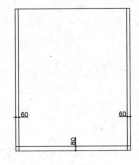

图 12-26　偏移线段

图 12-27　划分区域

27 酒柜使用了木线条和实木角花进行装饰，调用 OFFSET/O 命令，绘制使用木线条及角花装饰的区域，调用 TRIM/TR 命令对偏移线段进行修剪，结果如图 12-28 所示。

28 调用 OFFSET/O 命令，绘制酒柜层板，如图 12-29 所示。

29 调用 TRIM/TR 命令对偏移线段进行修剪，如图 12-30 所示。

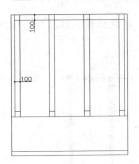

图 12-28　偏移线段

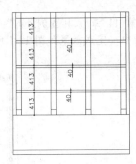

图 12-29　绘制层板

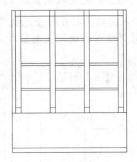

图 12-30　修剪线段

30 调用 OFFSET/O 令，绘制柜门轮廓，如图 12-31 所示。

31 调用 OFFSET/O 命令，绘制凹凸柜门，完成效果如图 12-32 所示。

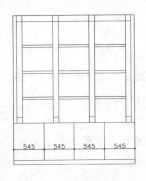

图 12-31　偏移线段

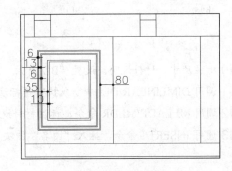

图 12-32　绘制柜门

32 调用 MIRROR/MI 命令，镜像复制柜门至右边各区域，结果如图 12-33 所示。

33 调用 PLINE/PL 命令，绘制多段线，表示柜门的开启方向，如图 12-34 所示。

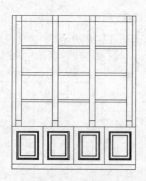

图 12-33　镜像复制

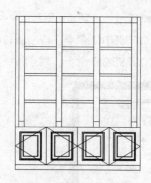

图 12-34　绘制多段线

34 绘制木线条。调用 RECTANG/REC 命令，绘制尺寸为 1575×10 的矩形，如图 12-35a 所示。

35 调用 FILLET/F 命令，设置半径值为 5，对绘制的矩形进行圆角处理，如图 12-35b 所示。

36 调用 MOVE/M 命令，移动完成圆角处理的矩形至使用木线条装饰的区域内，完成效果如图 12-35c 所示。

37 调用 COPY/CO 命令，将矩形进行复制，完成木线条的绘制，结果如图 12-35d 所示。

38 插入角花图块。调用 COPY/CO 命令，复制配套光盘"第 12 章/家具图例.dwg"文件中的角花图块到酒柜立面图中，完成效果如图 12-36 所示。

39 插入图块。打开配套光盘提供的"第 11 章/家具图例.dwg"文件中，将装饰镜、水晶灯、柜门把手及酒柜装饰物等图块到复制客厅 A 立面图中，完成效果如图 12-1 所示。

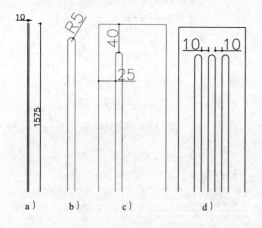

图 12-35　绘制木线条

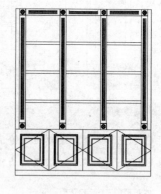

图 12-36　插入角花图块

40 标注尺寸、材料说明。设置"BZ_标注"为当前图层，设置当前注释比例为 1：50。

41 调用 DIMLINEAR/DLI 命令或执行【标注】|【线性】命令标注尺寸。

42 调用 MLEADE/MLDR 命令，标注材料说明。

43 调用 INSERT/I 命令，插入"图名"图块，设置 A 立面图名称为"客厅 A 立面图"，客厅 A 立面绘制完成。

⚙ 12.1.2　绘制客厅 C 立面图

客厅 C 立面图是与 A 立面图相对的墙面，主要表达的是电视背景墙的做法，如图 12-37 所示。

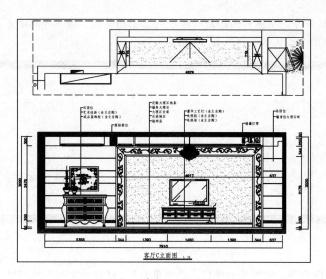

图 12-37　客厅 C 立面图

【案例12-2】：　绘制客厅 C 立面图

01 绘制立面外轮廓和顶面。使用投影法来绘制立面外轮廓，如图 12-38 所示。

02 调用 OFFSET/O 命令，根据顶面布置图的标高尺寸，确定顶面位置，如图 12-39 所示。

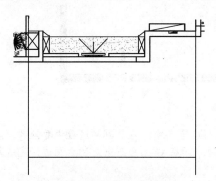

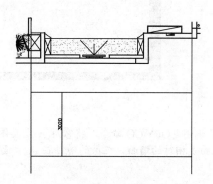

图 12-38　绘制墙体和地面

图 12-39　绘制顶面

提示：客厅 C 立面与客厅 A 立面虽然是相对的面，但是墙体结构有所不同，所以需要另外绘制立面外轮廓。这里采用投影法来进行绘制。

03 调用 TRIM/TR 命令，对立面外轮廓进行修剪，如图 12-40 所示。

04 调用 OFFSET/O 命令，绘制地面、楼板与墙体的厚度，如图 12-41 所示。

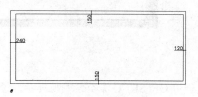

图 12-40　修剪轮廓

图 12-41　偏移轮廓线

05 调用 HATCH/H 命令，参照前面介绍的客厅 A 立面图楼板、墙体等的填充参数，对 C 立面图的地面、楼板及墙体进行填充，完成效果如图 12-42 所示。

图 12-42　填充

06 调用 OFFSET/O 命令，绘制原始梁位，并调用 HATCH/H 命令对其进行填充，如图 12-43 所示。

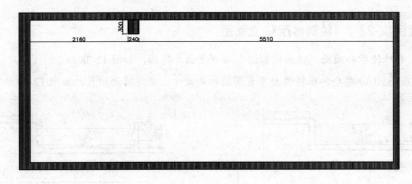

图 12-43　绘制梁位

07 调用 COPY/CO 命令，将客厅 A 立面图的吊顶复制到 C 立面中。在复制的过程中要注意，A 立面与 C 立面是相对的墙面，吧区的吊顶在 A 立面图是位于右边，而在 C 立面图中是位于左边，完成效果如图 12-44 所示。

图 12-44　复制吊顶图形

08 调用 OFFSET/O 命令绘制地砖层，绘制效果如图 12-45 所示。

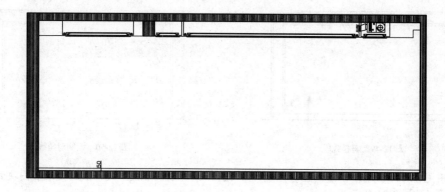

图 12-45　绘制地转层

09 绘制电视背景墙。调用 OFFSET/O 命令，绘制电视背景墙轮廓，结果如图 12-46 所示。

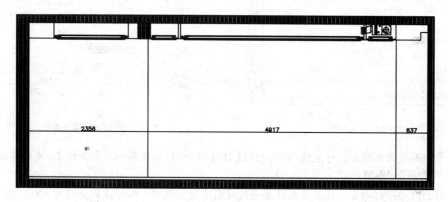

图 12-46　绘制线段

10 调用 OFFSET/O 命令，绘制地台，如图 12-47 所示。

11 调用 OFFSET/O 命令，选择背景墙轮廓线向内进行偏移，偏移距离为 344，调用 TRIM/TR 命令进行修剪，完成效果如图 12-48 所示。

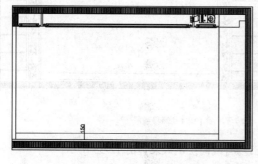

图 12-47　绘制地台

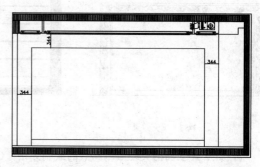

图 12-48　偏移线段

12 调用 OFFSET/O，对背景墙轮廓线再进行偏移，如图 12-49 所示。

13 调用 PLINE/PL 命令，绘制对角线，如图 12-50 所示。

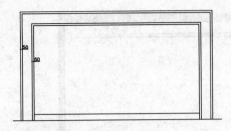

图 12-49 偏移线段　　　　　　　　　　　　　　图 12-50 绘制对角线

14 调用 COPY/CO 命令，复制配套光盘 "第 12 章/家具图例.dwg" 文件成品大理石图块到 C 立面图中，完成效果如图 12-51 所示。

图 12-51 插入图块　　　　　　　　　　　　　　图 12-52 填充参数

15 背景墙面使用大理石进行装饰，调用 HATCH/H 命令，对大理石材质进行填充，填充参数如图 12-52 所示，填充效果如图 12-53 所示。

16 调用 OFFSET/O 命令，选择顶面的底面线段向下进行偏移，偏移距离分别为 400、10，如图 12-54 所示。

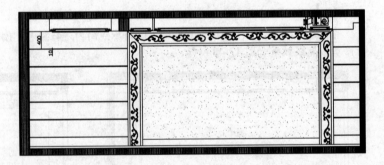

图 12-53 填充效果　　　　　　　　　　　　　　图 12-54 偏移线段

17 参照 A 立面图大理石踢脚线的绘制方法，C 立面踢脚线的绘制效果如图 12-55 所示。

18 插入图块。调用 COPY/CO 命令，复制配套光盘 "第 12 章/家具图例.dwg" 文件中电视机、电视柜、装饰柜、装饰画等图块到 C 立面图中，完成效果如图 12-37 所示。

19 标注尺寸、材料说明。设置 "BZ_标注" 为当前图层，设置当前注释比例为 1∶50。

20 调用 DIMLINEAR/DLI 命令或执行【标注】|【线性】命令标注尺寸。

21 调用 MLEADER/MLD 命令，标注材料说明。

22 调用 INSERT/I 命令，插入 "图名" 图块，设置 C 立面图名称为 "客厅 C 立面图"，客厅 C 立面绘制完成。

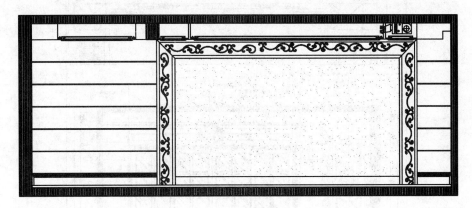

图 12-55　绘制踢脚线

　　至此，客厅 C 立面图绘制完成，应用上述方法，请读者自行完成客厅 B、D 立面图的绘制，完成后的图形如图 12-56、图 12-57 所示。

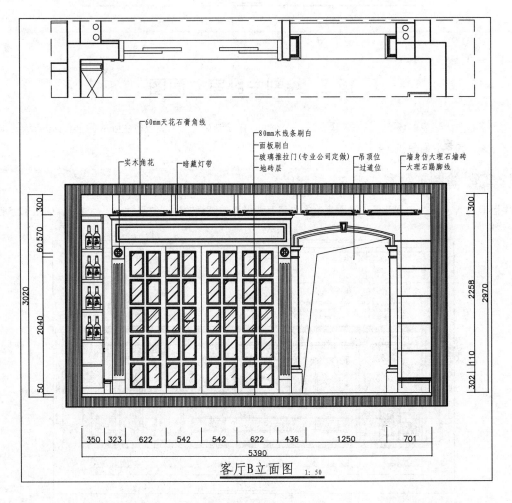

图 12-56　客厅 B 立面图

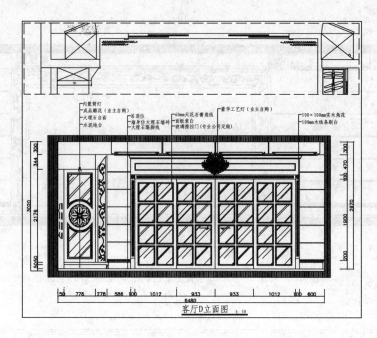

图 12-57　客厅 D 立面图

12.2　绘制主卧室立面图

主卧室是主人休息的场所，是非常重要的一个空间，在绘制施工图时，应将主卧的各个立面的装修做法详细的表达出来，包括立面图和必要的详图。

12.2.1　绘制主卧室 A 立面

主卧室的 A 立面为电视背景，需要表达的内容有背景墙的装修做法、使用材料、尺寸等，如图 12-58 所示。

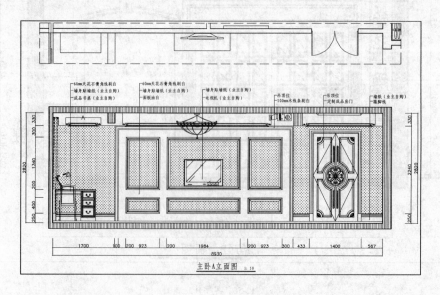

图 12-58　主卧室 A 立面图

【案例12-3】：　绘制主卧室 A 立面

01 复制图形。复制别墅顶面布置图主卧室的顶面部分。

02 绘制立面轮廓和顶面。调用 LINE/L 命令，绘制主卧室 A 立面左右内墙面的投影线，如图 12-59 所示。

03 绘制地面轮廓。调用 LINE/L 命令，在投影线下方绘制一条水平线段表示地面。

04 调用 OFFSET/O 命令，根据顶面布置图的标高尺寸，确定顶面位置，如图 12-60 所示。

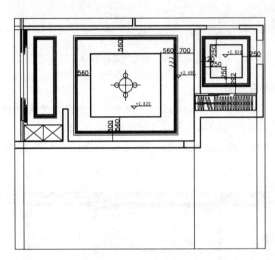

图 12-59　绘制投影线

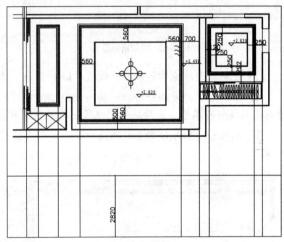

图 12-60　确定顶面位置

05 调用 FILLET/F 命令，修剪得到 A 立面轮廓图，如图 12-61 所示。

06 调用 OFFSET/O 命令，绘制地面、楼板与墙体的厚度，如图 12-62 所示。

图 12-61　A 立面外轮廓图

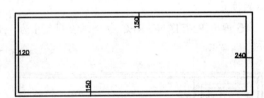

图 12-62　偏移线段

07 调用 OFFSET/O 命令，绘制原始梁位，完成效果如图 12-63 所示。

08 调用 HATCH/H 命令，填充墙体和梁区域，填充效果如图 12-64 所示。

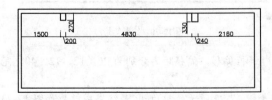

图 12-63　绘制梁

图 12-64　填充效果

09 调用 OFFSET/O 命令，绘制地板层，如图 12-65 所示。

10 调用 COPY/CO 命令，将配套光盘中"第 12 章/素材文件.dwg"中的主卧室 A 立面吊顶详图复制到立面图中，完成效果如图 12-66 所示。

图 12-65 绘制地板层

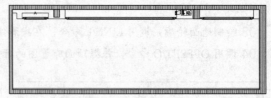

图 12-66 复制吊顶详图

11 绘制立面外轮廓和细部。设置"LM_立面"为当前图层。

12 绘制电视背景墙外轮廓。调用 OFFSET/O 命令，根据如图 12-58 所示的尺寸，分别将左右两侧的墙体轮廓线向内偏移，并修剪多余线段，得到电视背景墙的外轮廓线，如图 12-67 所示。

13 调用 OFFSET/O 命令，选择外轮廓线向内偏移 3 次，距离依次为 25、50、25，得到结果如图 12-68 所示。

图 12-67 绘制轮廓线

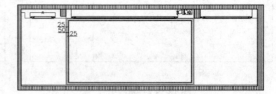

图 12-68 偏移线段

14 调用 RECTANG/REC 命令，分别绘制尺寸为 923×1340 和 923×400 的矩形，并移动到如图 12-69 所示的位置。

15 调用 RECTANG/REC 命令，绘制尺寸为 1984×1340 和 1984×400 的矩形，完成效果如图 12-70 所示。

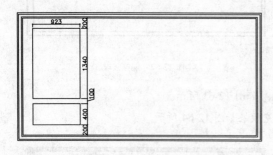

图 12-69 绘制矩形

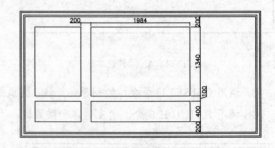

图 12-70 绘制矩形

16 调用 OFFSET/O 命令，选择绘制完成的矩形向内进行偏移，偏移距离分别为 26、12、12、40，完成效果如图 12-71 所示。

17 调用 PLINE/PL 命令，在偏移完成的矩形内绘制如图 12-72 所示的对角线，最终完成效果如图 12-73 所示。

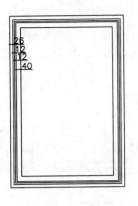

图 12-71 偏移结果

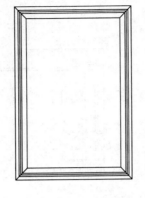

图 12-72 绘制对角线

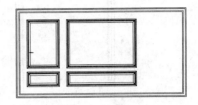

图 12-73 最终效果

18 调用 MIRROR/MI 命令，将左边的矩形造型镜像复制至右边，结果如图 12-74 所示。

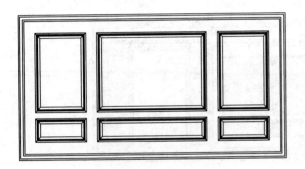

图 12-74 镜像复制

图 12-75 填充参数

19 调用 HATCH/H 命令，对绘制完成的矩形进行填充。填充参数如图 12-75 所示，填充效果如图 12-76 所示。

20 调用 OFFSET/O 命令，绘制门洞，完成效果如图 12-77 所示。

图 12-76 填充效果

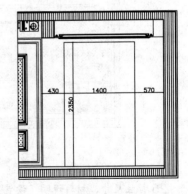

图 12-77 绘制门洞

21 调用 OFFSET/O 命令，绘制门套线，结果如图 12-78 所示。

22 调用 LINE/L 命令，绘制踢脚线，如图 12-79 所示。

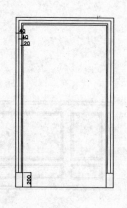

图 12-78　绘制门套线

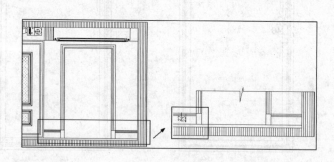

图 12-79　绘制踢脚线

23 调用 HATCH/H 命令，对电视背景墙左边和右边的墙体进行填充，表示墙纸，完成效果如图 12-80 所示。

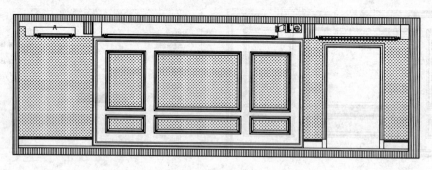

图 12-80　填充效果

24 插入家具、装饰物等图形。从图库中调用家具和装饰物图形，注意每个图形的前后关系，被挡住的部分应该裁剪掉，完成效果如图 12-81 所示，具体插入过程就不详细介绍了。

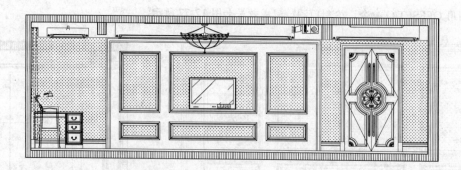

图 12-81　插入图块

25 标注尺寸、材料说明。设置"BZ_标注"为当前图层，设置当前注释比例为 1:50。

26 调用 DIMLINEAR/DLI 命令或执行【标注】|【线性】命令标注尺寸。

27 调用 MLEADER/MLD 命令，标注材料说明。

28 调用 INSERT/I 命令，插入"图名"图块，设置 A 立面图名称为"主卧室 A 立面图"，主卧室 A 立面绘制完成。

12.2.2 绘制主卧 C 立面图

主卧 C 立面图如图 12-82 所示。由于它与 A 立面遥望相对，因此墙体轮廓基本上相同。在绘制 C 立面图时，可以在 A 立面图的基础上进行。

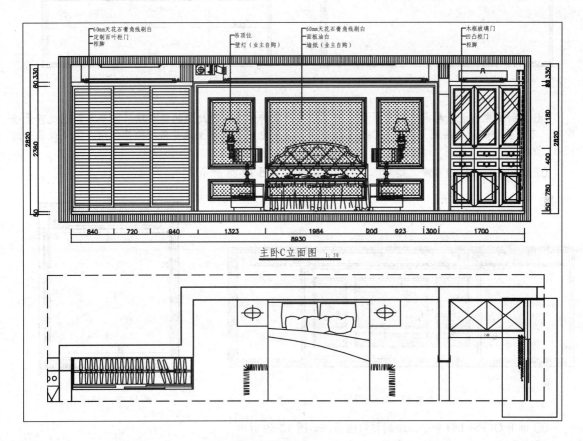

图 12-82 主卧 C 立面图

【案例12-4】： 绘制主卧 C 立面图

01 调用 COPY/CO 命令，复制 A 立面的所有图形到一旁。

02 将复制的图形图名更改为"主卧室 C 立面图"，然后将顶面、左右侧墙体、地面轮廓线之外的图形全部删除，完成效果如图 12-83 所示。

03 由于 C 立面与 A 立面相对，所以在 A 立面图的基础上将原始梁位进行调整，以符合实际情况。完成效果如图 12-84 所示。

图 12-83 整理图形   图 12-84 调整位置

04 调用 COPY/CO 命令，将配套光盘中"第 12 章/素材文件.dwg"中的主卧室 C 立面吊顶详图复制到立面中，完成效果如图 12-85 所示。

05 调用 OFFSET/O 命令，绘制床背景墙轮廓，如图 12-86 所示。

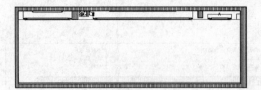

图 12-85　插入吊顶详图　　　　　　　　　　　　　图 12-86　绘制外轮廓

06 主卧室电视背景墙与床的背景墙采用了相同的装饰方法，因此床的背景墙只需要复制电视背景墙即可，不需要重新进行绘制。调用 COPY/CO 命令，复制电视背景墙至床背景墙轮廓线内，完成效果如图 12-87 所示。

07 调用 OFFSET/O 命令，绘制衣柜的板材厚度，如图 12-88 所示。

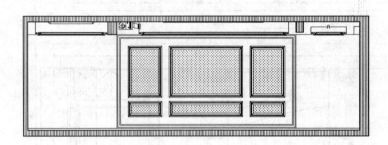

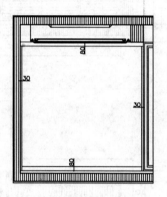

图 12-87　复制背景墙　　　　　　　　　　　　　　图 12-88　绘制衣柜

08 调用 OFFSET/O 命令，绘制柜门轮廓，如图 12-89 所示。

09 调用 TRIM/TR 命令，修剪偏移线段，如图 12-90 所示。

10 调用 HATCH/H 命令，对柜门进行填充，填充参数如图 12-91 所示，填充效果如图 12-92 所示。

11 调用 OFFSET/O 令，绘制装饰柜的板材厚度，完成效果如图 12-93 所示。

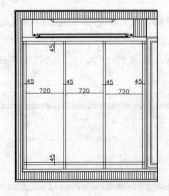

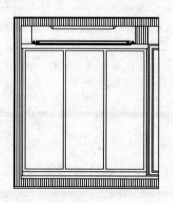

图 12-89　偏移线段　　　　　　　　　　　　　　　图 12-90　修剪线段

图 12-91　填充参数　　　　　　　　　　　图 12-92　填充效果

12 调用 OFFSET/O 命令，划分装饰柜内部区域，如图 12-94 所示。

13 调用 OFFSET/O 命令，绘制柜门框，绘制结果如图 12-95 所示。

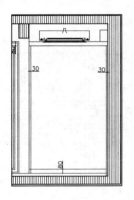 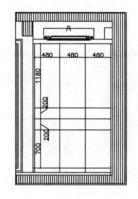 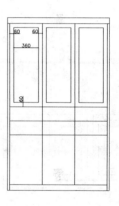

图 12-93　绘制效果　　　　　图 12-94　划分区域　　　　　图 12-95　绘制门框

14 调用 HATCH/H 命令，填充玻璃柜门，填充参数及效果如图 12-96 所示。

15 调用 PLINE/PL 命令，绘制对角线，表示柜门开启方向，如图 12-97 所示。

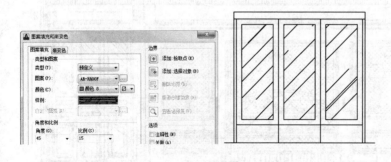 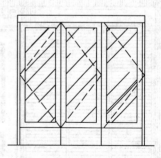

图 12-96　填充参数及效果　　　　　　　　图 12-97　绘制对角线

16 调用 OFFSET/O 命令，绘制抽屉外轮廓，绘制效果如图 12-98 所示。

17 调用 LINE/L 命令，绘制凹凸柜门门框，如图 12-99 所示。

18 调用 OFFSET/O 命令，偏移绘制完成的矩形，偏移距离为 70，完成效果如图 12-100 所示。

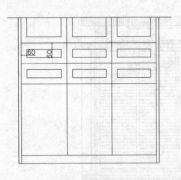

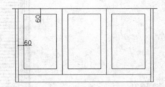

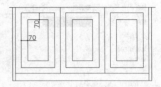

图 12-98　偏移线段　　　　　　图 12-99　绘制柜门轮廓　　　　　　图 12-100　偏移矩形

19 调用 PLINE/PL 命令，在偏移完成的矩形内绘制对角线表示是凹凸柜门，如图 12-101 所示。

20 调用 PLINE/PL 命令，绘制对角线表示柜门开启方向，结果如图 12-102 所示。

21 装饰柜绘制完成，最终效果如图 12-103 所示。

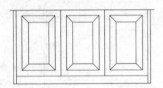

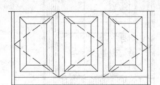

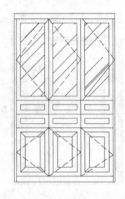

图 12-101　绘制线段　　　　　　图 12-102　绘制对角线　　　　　　图 12-103　完成效果

22 插入图块。从图库中调入图床、壁灯、柜门把手等图形，调整到适当位置，如图 12-104 所示。

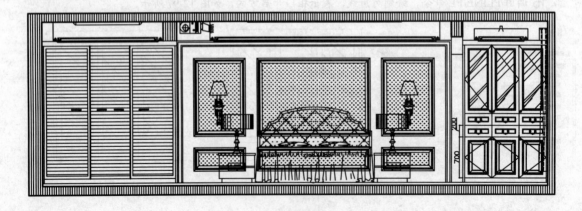

图 12-104　插入图块

23 标注尺寸、材料说明。设置 "BZ_标注" 为当前图层，设置当前注释比例为 1:50。

24 调用 DIMLINEAR/DLI 命令或执行【标注】|【线性】命令标注尺寸。

25 调用 MLEADER/MLD 命令，标注材料说明。

26 调用 INSERT/I 命令，插入"图名"图块，设置 C 立面图名称为"主卧室 C 立面图"，主卧室 C 立面绘制完成。

12.3　绘制主卫立面图

为了详细表达主卫生间各个立面的布置和装修做法，这里绘制了 A、C、D 三个立面，下面介绍它们的绘制方法。

⚙ 12.3.1　绘制 A 立面图

主卧卫生间 A 立面是背向衣帽间的墙面，A 立面图主要表现了该墙面的布置和做法、尺寸、材料等，如图 12-105 所示。

 【案例12-5】：　绘制 A 立面图

01 绘制立面外轮廓。调用 ZOOM/Z 命令局部放大二层的平面布置图，将主卧室卫生间部分复制到一侧，如图 12-106 所示。

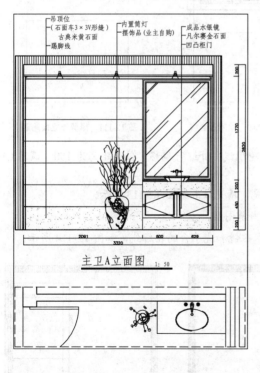

图 12-105　主卫 A 立面图

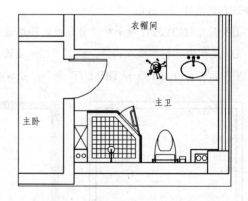

图 12-106　复制主卫生间平面布置图

02 调用 LINE/L 命令，向下绘制出卫生间左、右侧墙体的投影线。取得立面图左右墙体的轮廓线，如图 12-107 所示。

03 调用 PLINE/PL 命令，在投影线下方绘制一水平线段表示地面，如图 12-108 所示。

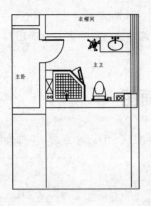

图 12-107　绘制墙体投影线

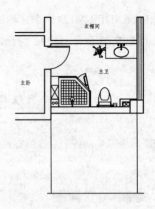

图 12-108　绘制地面线

04 绘制顶面轮廓线。参考原始结构图，得知主卧卫生间顶面最高处为 2820，如图 12-109 所示标高为 2.620m，是吊顶后顶面的高度，因此在离地面 2820 的位置绘制一条水平线段，表示未吊顶的顶面高度，如图 12-110 所示。调用 TRIM/TR 命令，修剪立面外轮廓如图 12-111 所示。

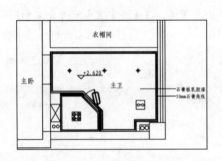

图 12-109　主卧卫生间顶面布置图

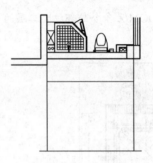

图 12-110　绘制顶面线

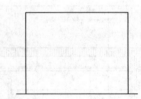

图 12-111　修剪外立面轮廓

05 调用 OFFSET/O 命令，选择顶面及左右墙面外轮廓线向外进行偏移，偏移距离为 150，调用 CHA 命令进行倒角处理，如图 12-112 所示。

06 调用 HATCH/H 命令对修剪完成的图形进行填充，填充效果如图 12-113 所示。

07 绘制内部轮廓线及构件。设置 "LM_立面" 为当前图层。

08 调用 OFFSET/O 和 TRIM/TR 命令，分别绘制水银镜和洗手台的轮廓线，如图 12-114 所示。

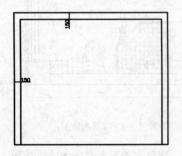

图 12-112　偏移线段

图 12-113　填充效果

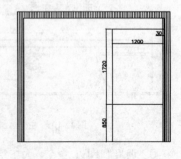

图 12-114　绘制轮廓线

提示： 内部轮廓线指的是在立面图中所要表达出来的一些主要构件的轮廓线，如门、窗、家具等。

09 调用 OFFSET/O 命令，绘制踢脚线轮廓线，如图 12-115 所示。

10 调用 OFFSET/O 命令，选择水银镜轮廓线向内偏移 60，得到镜框宽度，如图 12-116 所示。

11 调用 HATC/H 命令，参照主卧室装饰柜玻璃柜门的画法设置参数，填充玻璃镜如图 12-117 所示。

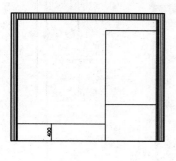
图 12-115　绘制踢脚线

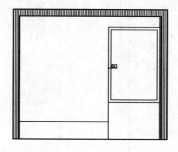
图 12-116　偏移线段

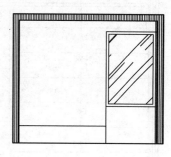
图 12-117　填充玻璃

12 调用 LINE/L 命令，参照如图 12-118 所示尺寸绘制洗手台以及吊柜。

13 绘制顶面部分。将顶面的底面轮廓线向下移 200，得到标高为 2.620m 吊顶底面，如图 12-119 所示。

14 调用 OFFSET/O 命令，选择顶面的底面线段向下偏移 50，得到石膏角线的轮廓，结果如图 12-120 所示。

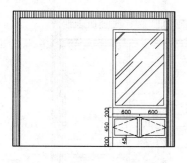
图 12-118　绘制洗手台及吊柜

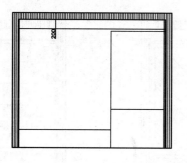
图 12-119　偏移线段

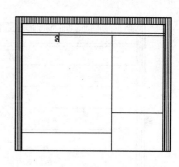
图 12-120　绘制石膏线轮廓线

15 从图库中调入石膏角线立面图形，完成效果如图 12-121 所示。

16 将顶面的底面线段向上偏移 20，表示石膏板的厚度，从图库中调入筒灯图块，调整至合适位置，结果如图 12-122 所示。

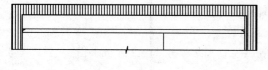
图 12-121　插入图块

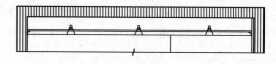
图 12-122　插入灯具图形

17 绘制墙面部分。调用 OFFSET/O 命令，选择踢脚线轮廓线依次向上偏移，偏移距离为 370，如图 12-123 所示。

18 调用 HATCH/H 命令，对踢脚线进行填充，填充参数如图 12-124 所示，效果如图 12-125 所示。

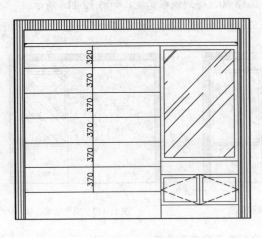

图 12-123　偏移线段　　　　　　　　　　　　　　　图 12-124　填充参数

19 插入图块。主卫 A 立面图中需要插入的图块有洗脸盆、花瓶、柜门把手，打开配套光盘提供的"第 12 章/家具图例.dwg"文件，选择其中的洗脸盆、花瓶、柜门把手图块，将其复制到 A 立面区域，如图 12-126 所示。

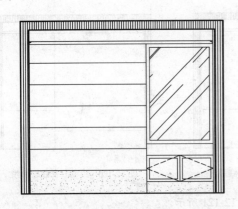

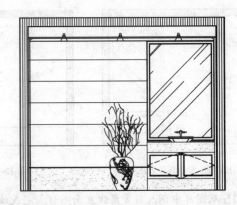

图 12-125　填充效果　　　　　　　　　　　　　　　图 12-126　插入图块

20 标注尺寸、材料说明。设置"BZ_标注"为当前图层，设置当前注释比例为 1:50。

21 调用 DIMLINEAR/DLI 命令或执行【标注】|【线性】命令标注尺寸。

22 调用 MLEADER/MLD 命令，标注材料说明。

23 调用 INSERT/I 命令，插入"图名"图块，设置 A 立面图名称为"主卫 A 立面图"，主卫 A 立面绘制完成。

12.3.2　绘制主卫 C 立面图

主卫 C 立面图如图 12-127 所示，其绘制方法与 A 立面图基本相同，下面简单进行介绍。

课堂举例【案例12-6】：　绘制主卫 C 立面图

01 调用 LINE/L 命令，向下绘制出卫生间左、右侧墙体的投影线和地面，如图 12-128 所示。

02 调用 LINE/L 命令和 TRIM/TR 等命令绘制顶棚底面，并插入灯具图形，如图 12-129 所示。

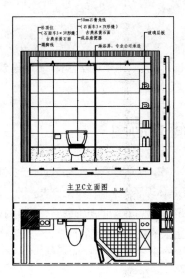

图 12-127　主卫 C 立面图

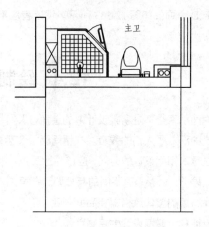

图 12-128　绘制轮廓线

03 调用 LINE/L 命令，按照如图 12-130 所示的尺寸绘制淋浴屏。调用 RECTANG/REC 命令，绘制矩形表示用于固定淋浴屏的固件。

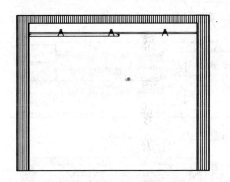

图 12-129　绘制顶棚底面

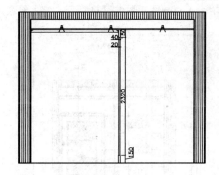

图 12-130　绘制淋浴屏

04 调用 LINE/L 命令，绘制置物架，绘制结果如图 12-131 所示。

05 调用 OFFSET/O 命令及 HATCH/H 命令，绘制墙面图案，如图 12-132 所示。

06 插入图块、标注尺寸、文字说明、剖切符号和图名，完成主卧卫生间 C 立面图的绘制。

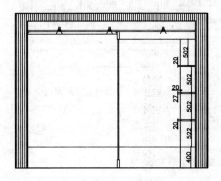

图 12-131　绘制置物架

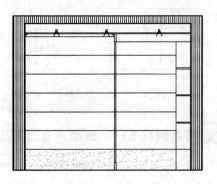

图 12-132　填充效果

12.3.3 绘制主卫 D 立面图

主卫 D 立面图如图 12-133 所示，请读者应用前面所学的方法自行完成，由于篇幅有限，在这里就不详细介绍了。

12.4 绘制主卧衣帽间立面图

衣帽间从来都不是家具设计中的主角，人们甚至无暇顾及它的存在，但是随着家具装修的进一步细致，它就不知不觉的跃入了人们的眼帘。衣帽间除了实用功能外，更多的还是体现了对生活质量的追求。

在进行衣帽间设计的时候，应该注意三点：第一，因物制宜。不同质地、款型的服饰需要有各自的放置场所，像西装、裙子、衬衫等有不同的存放要素；第二，因人制宜，根据主人的要求和房间的尺寸比例来设计制作，与家庭装潢布置的整体风格保持高度一致；第三，因地制宜，利用建筑住宅留下的凹凸空间，精心设计，使建房时的败笔反而称为装修设计的点睛之作。

本节分别介绍了主卧衣帽间的 A、C 两个立面图的绘制。

12.4.1 绘制 A 立面图及大样图

衣帽间 A 立面图如图 12-134 所示，它主要表达了衣柜的外观形式，其内部结构使用大样图单独表示。

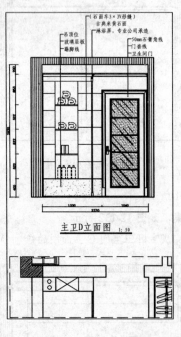

图 12-133 主卫 D 立面图

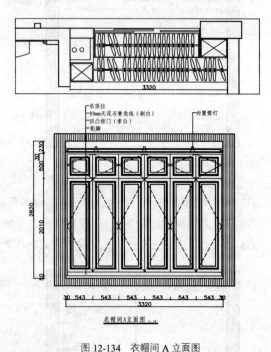

图 12-134 衣帽间 A 立面图

【案例12-7】： 绘制 A 立面图及大样图

01 绘制 A 立面图。复制主卧衣帽间平面布置图，用来辅助绘制立面图。

02 调用 LINE/L 命令，根据复制的主卧衣帽间平面图绘制左、右侧墙体的投影线。

03 调用 PLINE/PL 命令，在投影线的下方绘制一水平线段来表示地面，如图 12-135 所示。使用

TRIM/TR 命令修剪出立面外轮廓，并将立面外轮廓设置为 "QT_墙体" 图层。绘制出顶面图形（简单表示即可，请参照衣帽间顶面布置图），如图 12-136 所示。

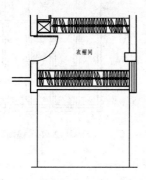

图 12-135　绘制地面和墙体投影线

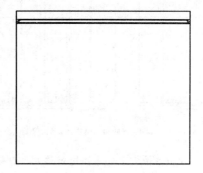

图 12-136　修剪出外轮廓

04 调用 OFFSET/O 命令，将地面轮廓线及顶面轮廓线向外偏移 150，将左右侧墙体轮廓向外偏移 240，调用 HATCH/H 命令对其进行填充，完成效果如图 12-137 所示。

05 调用 OFFSET/O 命令，将底面轮廓线向上偏移 50 绘制地板层，如图 12-138 所示。

06 设置 "LM_立面" 图层为当前图层。

07 调用 OFFSET/O 命令，绘制衣柜的板材厚度及柜脚，如图 12-139 所示。

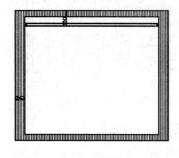

图 12-137　绘制效果

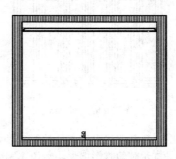

图 12-138　绘制地板层

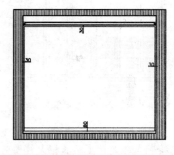

图 12-139　偏移线段

08 调用 OFFSET/O 命令，将衣柜上方线段向下偏移 500，得出上方柜体的轮廓线，如图 12-140 所示。

09 调用 DIVIDE/DIV 命令，将衣柜下方线段等分成 6 等份，并根据等分点绘制线段，如图 12-141 所示。

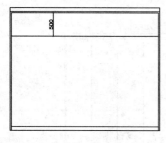

图 12-140　绘制轮廓线

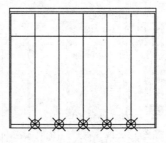

图 12-141　等分线段

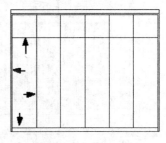

图 12-142　选择线段

10 删除等分点。调用 OFFSET/O 命令，选择如图 12-142 所示线段向内进行偏移，调用 CHA 命令，对偏移线段进行倒角处理，如图 12-143 所示。

11 调用 MIRROR/MI 命令，对修剪完成的矩形进行镜像复制，完成效果如图 12-144 所示。

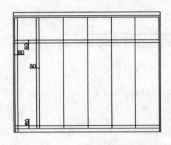
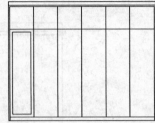

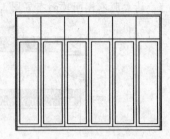

图 12-143 偏移和修剪   图 12-144 镜像复制

12 上方柜体依据上述方法进行绘制，结果如图 12-145 所示。

13 调用 OFFSET/O 命令，选择绘制完成的矩形向内进行偏移 66，表示是凹凸柜门，完成效果如图 12-146 所示。

14 调用 PLINE/PL 命令，绘制对角线，表示柜门的开启方向，结果如图 12-147 所示。

15 图形绘制完成后，需要进行尺寸、文字说明和图名标注，最终完成的主卧衣帽间 A 立面图如图 12-134 所示。

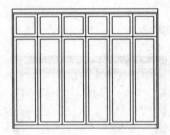
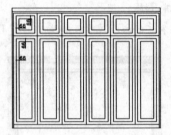
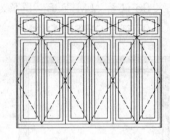

图 12-145 绘制效果   图 12-146 偏移矩形   图 12-147 绘制对角线

16 绘制衣柜大样图。在 A 立面图中只是表达出了衣柜的外部形式，为了将其内部结果表达清楚，需要绘制衣柜大样图。衣柜大样图为柜门打开时的投影图形，如图 12-148 所示。

17 调用 COPY/CO 命令，复制出 A 立面衣柜图形，删除衣柜门和其他与衣柜无关的图形，，结果如图 12-149 所示。

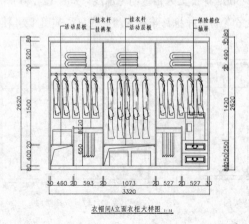

衣帽间A立面衣柜大样图

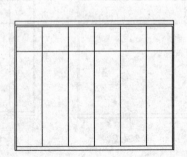

图 12-148 A 立面衣柜大样图   图 12-149 复制衣柜图形

18 调用 OFFSET/O 命令，绘制衣柜内部的隔板、挂衣杆等图形，结果如图 12-150 所示。

19 根据衣柜内各空间功能调入适当的衣物图块，如图 12-151 所示。

20 进行尺寸标注和文字标注，完成衣柜大样图的绘制，如图 12-148 所示。

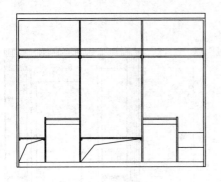

图 12-150　绘制内部结构

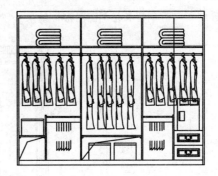

图 12-151　插入衣物图形

12.4.2　绘制 D 立面图

衣帽间 D 立面图主要表达了衣柜和门之间的关系，如图 12-152 所示。

 【案例12-8】：　绘制 D 立面图

01 将衣帽间平面布置图复制到一旁，并且旋转 90º。

02 根据衣帽间平面图绘制投影线，同时绘制地面和顶面线，如图 12-153 所示。

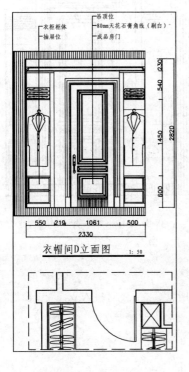

图 12-152　衣帽间 D 立面图

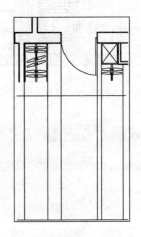

图 12-153　绘制投影线

03 修剪投影线，并且绘制出门洞，得到立面外轮廓，如图 12-154 所示。

04 调用 OFFSET/O 命令及 HATCA/H 命令，绘制墙体厚度。由于在进行墙体改造的时候，将右边的墙体已进行拆除，衣帽间的衣柜与客房的衣柜相背而放置，故在此右边的墙体不需要进行厚度的表示。完成效果如图 12-155 所示。

05 绘制门两侧的衣柜剖面图形，结果如图 12-156 所示。

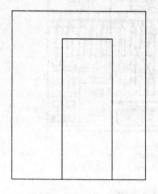
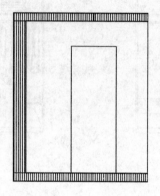
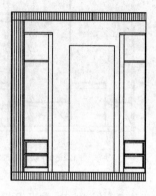

图 12-154　修剪图形　　　　　　　图 12-155　绘制效果　　　　　　　图 12-156　绘制衣柜

06 绘制门套线及门，结果如图 12-157 所示。

07 根据衣柜内各空间功能调入衣物图块，如图 12-158 所示。

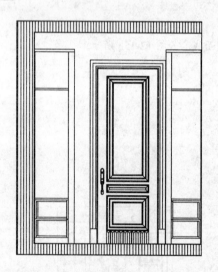

图 12-157　绘制门　　　　　　　　　　　图 12-158　插入衣物图块

12.4.3　绘制 C 立面图

本例 A 立面图与 C 立面图的衣柜都采取了相同的制作方法，所以 C 立面图可将 A 立面图镜像复制得到。

第 13 章

专卖店室内空间设计

本章导读

　　消费决定需求。随着大众消费水平的日益提高，消费场所即商业空间的舒适度开始受到人们的重视，商业空间细分程度也越来越高，专卖店就是商业空间中较为典型的一类。专卖店室内设计原则上力求营造最佳的商品陈列环境，顾客进入商店后的第一印象仿佛置身与艺术的气氛中，感到幸福不已而产生强烈的购买欲望。

　　本章以某高档洁具专卖店为例，讲解高档洁具专卖店的设计方法。

本章重点

- ⚙ 专卖店设计概述
- ⚙ 调用样板新建文件
- ⚙ 绘制高档洁具专卖店建筑平面图
- ⚙ 绘制洁具专卖店平面布置图
- ⚙ 绘制洁具专卖店地面布置图
- ⚙ 绘制洁具专卖店顶面布置图
- ⚙ 绘制洁具专卖店立面布置图

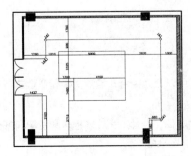

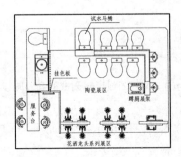

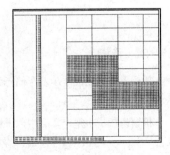

13.1 专卖店设计概述

专卖店是专门经营某一种或某一品牌的商品及提供相应服务的商店,它是满足消费者对某种商品多样性需求以及零售要求的商业场所。专卖店可以按销售品种、品牌来分,商品品种全、规格齐,挑选余地比较大。这种集形象展示、沟通交流、产品销售、售后服务为一体的专卖店服务营销模式,是在原来专柜宣传的基础上功能的拓展和延伸,专卖店的建立对销售的提升、品牌形象的营造、消费者的吸引,企业文化的宣传,产品陈列和推广等方面发挥至关重要的作用。

13.1.1 专卖店空间的设计内容

1. 门面、招牌

门面的装饰直接显示商店的名称、行业、经营特色、档次,是招揽顾客的重要手段,同时也是形成市容的一部分,如图 13-1 所示。

2. 橱窗

橱窗既有展示商品、宣传广告之用,又有装饰店面之用,如图 13-2 所示。

在设计橱窗时需要考虑几个因素:

➤ 要与店面外观造型相协调。

➤ 不能影响实际使用面积。

➤ 要方便顾客观赏和选购,橱窗横向中心线最好能与顾客的视平线平行,便于顾客对展示内容解读。

➤ 考虑必须的防尘、防淋、防晒、防光、防眩光、防盗等。

➤ 橱窗的平台高于室内地面不应小于 0.20m,高于室外地面不应小于 0.50m。

图 13-1　门面设计

图 13-2　橱窗设计

3. 货柜

货柜是满足商品展示及存储行为的一种封闭或半封闭式的商业陈设,可以分为柜台式售货货柜和自选式售货货柜。

柜台售货货柜是专卖店中用于销售、包装、剪切、计量和展示商品的载体,由封闭式玻璃柜台和货橱两部分构成。

自选式售货货柜通常为开放式展示橱、柜，供顾客自选。其样式不但需要考虑商品的用途、性质，更需要考虑顾客的年龄层次和生活习惯等因素。

4．货架

泛指专卖店营业厅中展示和放置营销商品的橱、架、柜和箱等各种器具，由立柱片、横梁和斜撑等共建组成。

货架的布置是专卖店布置的主要内容，由货架构成的通道，决定顾客的流向，不论采用垂直交叉、斜线交叉、辐射式、自由流通式或直接式等布置方法，都应该为经营内容的变更而保留一定的活动余地，以便根据需要调整货架布置方式。

5．询问台

又称为导购台，是一种主要解决来宾的购物问询，指点顾客所要查找的地方方位等问题的指向性商业陈设，询问台还能提供简单的服务项目。询问台的位置一般在专卖店空间的入口处，易于识别。其形态应该与整个室内空间的陈设风格相统一，但是材料与色彩的选择应该醒目、突出，具有适当的个性特征。

6．柜台

柜台是专卖店空间中展示、销售商品的载体，也是货品空间与顾客空间的分隔物，柜台多采用轻质材料以及通透材料。柜台长度、宽度以及高度既要便于销售，尽可能减少营业员的劳动强度，又应便于顾客欣赏及选择商品，具体尺寸可以根据商品的种类和服务方式确定。

13.1.2　专卖店平面布置图要点

作为专卖店，店面布置的主要目的是突出商品特征，使顾客产生购买欲望，同时又便于他们挑选和购买。专卖店的设计讲究线条简洁明快、不落俗套，能给人带来一种视觉冲击最好。

在布置专卖店面时，要考虑多种相关因素，诸如空间的大小，种类的多少，商品的样式和功能，灯光的排列和亮度，通道的宽窄，收银台的位置和规模，电线的安装及政府有关建筑方面的规定等。

另外，店面的布置最好留有依季节变化而进行调整的余地，使顾客不断产生新鲜和新奇的感觉，激发他们不断来消费的愿望。一般来说，专卖店的格局只能延续 3 个月的时间，每月变化已成为许多专卖店经营者的促销手段之一。

13.1.3　专卖店空间设计与照明

在创造独特个性的专卖店的展示空间过程中，灯光是至关重要的因素。巧妙的灯光设计可以提高商品的陈列效果，强化顾客的购买欲望，提高品牌的附加值。灯光并不是单独地发挥作用，而是要与空间互相整合、渗透、补充、交叉起作用。灯光需要空间载体来体现，空间要灯光来揭示、强化和渲染，两者协同深化并升华空间，营造专卖店的空间形象，传达专卖店的文化内涵。

13.2　调用样板新建文件

使用已经创建了的室内装潢施工图样板，该样板已经设置了相应的图形单位、样式、图层和图块等，原始结构图可以直接在此样板的基础上进行绘制。

【案例13-1】：　调用样板新建文件

01 执行【文件】|【新建】命令，打开"选择样板"对话框。

02 单击使用样板按钮，选择"室内装潢施工图"样板，如图 13-3 所示。

03 单击【打开】按钮，以样板创建图形，新图形中包含了样板中创建的图层、样式和图块等内容。

04 选择【文件】|【保存】命令，打开"图形另存为"对话框，在"文件名"框中输入文件名，单击【保存】按钮保存图形。

13.3 绘制高档洁具专卖店建筑平面图

如图 13-4 所示为洁具专卖店建筑平面图，下面简单介绍其绘制流程。

图 13-3 "选择样板"对话框

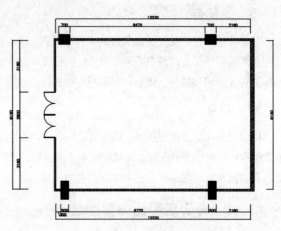

图 13-4 建筑平面图

课堂举例【案例13-2】： 绘制建筑平面图

01 绘制轴网。根据业主提供的建筑图样，绘制出轴网。轴网由若干条水平和垂直轴线组成，可通过偏移的方法进行绘制。如图 13-5 所示为绘制完成的洁具专卖店轴网图。

02 绘制柱子。专卖店空间柱子尺寸为 600×700 及 500×1120，用实心矩形表示，在轴网中添加柱子后的效果如图 13-6 所示。

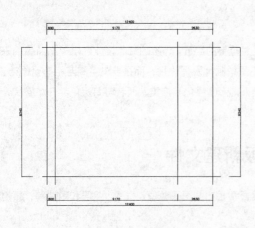

图 13-5 绘制轴网

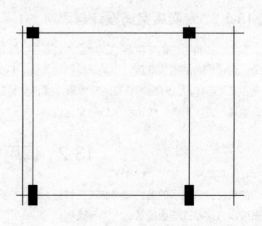

图 13-6 绘制柱子

03 绘制墙体。墙体可用多线命令绘制，也可以通过偏移轴线方法进行绘制，然后在墙体中填充图案，完成后效果如图 13-7 所示。

04 绘制门窗。先修剪出门洞，然后调用 INSERT/I 命令插入门图块，门口两边的墙体进行拆除，安装玻璃，可以通过偏移的方法进行绘制，完成的效果如图 13-8 所示。

05 插入图名。调用 INSERT/I 命令插入图名，洁具专卖店建筑平面图绘制完成，结果如图 13-4 所示。

图 13-7　绘制墙体

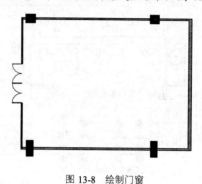

图 13-8　绘制门窗

13.4　绘制洁具专卖店平面布置图

展厅是洁具店的核心区域，是展示洁具产品、顾客选购产品的场所，空间布局安排的合理性会直接影响到商店的商品销售。

本例洁具专卖店平面布置图如图 13-9 所示。

课堂举例【案例13-3】：　绘制洁具专卖店平面布置图

01 复制图形。平面布置图可以在建筑平面图的基础上进行绘制，调用 COPY 命令复制洁具专卖店的建筑平面图。

02 绘制物品展示区外轮廓。设置"JJ_家具"图层为当前图层。

03 调用 PLINE/PL 命令，绘制物品展区外轮廓，如图 13-10 所示。

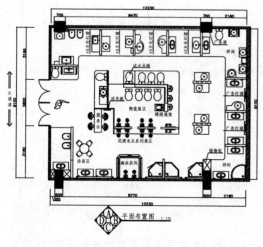

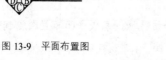

图 13-9　平面布置图

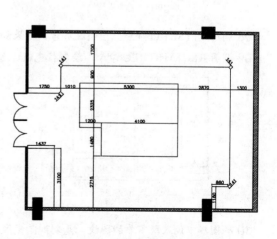

图 13-10　绘制展区外轮廓

04 绘制物品展示区平面布置图。陶瓷展区平面布置图如图 13-11 所示。

05 调用 OFFSET/O 命令，在展区外轮廓的基础上绘制展区隔板，完成效果如图 13-12 所示。

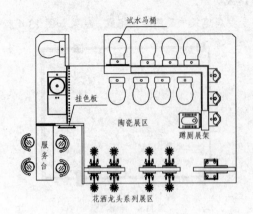

图 13-11 陶瓷展区平面布置图

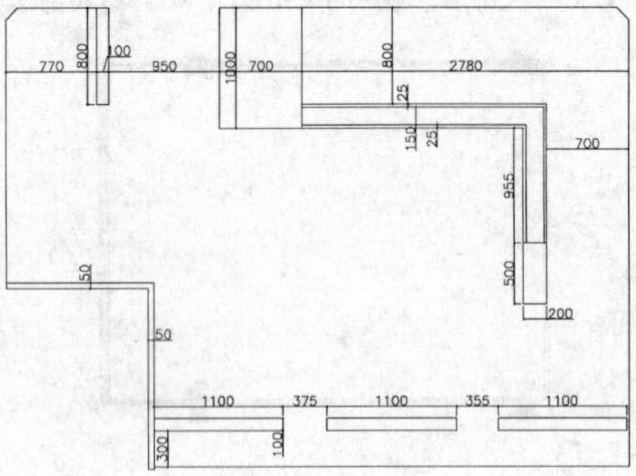

图 13-12 绘制展区隔板

06 绘制珠帘。调用 LINE/L 命令，绘制玻璃，结果如图 13-13 所示。

07 调用 CIRCLE/C 命令，绘制半径为 13 的圆表示珠帘，调用 COPY/CO 命令，进行复制，完成效果如图 13-14 所示。

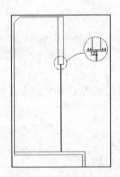

图 13-13 绘制玻璃

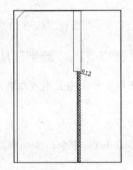

图 13-14 绘制圆

08 调用 OFFSET/O 命令，绘制服务台，结果如图 13-15 所示。

09 调用 RECTANG/REC 命令，绘制挂色板，如图 13-16 所示。

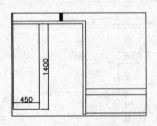

图 13-15 绘制服务台

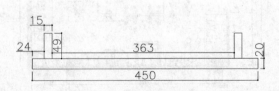

图 13-16 绘制挂色板

10 从图库中调入所需要的图块，复制到陶瓷展区合适区域，完成平面布置图绘制如图 13-11 所示。

其他展区平面布置图请读者参照前面介绍的方法自行绘制，由于篇幅有限，在这就不进行详细介绍，绘制完成效果如图 13-9 所示。

13.5　绘制洁具专卖店地面布置图

绘制完成的洁具专卖店地面布置图如图 13-17 所示，以下讲解绘制方法。

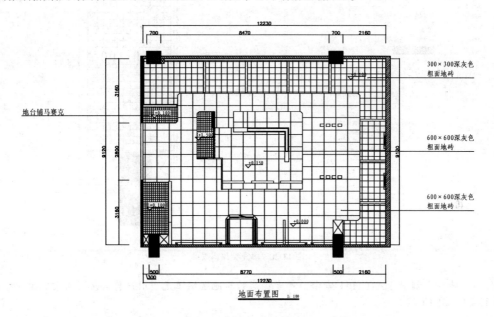

图 13-17　地面布置图

绘制地面布置图

【案例13-4】：　绘制地面布置图

01 复制图形。调用 COPY 命令复制专卖店平面布置图，并删掉室内的家具图形，如图 13-18 所示。

02 绘制门槛线。设置"DM_地面"图层为当前图层。

03 删除门图块，调用 RECTANG/REC 命令绘制门槛线，封闭填充区域，如图 13-19 所示。

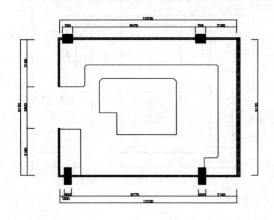

图 13-18　整理图形

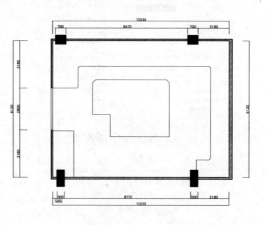

图 13-19　绘制门槛线

04 绘制马赛克。专卖店入门左右两边及前方展区的地台铺设的是马赛克，调用 HATCH/H 命令，填充图案，填充参数及效果如图 13-20 所示。

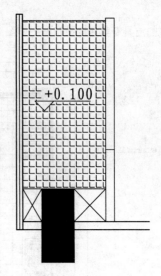

图 13-20 填充参数和效果

05 绘制地砖。调用 HATCH/H 命令，对专卖店的其他区域填充"用户自定义"图案，填充参数及效果如图 13-21、图 13-22 所示。

06 文字标注。在绘制了地面图形之后，还需要用文字对图形进行说明，如地面类型、颜色、尺寸等。

07 设置"ZS_注释"图层为当前图层。

08 设置当前注释比例为 1:50，设置多重引线样式为"圆点"。

09 调用 MLEADER/MLD 命令，或选择【标注】|【多重引线】命令，添加地面材料注释，如图 13-17 所示。专卖店地面布置图绘制完成。

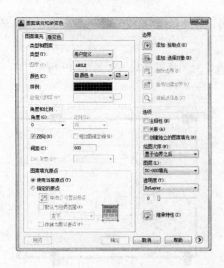
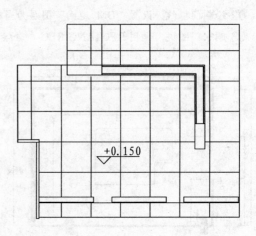

图 13-21 填充参数及效果

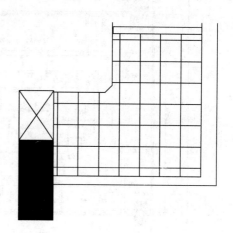

图 13-22　填充参数及效果

13.6　绘制洁具专卖店顶面布置图

洁具专卖店顶面布置图如图 13-23 所示，灯具布置图如图 13-24 所示。顶面布置图的内容包括各种吊顶图形、灯具、说明文字、尺寸和标高等，本例顶棚图形绘制较简单，主要在于顶棚的造型和灯光的设计，读者可以根据给出的顶面布置图及灯具布置图，根据前面所介绍的知识来自行绘制。

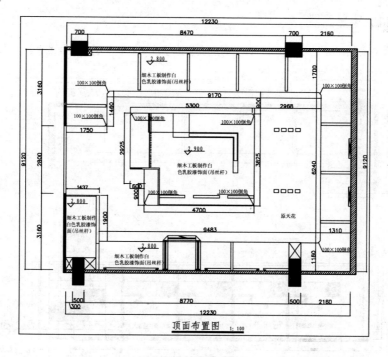

图 13-23　顶面布置图

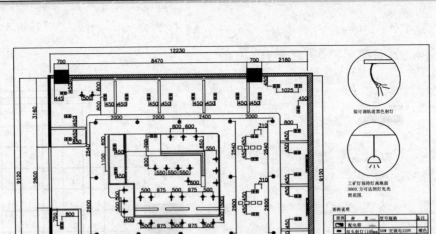

图 13-24 灯具布置图

13.7 绘制洁具专卖店立面布置图

以下以专卖店 A、C 立面图为例，介绍专卖店立面图的绘制方法。

13.7.1 绘制 A 立面图

绘制完成的 A 立面图如图 13-25 所示，该立面主要表达了洗手盆展区所在墙面的做法及它们之间的关系。

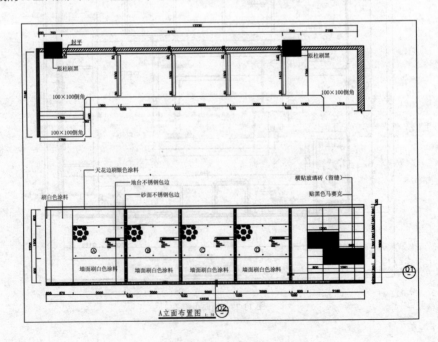

图 13-25 A 立面布置图

【案例13-5】：　绘制 A 立面图

01 复制图形。绘制立面图需要借助平面布置图，调用 COPY/CO 命令，复制专卖店平面布置图上的 A 立面的平面部分。

02 绘制 A 立面基本轮廓。设置"QT_墙体"图层为当前图层。

03 调用 RECTANG/REC 命令，绘制尺寸为 12230×2900 的矩形，如图 13-26 所示。

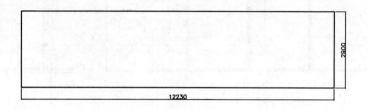

图 13-26　绘制矩形

04 设置"LM_立面"图层为当前图层。

05 调用 OFFSET/O 命令，绘制表示地面及顶面线段，如图 13-27 所示。

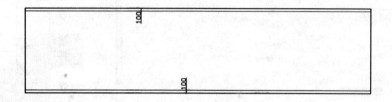

图 13-27　偏移线段

06 调用 OFFSET/O 命令，划分各区域，如图 13-28 所示。

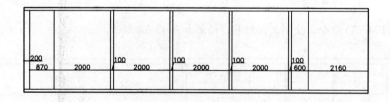

图 13-28　划分各区域

07 调用 HATCH/H 命令，对采用砂面不锈钢包边做法的区域进行图案填充，填充参数如图 13-29 所示，效果如图 13-30 所示。

图 13-29　填充参数

08 调用 OFFSET/O 命令,绘制样间墙面做法,结果如图 13-31 所示。

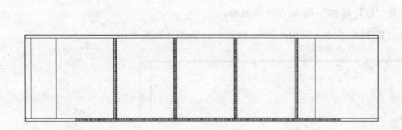

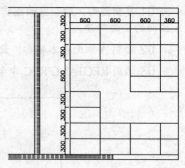

图 13-30 填充效果   图 13-31 偏移线段

09 调用 HATCH/H 命令,对墙面马赛克做法进行图案填充,填充参数如图 13-32 所示,完成效果如图 13-33 所示。

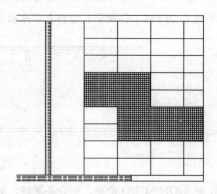

图 13-32 填充参数   图 13-33 填充效果

10 调用 OFFSET/O 命令,绘制文化灯箱,结果如图 13-34 所示。

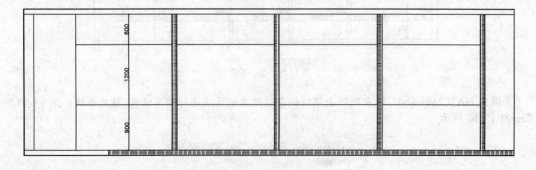

图 13-34 绘制文化灯箱

11 调用 CIRCLE/C 命令,绘制直径为 23 的圆,表示广告钉,并调用 COPY/CO 命令,复制到各文化灯箱,完成效果如图 13-35 所示。

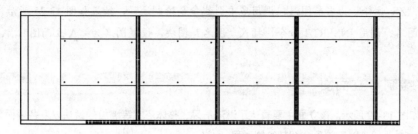

图 13-35　绘制广告钉

12 调用 MTEXT/MT 命令，或单击工具栏上的 **A** 按钮，对各文化灯箱进行编号标注，结果如图 13-36 所示。

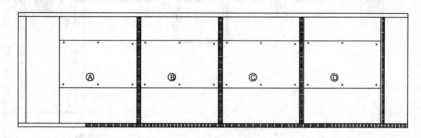

图 13-36　编号标注

13 插入图块。从图库中调入文化灯箱背景广告图块，将其复制到立面区域，效果如图 13-37 所示。

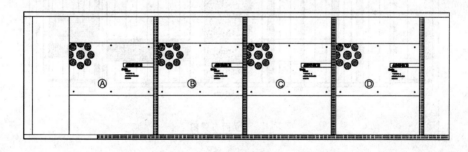

图 13-37　插入图块

14 尺寸标注与文字说明。将"BZ_标注"图层设置为当前图层，设置注释比例为 1:50，调用 DIMLINEAR/DLI 命令或是单击菜单栏上【标注】|【线性标注】命令进行尺寸标注，结果如图 13-38 所示。

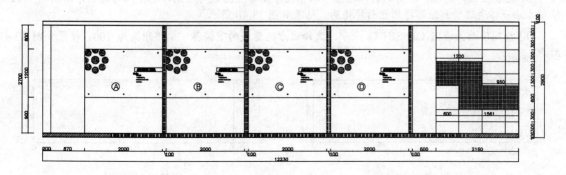

图 13-38　尺寸标注

15 设置 "ZS_注释" 为当前图层。调用多重引线命令绘制注释，结果如图 13-25 所示。

16 插入图名。调用 INSERT/I 命令，插入 "图名" 图块，设置图名为 "A 立面图"，A 立面图绘制完成。

13.7.2 绘制 C 立面图

C 立面图如图 13-39 所示。该立面主要表达了淋浴屏风、整体浴室等墙面的做法以及各墙面之间的关系，其绘制方法与 A 立面相似，以下简单介绍其绘制过程。

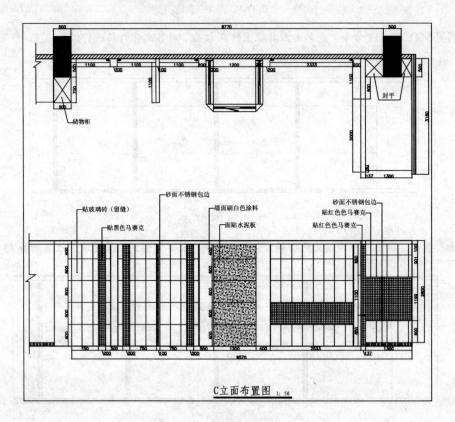

图 13-39 C 立面布置图

课堂举例 【案例13-6】：绘制 C 立面图

01 绘制立面外轮廓。C 立面的外轮廓可以根据平面布置图进行绘制，也可以与前面介绍的 A 立面图绘制方法一样通过绘制矩形得到立面外轮廓，结果如图 13-40 所示。

02 绘制顶面。调用 OFFSET/O 命令，选择上方轮廓线向下偏移，偏移距离为 100，效果如图 13-41 所示。

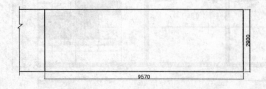

图 13-40 绘制立面外轮廓

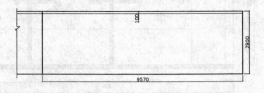

图 13-41 绘制顶面

03 绘制淋浴屏风墙面。调用 OFFSET/O 命令，绘制淋浴屏风墙面，结果如图 13-42 所示。

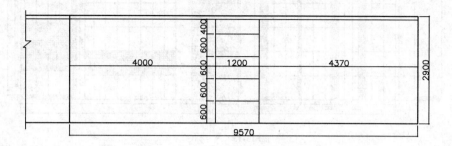

图 13-42 绘制屏风墙面

04 调用 HATCH/H 命令，对墙面进行填充，填充参数及效果如图 13-43 所示。

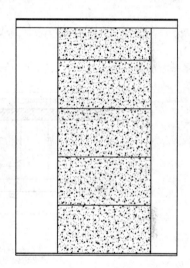

图 13-43 填充墙面

05 绘制其他墙面区域。调用 OFFSET/O 命令及 HATCH/H 命令，对其他墙面区域进行绘制及填充，完成效果如图 13-44 所示。

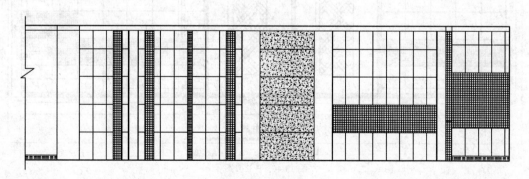

图 13-44 绘制其他墙面区域

06 标注尺寸和文字说明。将"BZ_标注"图层设置为当前图层，设置注释比例为 1:50，调用 DIMLINEAR/DLI 命令或是单击菜单栏上【标注】|【线性】命令进行尺寸标注，结果如图 13-45 所示。

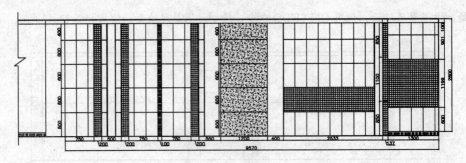

图 13-45 尺寸标注

07 设置 "ZS_注释" 为当前图层。调用多重引线命令绘制注释，结果如图 13-39 所示。

08 插入图名。调用 INSERT/I 命令，插入 "图名" 图块，设置图名为 "C 立面图"，C 立面图绘制完成。

13.7.3 绘制其他立面图

请读者参考前面讲解的方法，完成如图 13-46 所示的 B 立面图的绘制。

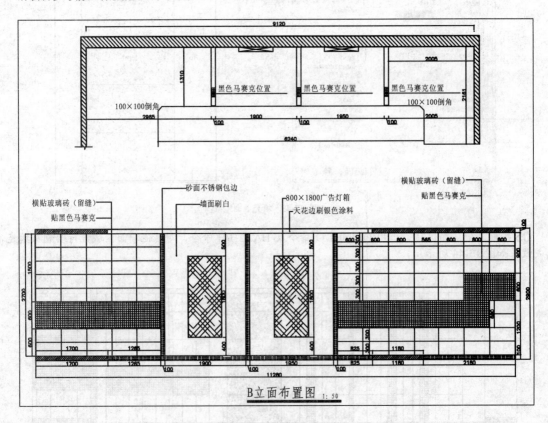

图 13-46 B 立面图

第 **14** 章
办公空间室内设计

本章导读

　　本章以某工商所办公室为例，进一步讲解 AutoCAD 在办公空间室内设计中的应用，同时也让读者对不同办公类型的室内设计有更多地了解。本章绘制的室内设计图有办公室平面布置图、地材图、顶棚图及立面图。

本章重点

- ◎ 办公空间设计概述
- ◎ 调用样板新建文件
- ◎ 绘制办公建筑平面图
- ◎ 绘制办公空间平面布置图
- ◎ 绘制办公空间地面布置图
- ◎ 绘制办公空间顶面布置图
- ◎ 办公空间立面设计

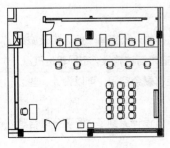
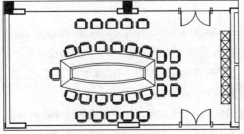
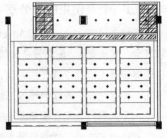

14.1　办公空间设计概述

办公空间设计旨在创造一个良好的办公室环境。一个成功的办公空间室内设计，必须在室内空间划分、平面布置、界面处理、采光照明、色彩选择、分为营造等方面进行全盘考虑。

14.1.1　办公空间室内设计的基本要求

从办公空间的特征与功能要求来看，办公空间应该满足几个基本要求。

1．秩序感

秩序感是指在空间设计中保持形的节奏和韵律，强调形的完整和简洁。办公空间设计也正是运用这一基本理论来创造一种安静、平和与整洁环境。可以说秩序感是办公空间设计的一个基本要求，要达到办公空间有秩序的目的，涉及的范围很广。如办公家具的多样式与色彩的统一，平面布置的规整性，隔断的高低尺寸与色彩材料的统一，天花的平整性与墙面不带花哨的装饰，合理的室内色调及人流导向等。这些都与秩序密切相关，可以说秩序营造在办公室设计中起着最为关键性的作用。

2．明快感

保持办公室的简洁明快，是设计的又一基本要求。简洁明快是指办公环境的色调统一，灯光布置合理，有充足的光线，空气清新，这也是办公室要求所决定的。在装饰中，明快的色调可以给人一种愉快的心情，给人一种洁净的感觉，同时明快的色调也可以在白天增加室内采光度。

3．现代感

目前，在我国许多企业的办公室为了便于思想交流，加强民主管理，往往采用开敞式的设计。这种设计已成为新型办公空间的特征，形成了现代办公空间新的空间概念。现代办公空间设计非常重视办公环境的研究，将自然景观引入室内空间，通过室内外环境的绿化，给办公环境带来一派生机。这也是现代办公空间设计的另一种特征。

另外，现代人体工程学的发展，是办公设备在适合人体工程学的要求下，日益完善。办公的科学化、自动化给人类工作带来了极大方便。在设计中充分利用人体工程学的知识，按特定的功能与尺寸要求进行设计，这些都是对现代办公空间设计的基本要素。

14.1.2　办公室设计要点

1．普通办公室处理要点

❑　个人使用的办公室

这种办公室大小一般在 40~60m²，除办公桌外，室内还设有接待谈话区域，这样的办公空间一般通信设施比较齐全、家具宽大、配套设备比较齐全，适合于办公、接见等。在室内空间设计上追求简洁精致，布局尊贵气派，在电器设计上讲究冷暖光线并用，营造一种明快、大方、有效率的空间环境。如还有剩余空间，可以设计一些装饰品，如绿化、字画、地球仪、纪念品和书籍等。

一个人的办公室在使用上比较固定，在平面布局上主要考虑各种功能的分区，其设计原则是，既要分区合理又要避免过多走动。即使是最小的办公室也要强调办公效率的最大化。

❑　**个人办公室室内照明**

个人办公室是一个人占有小的空间，较之一般办公室，顶棚灯具亮度不那么重要，能够达到一般照明的要求即可，更多的则是希望它能够为烘托一定的艺术效果或气氛提供帮助。房间其余部分由辅助照明来解决，这样就会有充分的余地运用装饰照明来处理空间细节。个人办公室的工作照明围绕办公桌的具体位置而定，有明确的针对性，对于照明质量和灯具造型都有较高的要求。

❑　**多人使用办公室**

这种空间以 4~6 人办公为宜，面积在 20~40m² 左右。

在布置上首先考虑按工作顺序来安排每个人的位置。应避免互相干扰，要尽量使人和人的视线相互回避。其次，室内的通道应布局科学、合理，避免来回穿插及走动过多，造成浪费。避免给它们带来视觉上的干扰。

2.　开放式办公室处理要点

开放式办公室也称为开敞式办公室，是目前较流行的一种办公形式，与超市和自选商场气氛相似，人们可以自由地去交流，领导层可以自由去检查工作，同时也方便大家的互相监督。这种空间布局的特点是灵活多变的。此种办公环境处理的关键是通道的布置。在装饰材料的使用上，大多是由工业化生产的各种屏隔来构成的。其每一个办公单元都应按照功能关系来进行分组。

14.1.3　办公空间色彩的设计方法

1.　办公空间总体色彩把握

这一部分工作应从方案构思阶段就开始。材料本身的色彩、家具色彩及照明色彩应该整体考虑。一般来说，办公空间是人们集散及工作之地，应强调统一效果，配色时用色相的浓淡系列配色最为适宜。即用相同色相来统一，又变化其浓度，可取得理想效果。在大的办公室内有空间区分要求时，可以用两个色相的配合取得变化，以创造有条理、舒适的工作环境。

2.　办公空间室内各部位的配色

墙面色。墙面在室内对创造室内气氛起支配作用。墙面的色彩不同对人的影响也不同，如暖色系的色彩能产生温暖的气氛，冷色系的色彩会引起寒冷感觉，明快的中性色彩可使人产生明朗沉着的感觉。在具体使用中，墙面色的明度比顶棚色的明度较深，采用明亮的中间色。

地面色。地面色不同墙面色，采用同色系时可以强调明度对比效果。

顶棚色。顶棚色一般采用接近白色、比较明亮的色彩。当采用与墙面统一色系时，应比墙面的明度更高一些。

3.　家具色

一般办公家具较多采用低彩度、低明度、低调的色彩。在办公空间中，如墙面为暖色系，家具一般选用冷色系或中性色，墙面是冷色系无色彩时，家具采用暖色。

4.　照明因素对办公室色彩的影响

以上我们讨论的颜色主要是在日光下反映出来的。在办公空间中，往往还需要人工照明来辅助采光，特别是在晚上，则是完全依赖人工照明。所以我们在进行色彩设计时还应该考虑照明对色彩的影响。

14.1.4　办公空间室内陈设

陈设是指建筑内除固定于墙、地面、顶面的建筑构造、设备外的一切使用或专供观赏的物品，它可分为墙面陈设、桌面陈设等。

1. 墙面陈设

墙面陈设一般以平面艺术为主。如绘画、摄影等小型的立体饰物，以及壁灯、浮雕等。也可在墙上设置的悬挑搁架上存放陈设品。

2. 桌面陈设

桌面陈设宜选用小巧精致便于更换的陈设品。如家庭合影、笔筒、小卡通造型等，这些看似不起眼的小东西往往使办公空间变得有人情味。

3. 落地陈设

这类陈设品体量较大，如雕塑、绿化、屏风等，常放置在办公空间的角落、墙边或走道。

14.2 调用样板新建文件

使用已经创建了的室内装潢施工图样板，该样板已经设置了相应的图形单位、样式、图层和图块等，原始结构图可以直接在此样板的基础上进行绘制。

 【案例14-1】： 调用样板新建文件

01 执行【文件】|【新建】命令，打开"选择样板"对话框。

02 单击使用样板按钮，选择"室内装潢施工图"样板，如图14-1所示。

图 14-1 "选择样板"对话框

03 单击【打开】按钮，以样板创建图形，新图形中包含了样板中创建的图层、样式和图块等内容。

04 选择【文件】|【保存】命令，打开"图形另存为"对话框，在"文件名"框中输入文件名，单击【保存】按钮保存图形。

14.3 绘制办公建筑平面图

工商所的建筑平面图如图14-2和图14-3所示，它是由墙体、门窗、柱子、楼梯等建筑构件构成。

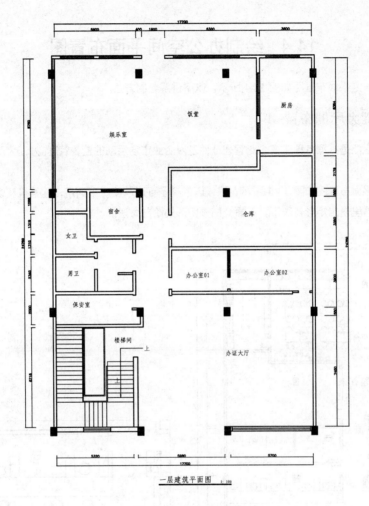

图 14-2　一层建筑平面图

图 14-3　二层建筑平面图

14.4 绘制办公空间平面布置图

工商所办公室一层平面布置图如图 14-4 所示，以下讲解绘制方法。

14.4.1 办证大厅的布置

工商所的主要职能是办理各种工商企业管理证件及对企业市场活动的监督管理。办证大厅通常包括等候区及办理区。

本例办证大厅平面布置图如图 14-5 所示，等候区的椅子可以从图库中调用，挂号机及饮水机在平面图中可以对其进行简化，这里使用矩形来表示，下面介绍该图形的绘制方法。

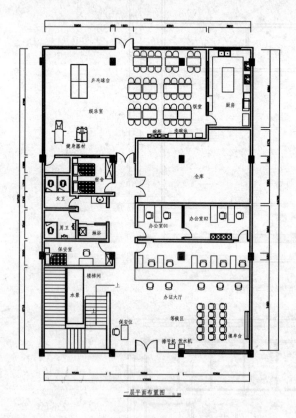

图 14-4 一层建筑平面图

图 14-5 办证大厅平面布置图

【案例14-2】： 办证大厅的布置

01 复制图形。平面布置图可以在建筑平面图的基础上绘制，调用 COPY/CO 命令，复制工商所一层建筑平面图到一旁，如图 14-6 所示。

02 墙体改造。调用 LINE/L 命令，绘制经过改造的墙体，结果如图 14-7 所示。

03 绘制办理区。绘制办理区柜台。调用 LINE/L 命令及 OFFSET/O 命令，绘制办理区柜台，如图 14-8 所示。

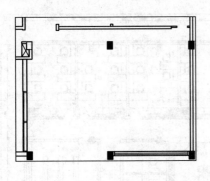

图 14-6　复制图形

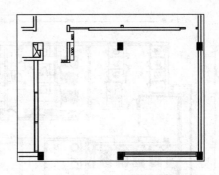

图 14-7　墙体改造

04 绘制办公台。调用 OFFSET/O 及 TRIM/TR 命令，绘制办公台，完成效果如图 14-9 所示。

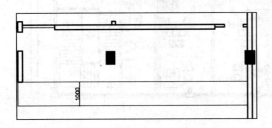

图 14-8　绘制柜台　　　　　　　　　　　　　　　图 14-9　绘制办公台

05 绘制填单台。调用 RECTANG/REC 命令，绘制尺寸为 2300×390 的矩形。调用 OFFSET/O 命令和 TRIM/TR 命令，绘制填单台细部，如图 14-10 所示。

06 插入图块。从图库中调入椅子模型，复制到大厅区域，如图 14-11 所示。

07 文字标注。调用 MTEXT/MT 命令，对大厅进行文字标注，结果如图 14-5 所示。办证大厅平面布置图绘制完成。

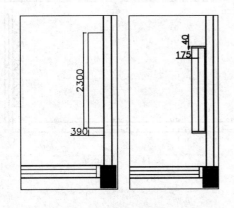

图 14-10　绘制填单台

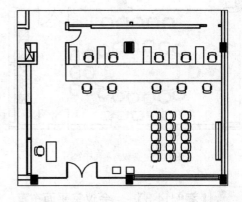

图 14-11　插入图块

⚙ 14.4.2　会议室平面布置

工商所二层平面布置图如图 14-12 所示。

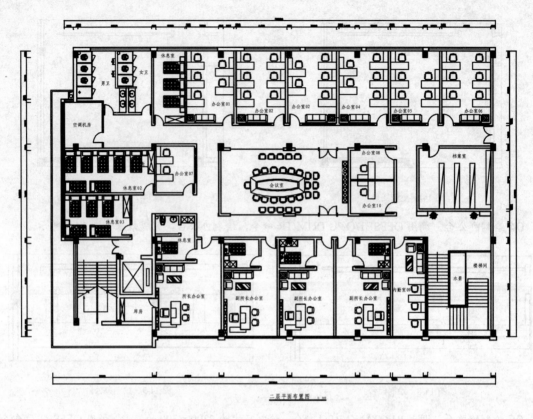

图 14-12　二层平面布置图

这里以会议室空间为例，介绍二层办公空间平面布置图的绘制。该会议室采用的是方形会议室，如图 14-13 所示，下面讲解会议室的绘制方法。

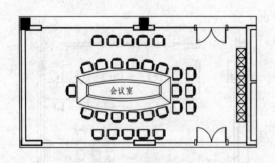

图 14-13　会议室平面布置图

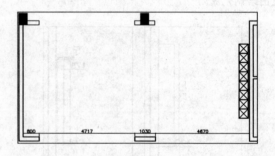

图 14-14　墙体改造

【案例14-3】：　会议室平面布置

01 墙体改造。调用 LINE/L 命令，绘制改造后的墙体，完成结果如图 14-14 所示。

02 绘制双开门。调用 OFFSET/O 命令，绘制会议室墙面玻璃及双开门门套线，如图 14-15 所示。

03 调用 INSERT/I 命令，插入门图快，并对其进行旋转、缩放和镜像等，得到双开门效果，如图 14-16 所示。

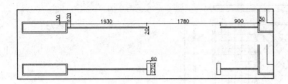

图 14-15　绘制玻璃及门套线

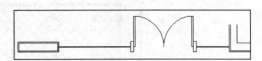

图 14-16　插入门图块

04 荣誉柜的绘制读者可以参照前面介绍的方法，这里不进行详细讲解，绘制结果如图 14-13 所示。

05 插入图块。打开配套光盘提供的"第 14 章/家具图例.dwg"文件，选择其中的会议桌等图块，将其复制到会议室区域，效果如图 14-17 所示。

06 文字标注。调用 MTEXT/MT 命令，对会议室进行文字标注，结果如图 14-13 所示。会议室平面布置图绘制完成。

⚙ 14.4.3　所长办公室平面布置图的绘制

所长办公室分为办公区、会客区、库房、休息区和盥洗区 5 个区域。办公区有书柜、办公桌椅等办公室家具，会客区有沙发、茶几等家具，从图库中调入所长办公室中所需要的家具，其中书柜及储物柜均可使用 RECTANG/REC 命令和 LINE/L 命令来进行绘制，完成后效果如图 14-18 所示。

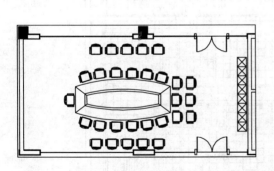

图 14-17　插入图块

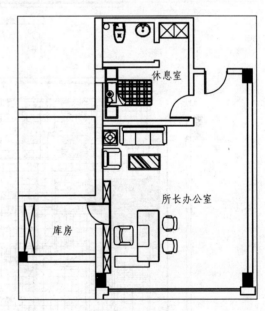

图 14-18　所长办公室

14.5　绘制办公空间地面布置图

工商所地面材料比较简单，一层地面布置图如图 14-19 所示，办证大厅采用的地面材料是大理石，其余区域采用的分别是仿古砖和玻化砖，二层地面布置图如图 14-20 所示，休息室采用的是木地板，其余区域采用的也是仿古砖及玻化砖。由于绘制方法比较简单，读者可参照给出的地面布置图自行绘制。

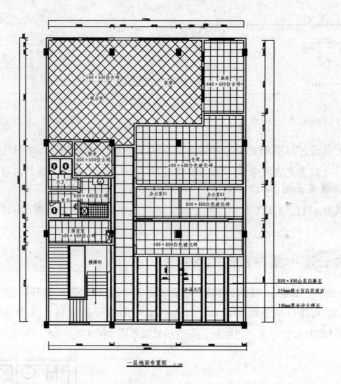

图 14-19　一层地面布置图

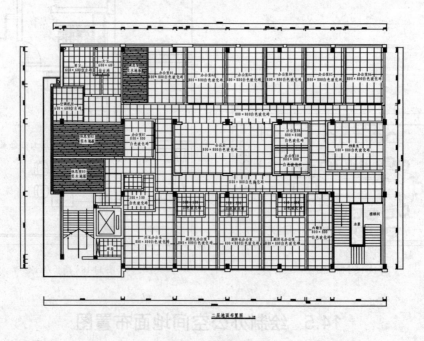

图 14-20　二层地面布置图

14.6　绘制办公空间顶面布置图

工商所顶面布置图如图 14-21 和图 14-22 所示，以下讲解绘制方法。

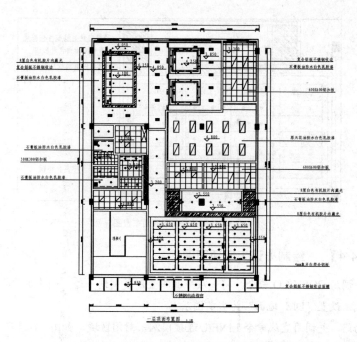

图 14-21　一层顶面布置图

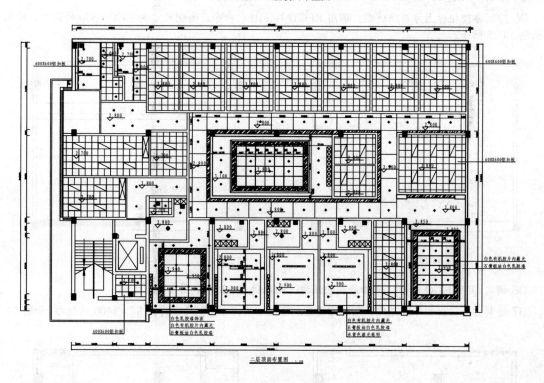

图 14-22　二层顶面布置图

14.6.1　绘制办证大厅顶面图

办证大厅的顶面布置图如图 14-23 所示，主要采用了有机胶片、石膏板及复合铝板。

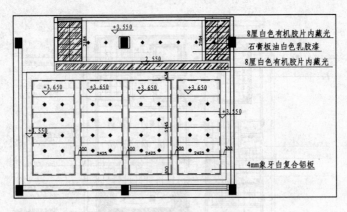

图 14-23　办证大厅顶面布置图

【案例14-4】：　绘制办证大厅顶面图

01 复制图形。调用 COPY/CO 命令，将一层平面布置图复制到一边，删除不需要的图形。

02 绘制墙体线。设置"DM_地面"为当前图层。

03 删除入口的门，并调用直线命令 LINE/L 连接门洞，封闭区域，如图 14-24 所示。

04 绘制吊顶造型。设置"DD_吊顶"图层为当前图层。

05 绘制办理柜台上方吊顶造型。调用 RECTANG/REC 命令，绘制尺寸为 9900×590 的矩形，绘制结果如图 14-25 所示。

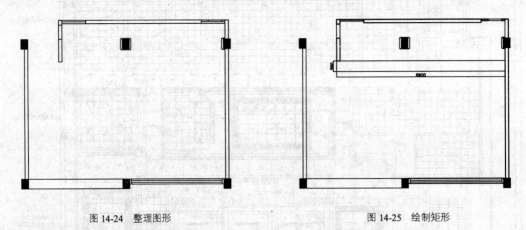

图 14-24　整理图形　　　　　　　　　　　　　　　图 14-25　绘制矩形

06 调用 OFFSET/O 命令，选择绘制的矩形，向内偏移 120，如图 14-26 所示。

07 绘制办公区上方吊顶造型。调用 RECTANG/REC 命令，绘制尺寸为 2184×1400 的矩形，如图 14-27 所示。

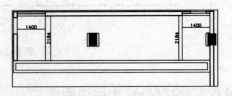

图 14-26　偏移矩形　　　　　　　　　　　　　　　图 14-27　绘制矩形

08 调用 OFFSET/O 命令和 TRIM/TR 命令，绘制吊顶有机胶片，完成效果如图 14-28 所示。

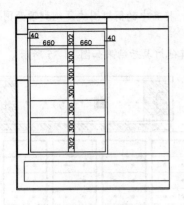

图 14-28　绘制效果

图 14-29　填充参数

09 调用 HATCH/H 命令，对办理柜台及办公区上方吊顶进行图案填充，填充参数如图 14-29 所示，填充效果如图 14-30 所示。

10 调用 LINE/L 命令及 OFFSET/O 命令，绘制办证大厅吊顶轮廓，如图 14-31 所示。

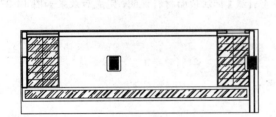

图 14-30　填充效果

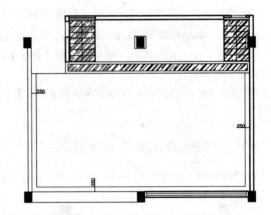

图 14-31　绘制吊顶轮廓

11 调用 RECTANG/REC 命令及 OFFSET/O 命令，绘制吊顶造型，如图 14-32 所示。

12 调用 OFFSET/O 命令，绘制虚线表示灯带，如图 14-33 所示。

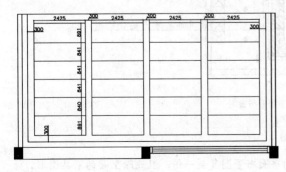

图 14-32　绘制造型

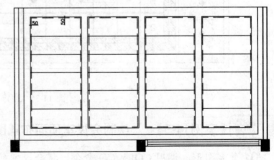

图 14-33　绘制灯带

13 布置灯具。调用 OFFSET/O 命令，绘制辅助线，如图 14-34 所示。

14 打开配套光盘提供的"第 14 章/家具图例.dwg"文件，将其中的筒灯图块复制到顶面图中，如图 14-34 所示。

15 借助绘制辅助线的方法来确定灯具图块的位置，布置其他灯具后结果如图 14-35 所示。

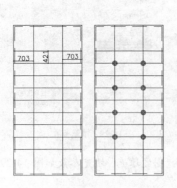

图 14-34 绘制辅助线

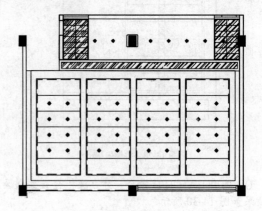

图 14-35 布置灯具

16 标注标高、尺寸和材料说明。调用 INSERT/I 命令，插入"标高"图块。

17 设置"BZ_标注"图层为当前图层，设置当前注释比例为 1:100。

18 调用 DIMLINEAR/DLI 命令或执行【标注】|【线性】命令标注尺寸，尺寸标注要注意尽量详细，但是应该避免重复。

19 调用 MLEADER/MLD 命令或执行【标注】|【多重引线】标注顶面材料说明，完成后效果如图 14-23 所示。

14.6.2 绘制会议室顶面布置图

会议室的顶面布置图如图 14-36 所示，以下介绍绘制方法。

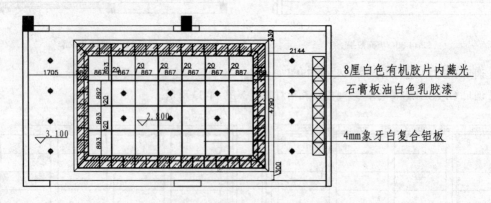

图 14-36 会议室顶面布置图

课堂举例 【案例14-5】： 绘制会议室顶面布置图

01 复制图形。调用 COPY/CO 命令，将会议室的平面布置图复制一份，且删除里面的家具图形。

02 绘制墙体线。设置"DM_地面"为当前图层。

03 删除入口的门及墙面玻璃，并调用直线命令 LINE/L 连接门洞，封闭区域，如图 14-37 所示。

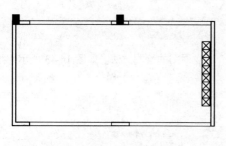

图 14-37 绘制线段

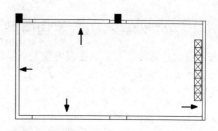

图 14-38 选择线段

04 绘制吊顶造型。调用 OFFSET/O 命令，选择如图 14-38 所示的线段，向内进行偏移，使用 FILLET/F 命令，对线段进行修剪，如图 14-39 所示。

05 调用 OFFSET/O 命令及 TRIM/TR 命令，绘制吊顶造型，完成效果如图 14-40 所示。

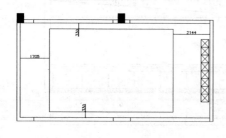

图 14-39 修剪线段

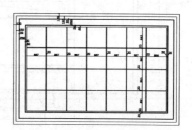

图 14-40 绘制吊顶造型

06 参照前面介绍的办证大厅吊顶填充参数，调用 HATCH/H 命令，对会议室的吊顶进行图案填充，填充效果如图 14-41 所示。

07 从图库调入灯具图形，将灯具布置到吊顶内，结果如图 14-42 所示。

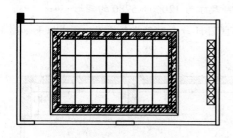

图 14-41 填充效果

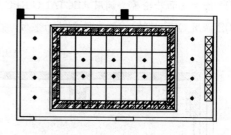

图 14-42 插入灯具

08 调用 INSERT/I 命令，插入标高图块进行标高标注。

09 调用 DIMLINEAR/DLI 命令或执行【标注】|【线性】命令对吊顶进行尺寸标注。

10 调用 MLEADER/MLD 命令或执行【标注】|【多重引线】标注顶面材料说明，完成后效果如图 14-36 所示。会议室顶面布置图绘制完成。

14.7 办公空间立面设计

立面图是一种与垂直界面平行的正投影图，它能够反映室内垂直界面的形状、装修做法及其上的陈设，是一种很重要的图样。

14.7.1 绘制办证大厅 A 立面图

本节以绘制办证大厅 A 立面图及会议室 A 立面图为例，介绍立面图的绘制方法。如图 14-43 所示为绘制完成的办证大厅 A 立面图。

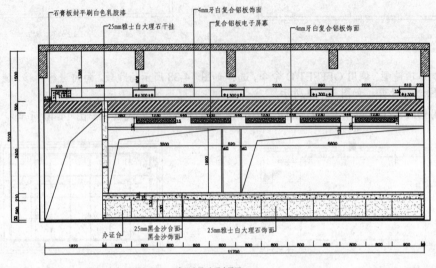

图 14-43 办证大厅 A 立面图

【案例14-6】： 绘制办证大厅 A 立面图

01 绘制立面外轮廓。调用 RECTANG/REC 命令，绘制尺寸为 12040×5280 的矩形。

02 调用 OFFSET/O 命令，绘制顶面梁位，并调用 HATCH/H 命令对其进行填充，完成结果如图 14-44 所示。

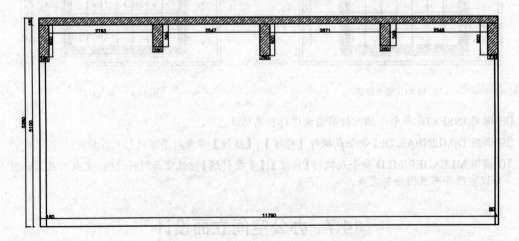

图 14-44 绘制立面外轮廓

03 绘制立面造型。调用 OFFSET/O 命令，绘制各立面区域造型轮廓线，如图 14-45 所示。

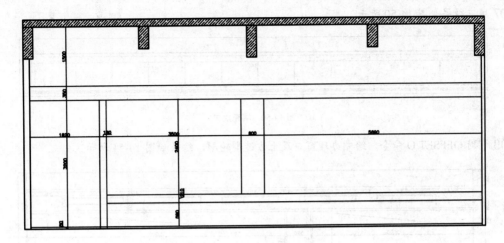

图 14-45　绘制造型轮廓

04 吊顶部分的绘制。读者可以参照顶面详图的绘制方法，按照如图 14-46 所示的尺寸来进行绘制。

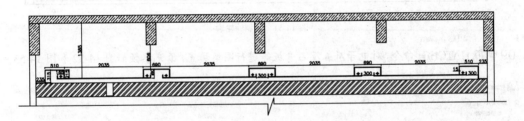

图 14-46　绘制吊顶

05 调用 OFFSET/O 命令，绘制办证台，结果如图 14-47 所示。

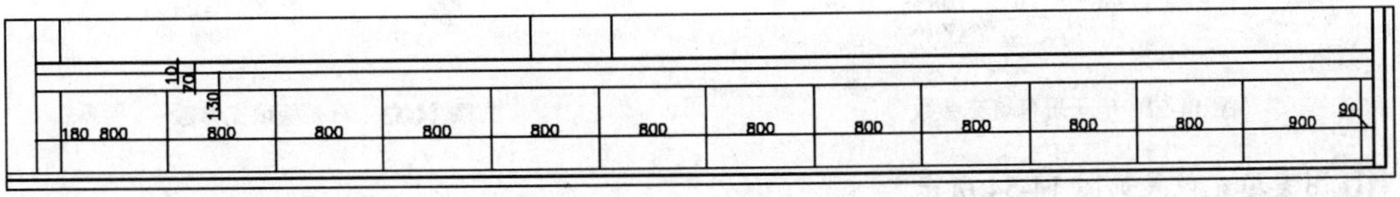

图 14-47　绘制办证台

06 调用 HATCH/H 命令，对办证台进行填充，填充参数如图 14-48 及图 14-49 所示。

图 14-48　黑金沙填充参数

图 14-49　大理石填充参数

07 填充效果如图 14-50 所示。

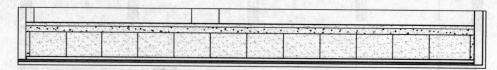

图 14-50　填充效果

08 调用 OFFSET/O 命令，绘制办理窗口及上方造型轮廓，结果如图 14-51 所示。

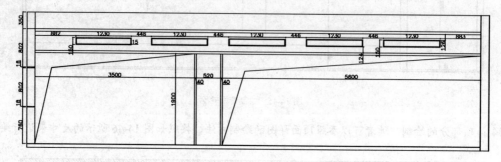

图 14-51　绘制外轮廓

09 调用 HATCH/H 命令，对电子屏幕及石膏板等进行图案填充，填充参数如图 14-52 和图 14-53 所示。

图 14-52　电子屏幕填充参数　　　　　　　图 14-53　石膏板填充参数

10 图案填充效果如图 14-54 所示。

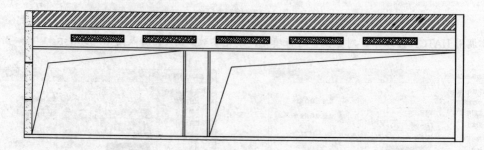

图 14-54　填充效果

11 尺寸标注和文字说明。设置 "BZ_标注" 图层为当前图层，设置当前注释比例为 1:50，调用标注命令 DIMLINEAR/DLI 标注尺寸，结果如图 14-55 所示。

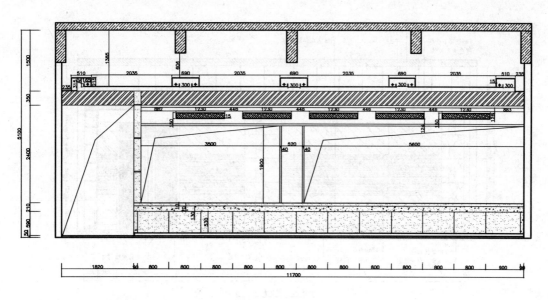

图 14-55　尺寸标注

12 设置"ZS_注释"图层为当前图层。调用多重引线标注材料名称，完成效果如图 14-56 所示。

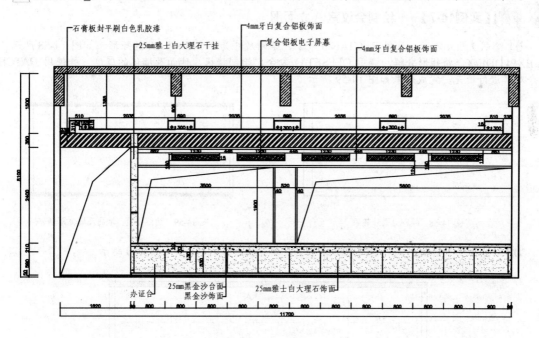

图 14-56　标注文字

13 插入图名。直接插入图名图块。调用插入图块命令 INSERT/I，插入"图名"图块，设置图名为"办证大厅 A 立面图"，结果如图 14-43 所示，办证大厅 A 立面图绘制完成。

14.7.2　绘制会议室 A 立面图

会议室 A 立面图如图 14-57 所示，以下简单介绍其绘制方法。

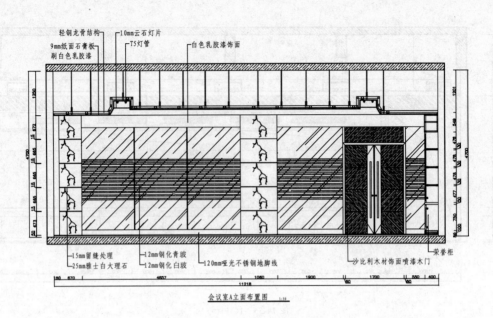

图 14-57 会议室 A 立面图

 【案例14-7】： 绘制会议室 A 立面图

01 绘制立面外轮廓。调用 RECTANG 命令，绘制尺寸为 11218×4700 的矩形，如图 14-58 所示。调用 EXPLODE/X，将矩形分解，调用 OFFSET/O 命令，绘制楼板、地面及墙体的厚度，并使用 HATCH/H 命令对其进行填充，完成效果如图 14-59 所示。

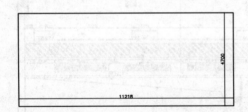

图 14-58 绘制立面外轮廓   图 14-59 绘制楼板、地面及墙体厚度

02 划分立面个区域。调用 OFFSET/O 命令，划分立面各区域，如图 14-60 所示。

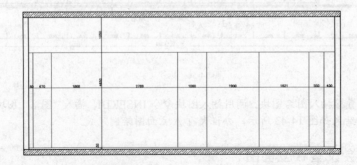

图 14-60 划分区域

03 绘制立面造型。绘制吊顶部分。调用 OFFSET/O 命令，绘制纸面石膏板，结果如图 14-61 所示。

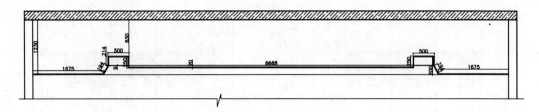

图 14-61 绘制石膏板

04 从图库中调入轻钢龙骨结构图块及灯具图块,复制到吊顶图形中,完成效果如图 14-62 所示。

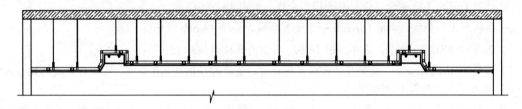

图 14-62 插入图块

05 调用 OFFSET/O 命令,绘制墙面造型轮廓,如图 14-63 所示。

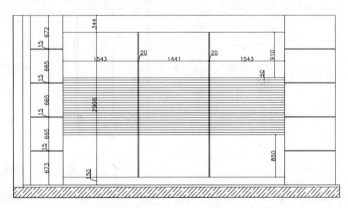

图 14-63 绘制墙面造型

06 调用 HATCH/H 命令,对钢化青玻及钢化白玻进行图案填充,填充参数如图 14-64 和图 14-65 所示,填充效果如图 14-66 与图 14-67 所示。

图 14-64 青玻填充参数   图 14-65 白玻填充参数

07 从图库中调入大理石填充图案,复制到立面图中,完成效果如图 14-66 所示。

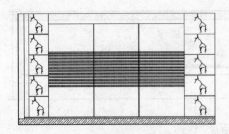

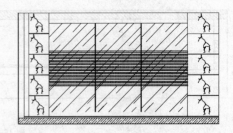

图 14-66 青玻填充效果　　　　　　　　　　　图 14-67 白玻填充效果

08 调用 OFFSET/O 命令，绘制双开门门套线，如图 14-68a 所示。

09 拾取上上门套线，调用 LINE/L 命令绘制线段，如图 14-68b 所示。

10 调用 OFFSET/O 命令，选择如图 14-68c 所示的线段内偏移 15。

11 调用 TRIM/TR 命令，对偏移的线段进行修剪，使用 MIRROR/MI 命令，对修剪完成的矩形进行镜像复制，得到的结果如图 14-69a 所示。

12 调用 OFFSET/O 命令，选择如图 14-69b 所示的线段，分别向左和向右进行偏移，结果如图 14-69c 所示。

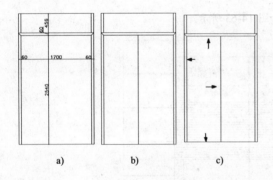

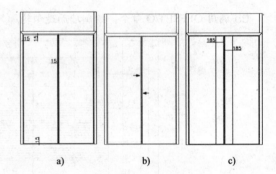

图 14-68 绘制线段　　　　　　　　　　　　图 14-69 偏移线段

13 绘制门把手。调用 RECTANG/REC 命令，绘制尺寸为 1600×36 的矩形，如图 14-70a 所示。

14 调用 PLINE/PL 命令，绘制门的对角线，结果如图 14-70b 所示。

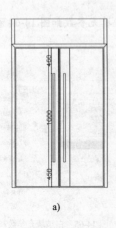

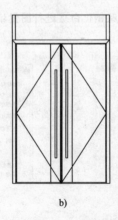

图 14-70 绘制矩形

15 调用 HATCH/H 命令，对使用沙比利饰面板的双开门进行图案填充，填充效果如图 14-70c 所示。在填充的图案有两种角度，请读者按照所给的填充参数进行填充，填充参数如图 14-71 所示。

图 14-71 填充参数

16 尺寸标注和文字说明。设置"BZ_标注"图层为当前图层，设置当前注释比例为 1:50，调用标注命令 DIMLINEAR/DLI 标注尺寸。

17 设置"ZS_注释"图层为当前图层。调用多重引线标注材料名称。

18 插入图名。直接插入图名图块。调用插入图块命令 INSERT/I，插入"图名"图块，设置图名为"会议室 A 立面图"，结果如图 14-57 所示，会议室 A 立面图绘制完成。

14.7.3 绘制其他立面图

工商所办公空间的其他立面图，读者可以参照前面介绍的方法来自行绘制，由于篇幅有限，在这里就不做详细介绍。

会议室 B 立面图如图 14-72 所示，所长办公室 D 立面图如图 14-73 所示。

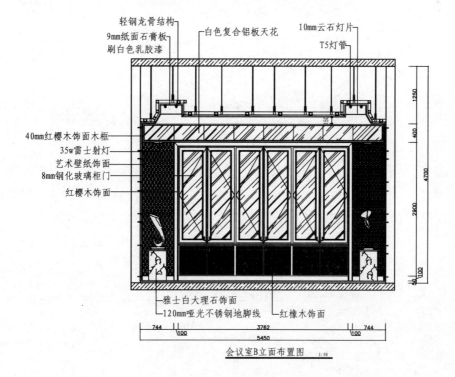

图 14-72 会议室 B 立面图

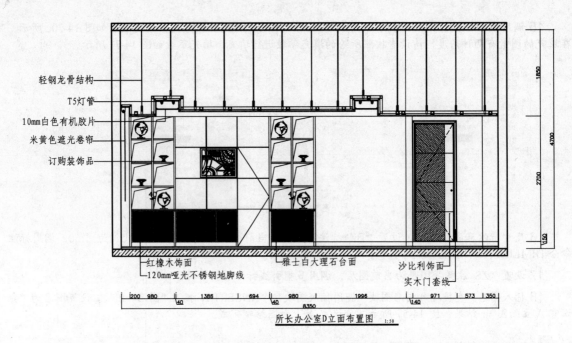

轻钢龙骨结构
T5灯管
10mm白色有机胶片
米黄色遮光卷帘
订购装饰品

红橡木饰面
120mm哑光不锈钢地脚线
雅士白大理石台面
沙比利饰面
实木门套线

所长办公室D立面布置图　1:50

图 14-73　所长办公室 D 立面图

第 15 章
酒店大堂室内设计

本章导读

　　酒店大堂作为整个酒店中最重要和最复杂的功能枢纽和结构中心，是酒店接待客人的第一个空间，也是为客人提供服务项目最多的地方。大堂设计要利用一切建筑或装饰手段，创造一个合理、空间流畅、主题突出、有文化气韵、亲切宜人的集散空间。

　　本章以某酒店为例，介绍酒店大堂的设计方法。

本章重点

- 酒店大堂设计概述
- 调用样板新建文件
- 绘制酒店大堂建筑平面图
- 绘制大堂平面布置图
- 绘制酒店大堂地面布置图
- 绘制酒店大堂顶面布置图
- 绘制酒店大堂立面图

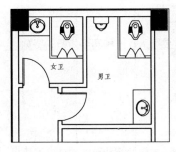
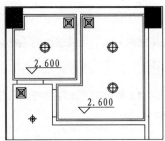
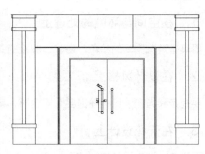

15.1 酒店大堂设计概述

大堂设计应该遵循"以客人为中心"的酒店经营理念，注重创造出宽敞、华丽、轻松的气氛，给客人带来美的享受和回家的感觉。酒店大堂具有接待、登记、结算、寄存、咨询、礼宾、安全等各项功能，一般可以划分为以下几个区域：入口区域、接待区域、休息区域、通道区域及电梯区等。

如图 15-1 所示是某酒店大堂设计方案。

15.1.1 酒店的功能

酒店的功能以住宿、饮食、会议、宴会为主，随着时代的发展、生活水平的提高，酒店也是社会交际、文化交流、信息情报传递的重要的社会活动场所。

酒店的内部功能一般分为入口接待、住宿、餐饮、公共活动、后勤服务管理这五大部分。根据类型、规模、等级的不同，其服务范围除了基本的住宿、餐饮之后，还包括美容保健、商务、购物、出租办公室、俱乐部等，其功能丰富多样。

对于酒店的内部功能分区，地下层多用于车库、设备、后勤用房及一些工作用房，如洗衣房等。有的将歌舞厅设在地下层，但是应特别注意处理好消防、人群疏散问题。低层多为公共活动部分，中间层的客房是酒店的主要部分，顶层设餐厅、咖啡厅、酒吧、观光台或歌舞厅等公共活动空间和一些设备用房。

图 15-1 酒店大堂设计方案

15.1.2 酒店的分类和等级

为了充分发挥酒店的投资效益，适应不同消费层次旅客的需要，酒店有不同的种类和等级。常见的酒店种类有旅行酒店、会议酒店、商务酒店、中转接待酒店、汽车酒店等。我国酒店等级采用五星制进行划分，为一星级至五星级，星级越多级别就越高。

15.1.3 酒店的流线

酒店人流量大，功能较复杂，应该注意到功能的分区特点，处理好酒店客人流线、服务流线、物品流线及情报信息流线问题。流线处理时，应遵守客人流线与服务流线互不交叉、客人流线直接明了，决不令人迷惑，服务流线短捷高效，情报信息快而准确等原则。为避免各种流线的相互交叉所造成的干扰，可采用导向的手法引导人们的行动方向。

15.1.4 大堂设计要点

大堂设计追求的是空间上的共享，它以满足人们的生理和心理要求为宗旨，同时也反映出酒店的档次。

1. 在空间与环境的处理上

要具备游览空间的特色，空旷、壮观的共享空间，亲切自然的优美环境，要给人以一种宾至如归的感觉。

2. 在设计风格上

要有亲和力，装饰构建上要有安全感，要讲究功能性与艺术性的统一和谐。

3. 在天花设计上

要讲究一种气派与格调。因此，各个酒店都以新奇的构思展现其独特的风格。根据装饰和布光相结合的热点，天花的设计方式主要有以下几种形式：光棚式、几何形叠级式、假梁式、木格式、钢丝网格式、平吊式、自由式叠级式。

4. 在地面设计上

大堂的地面在设计上要求耐磨、耐腐蚀，所以一般使用花岗岩材料。大堂的地面处理除慎重选材外，还要对地面纹样图案进行设计。

15.2　调用样板新建文件

本章系统介绍了某酒店大堂部分的室内设计图绘制，包括大堂原始平面图、平面布置图、顶面图、地面图和立面图，其中省去了大量繁琐的绘制步骤，重点介绍设计方法及相关注意事项。

课堂举例 【案例15-1】：　调用样板新建文件

01 执行【文件】|【新建】命令，打开"选择样板"对话框。

02 单击使用样板按钮，选择"室内装潢施工图"样板，如图 15-2 所示。

图 15-2　"选择样板"对话框

03 单击【打开】按钮，以样板创建图形，新图形中包含了样板中创建的图层、样式和图块等内容。

04 选择【文件】|【保存】命令，打开"图形另存为"对话框，在"文件名"框中输入文件名，单击【保存】按钮保存图形。

15.3　绘制酒店大堂建筑平面图

酒店大堂建筑平面图如图 15-3 所示，它是由墙体、柱子、楼梯等建筑构件组成，这里给出完成的酒店大堂建筑平面图供读者参考。

15.4　绘制大堂平面布置图

大堂是酒店中心区域，是整个酒店空间的灵魂所在，可以起到直接传达酒店形象与精神，体现经营理念的作用，所以酒店大堂氛围的营造直接关系到整体空间的经营与定位。本例大堂平面布置图如图 15-4 所示，下面分别对大堂各部分平面布局设计要点进行简要介绍。

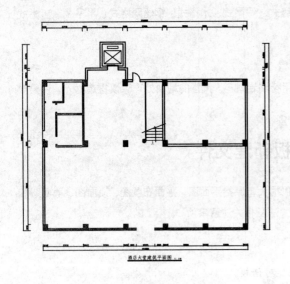

图 15-3   酒店大堂建筑平面图   图 15-4   酒店大堂平面布置图

15.4.1   大堂布局分析

大堂一般包括主入口处的门厅和与之相连的服务台、茶座、商务中心、休息室、楼梯及电梯厅、厨房、备餐以及其他相关辅助设施。设计大堂布局时，各功能分区要合理，交通流线互不干扰。通常将服务总台和休息区设在入口大门区的两侧，楼梯、电梯位于入口对面，或电梯厅、休息区分列两侧，总服务台正对入口。这种布局方式功能分区明确，路线简捷，对休息区干扰较少。

通过对大堂功能及流线分析，结果如图 15-5 所示。

15.4.2   大堂平面布置

根据功能流线的分析，下面对各功能空间进行平面布置。

课堂举例【案例15-2】：   大堂平面布置

01 服务总台。服务总台是门厅的主要功能区，根据酒店规模、等级、管理制度和现代化设备配备程度不同，服务总台的功能也不同，一般具有客房管理和财务会计两部分。服务总台通常是选择在醒目、易于接近而又不干扰其他人流的位置。服务总台所占用的面积需要根据客流量的大小和总台业务总类多少来确定，本例总服务台尺寸为 5765×716，如图 15-6 所示。

02 本案例服务总台图形的绘制可以使用 LINE/L 命令、CIRCLE/C 命令及 OFFSET/O 命令，也可以使用 RECTANG/REC 命令绘制矩形来得到。

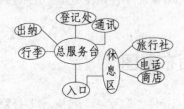

图 15-5   大堂流线功能分析图

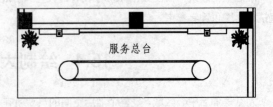

图 15-6   服务总台平面布置图

03 大堂。大堂设置了休闲沙发，供旅客短暂停留期间休息。本例大堂平面布置图如图 15-7 所示。

04 公共卫生间。公共卫生间应该设置在隐蔽、避免直视，但又易于找到的位置。男女卫生间，其区分标记应明显。本例公用卫生间平面布置图如图 15-8 所示。

05 其他布局。本例酒店大堂还设置了海鲜池、观赏鱼缸、仓库、装饰墙等，极大地方便了旅客。完成的酒店大堂平面布置图如图 15-4 所示。

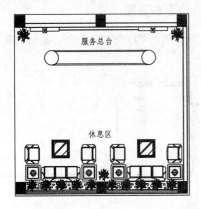

图 15-7　大堂平面布置图

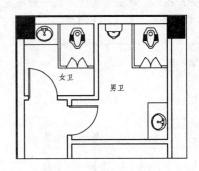

图 15-8　公用卫生间平面布置图

15.5　绘制酒店大堂地面布置图

酒店大堂地面布置图如图 15-9 所示，使用的材料主要有仿古砖、抛光砖及聚晶石、鹅卵石，以下讲解各区域地面布置图的绘制方法。

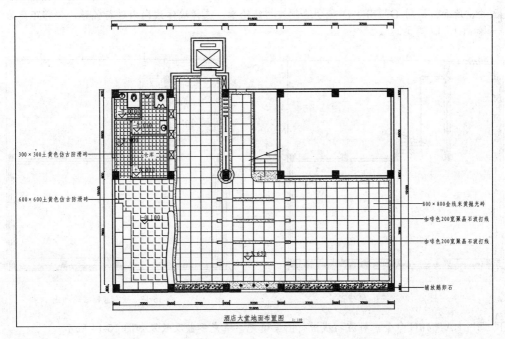

图 15-9　酒店大堂地面布置图

15.5.1 绘制大堂、服务总台、装饰墙地面布置图

大堂、服务总台、装饰墙地面布置图如图 15-10 所示。入口处采用聚晶石拼花，四周采用 200mm 的咖啡色聚晶石波打线，其他区域则使用 800×800 的米黄抛光砖。

课堂举例【案例15-3】： 绘制大堂、服务总台、装饰墙地面布置图

01 删除图形。地面布置图是在平面布置图的基础上绘制的，调用 COPY/CO 命令，复制平面布置图，删除里面的家具，如图 15-11 所示。

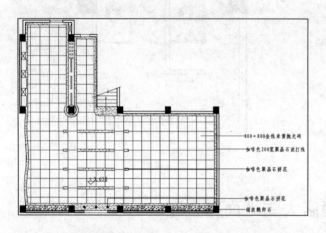

图 15-10 大堂、服务总台、装饰墙地面图

图 15-11 整理图形

02 绘制门槛线。调用 LINE/L 命令连接墙体的两端，绘制门槛线，如图 15-12 所示。

03 绘制地面。调用 OFFSET/O 命令绘制波打线轮廓。选择墙体线向内进行偏移，偏移距离为 200，完成结果如图 15-13 所示。

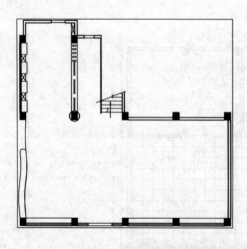
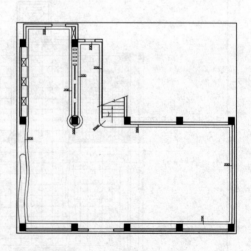

图 15-12 绘制门槛线

图 15-13 绘制波打线轮廓线

04 调用 HATCH/H 命令，对波打线进行图案填充，填充参数及效果如图 15-14 所示。

05 调用 RECTANG/REC 命令，绘制地面拼花轮廓，如图 15-15 所示。

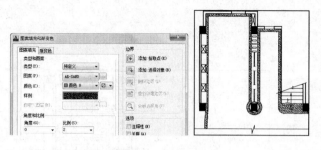

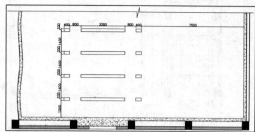

图 15-14　填充参数及效果　　　　　　　　　　图 15-15　绘制地面拼花轮廓

06 调用 RECTANG/REC 命令，绘制入口处地面拼花轮廓，如图 15-16 所示。

07 调用 ROTATE/RO 命令，指定如图 15-17 所示的端点作为旋转基点，在命令行输入旋转角度 45，对矩形进行旋转，完成结果如图 15-18 所示。

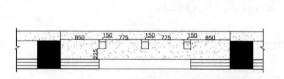

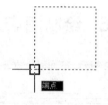

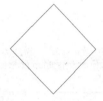

图 15-16　绘制入口处地面拼花轮廓　　　　图 15-17　指定旋转基点　　　图 15-18　旋转矩形

08 调用 HATCH/H 命令，对地面拼花及入口处拼花进行图案填充，填充参数及填充效果如图 15-19 所示。

09 调用 HATCH/H 命令，对地面其他区域进行填充，完成结果如图 15-20 所示。

10 标注材料文字说明。设置"ZS_注释"图层为当前图层，设置多重引线样式为"圆点"。调用多重引线命令，添加地面材料注释，结果如图 15-10 所示。大堂、服务总台、装饰墙地面布置图绘制完成。

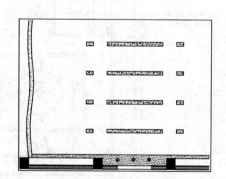

图 15-19　填充参数及效果

15.5.2　绘制公卫及仓库地面图

公卫及仓库的地面布置图如图 15-21 所示，采用的材料是 300×300 的土黄色仿古防滑地砖，均可使用 HATCH/H 命令绘制。

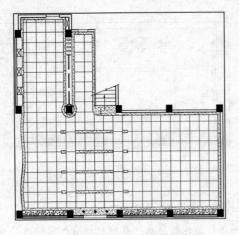

图 15-20　地面其他区域的填充效果

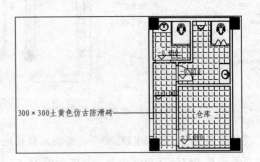

图 15-21　公卫及仓库地面布置图

15.6　绘制酒店大堂顶面布置图

本例大堂顶面布置图如图 15-22 所示，下面以大堂及卫生间顶面布置图为例，介绍酒店大堂顶面的绘制方法。

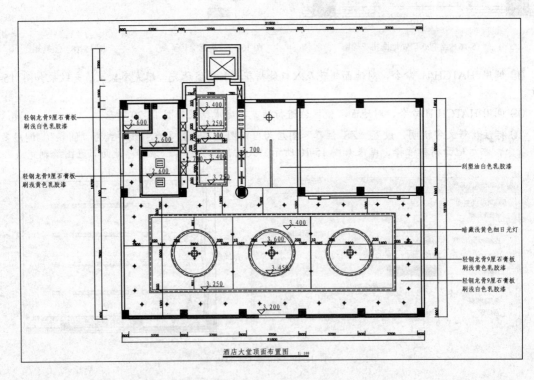

图 15-22　酒店大堂顶面布置图

15.6.1　绘制酒店大堂顶面布置图

酒店大堂的顶面布置图如图 15-23 所示，下面介绍其绘制方法。

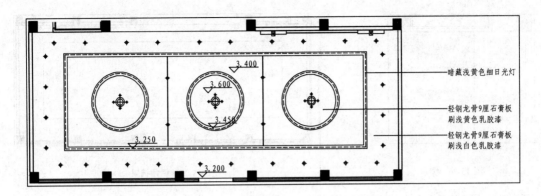

暗藏浅黄色细日光灯

轻钢龙骨9厘石膏板
刷浅黄色乳胶漆

轻钢龙骨9厘石膏板
刷浅白色乳胶漆

图 15-23　酒店大堂顶面布置图

【案例15-4】：　绘制酒店大堂顶面布置图

01 复制图形。顶面图是在平面布置图的基础上绘制的，所以需要复制平面布置图，且删除与顶面无关的图形，如图 15-24 所示。

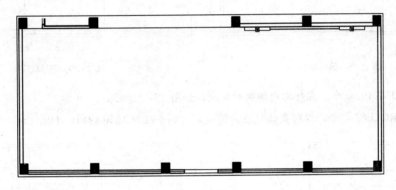

图 15-24　整理图形

02 绘制顶面。设置"DD_吊顶"为当前图层。

03 调用 OFFSET/O 命令，选择墙体线向内进行偏移，如图 15-25 所示。

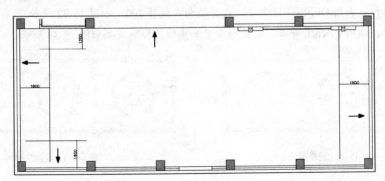

图 15-25　偏移墙体线

04 AutoCAD 2013 对 FILLET/F 倒角命令进行了更新，在对两条线段进行倒角的时候，会对两条线段的倒角交点进行提示，以方便读者更直观的预览结果，如图 15-26 所示。

05 调用 FILLET/F 命令，对偏移的墙体线进行倒角处理，如图 15-27 所示。

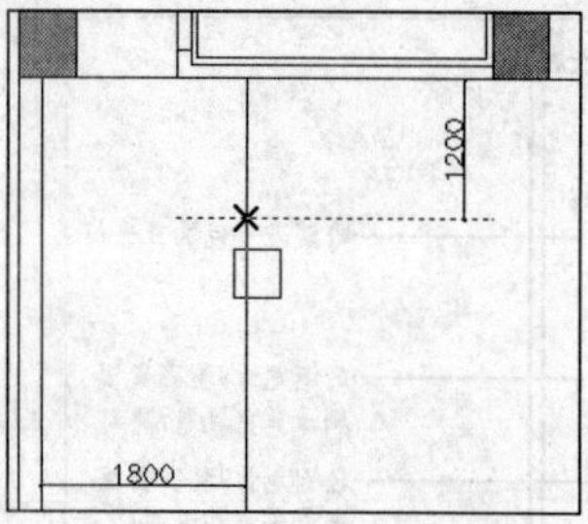

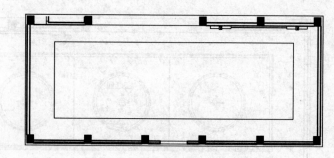

图 15-26 倒角

图 15-27 倒角结果

06 调用 OFFSET/O 命令，选择修剪完成的矩形向内偏移 200，如图 15-28 所示。

07 调用 OFFSET/O 命令，选择矩形左边线段进行偏移，如图 15-29 所示。

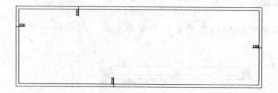

图 15-28 偏移矩形

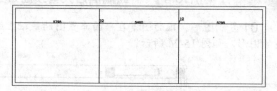

图 15-29 偏移线段

08 调用 PLINE/PL 命令，在矩形内绘制对角线，如图 15-30 所示。

09 调用 CIRCLE/C 命令，以对角线交点为圆心，绘制半径为 1650 的圆，如图 15-31 所示。

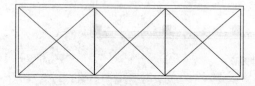

图 15-30 绘制对角线

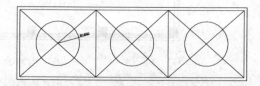

图 15-31 绘制圆

10 删除对角线，调用 OFFSET/O 命令，选择圆向内偏移 200，如图 15-32 所示。

11 绘制灯带。调用 LINE/L 命令，将线性设置为虚线，绘制效果如图 15-33 所示。

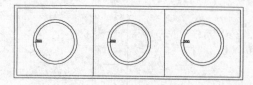

图 15-32 偏移圆

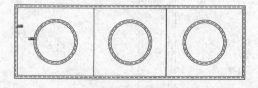

图 15-33 绘制灯带

12 插入灯具。从本书光盘"第 15 章/家具图例.dwg"文件中调用灯具，布置灯具后效果如图 15-34 所示。

13 标注标高和文字。调用 INSERT/I 命令插入"标高"图块标注标高，如图 15-35 所示。

14 调用 MTEXT/MT 命令标注文字说明，如图 15-23 所示，服务总台顶面布置图绘制完成。

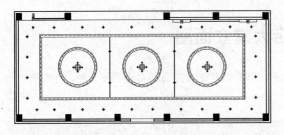

图 15-34　布置灯具

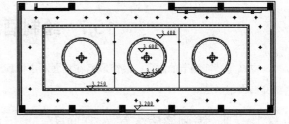

图 15-35　标注标高

15.6.2　绘制卫生间顶面图

卫生间顶面采用的轻钢龙骨石膏板刷乳胶漆，如图 15-36 所示。

课堂举例【案例15-5】：　绘制卫生间顶面图

01 绘制吊顶。设置 "DD_吊顶" 图层为当前图层。

02 调用 OFFSET/O 命令，选择卫生间的内墙线向内偏移，偏移距离为 50，如图 15-37 所示。

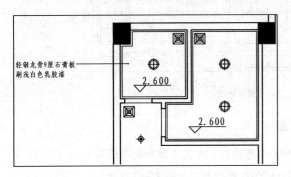

图 15-36　卫生间顶面布置图

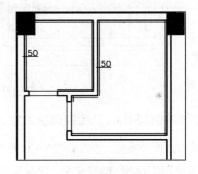

图 15-37　偏移墙线

03 调用 FILLET/F 命令，对所偏移的墙线进行倒角处理，如图 15-38 所示。

04 布置灯具。从本书光盘 "第 15 章/家具图例.dwg" 文件中调用灯具和排气扇图块，布置灯具后效果如图 15-39 所示。

05 标注标高和文字。调用 INSERT/I 命令插入 "标高" 图块标注标高，如图 15-40 所示。

06 调用 MLEADER/MLD 命令标注文字说明，如图 15-36 所示，卫生间顶面布置图绘制完成。

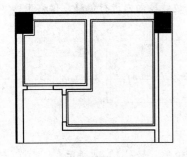

图 15-38　倒角结果

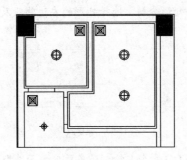

图 15-39　布置灯具

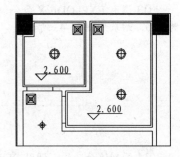

图 15-40　插入标高图块

15.7 绘制酒店大堂立面图

立面是装饰细节的体现，装饰风格在立面图中体现出来，下面以大堂 A 立面和 C 立面图为例，介绍酒店大堂立面图的画法。

15.7.1 绘制酒店大堂 A 立面图

酒店大堂 A 立面图如图 15-41 所示，以下介绍其绘制方法。

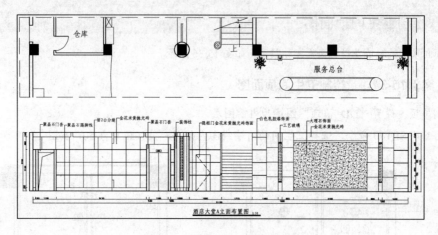

图 15-41　酒店大堂 A 立面布置图

课堂举例【案例15-6】：　绘制酒店大堂 A 立面图

01 绘制立面外轮廓。调用 COPY/CO 命令，复制平面布置图上大堂 A 立面的平面部分。

02 调用 RECTANG/REC 命令，绘制尺寸为 21120×3200 的矩形，如图 15-42 所示。

图 15-42　绘制矩形

03 调用 EXPLODE/X 命令，将矩形分解，选择矩形的左边线段及右边线段向内进行偏移，偏移距离为 180，结果如图 15-43 所示。

图 15-43　偏移线段

04 绘制墙面造型。调用 OFFSET/O 命令，绘制服务总台立面造型外轮廓，如图 15-44 所示。

05 调用 OFFSET/O 命令，绘制白色乳胶漆饰面区域，如图 15-45 所示。

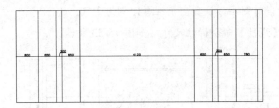

图 15-44　绘制外轮廓

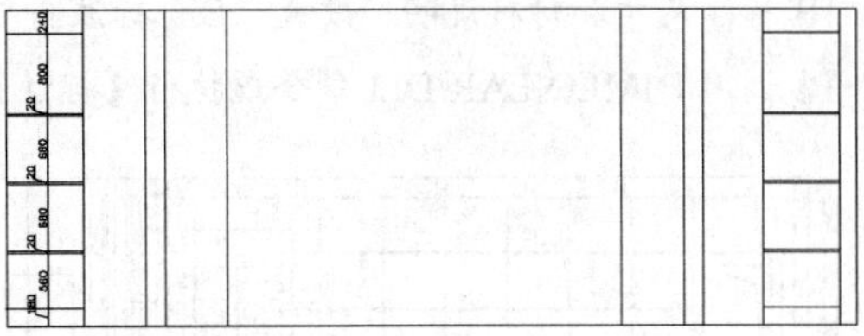

图 15-45　绘制饰面区域

06 调用 OFFSET/O 命令，绘制使用金花米黄抛光砖饰面区域及工艺玻璃外轮廓线，如图 15-46 所示。

07 调用 OFFSET/O 命令，绘制服务总台背景墙灯带，如图 15-47 所示。

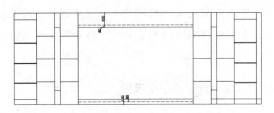

图 15-46　绘制轮廓线

图 15-47　绘制灯带

图 15-48　工艺玻璃填充参数

图 15-49　背景墙填充参数

08 调用 HATCH/H 命令，对背景墙进行图案填充，填充参数如图 15-48 和图 15-49 所示，填充效果如图 15-50 所示。

09 绘制门套线。卫生间及仓库入口处门套线如图 15-51 和图 15-52 所示。读者可以调用 LINE/L 命令及 OFFSET/O 命令等来进行绘制。

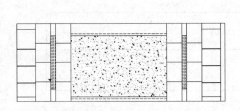

图 15-50　填充效果

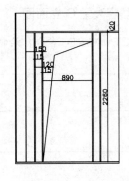

图 15-51　卫生间及仓库入口门套

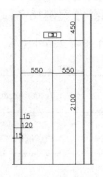

图 15-52　电梯门套

10 标注尺寸和材料说明。设置"BZ_标注图层为当前图层,设置当前注释比例为1:50。

11 调用 DIMLINEAR/DLI 命令或执行【标注】|【线性】命令标注尺寸,如图 15-53 所示。

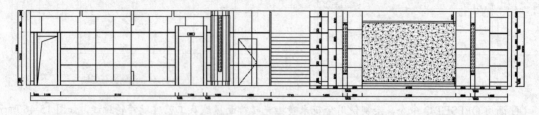

图 15-53　标注尺寸

12 调用 MTEXT/MT 命令标注文字说明,结果如图 15-41 所示。

13 调用 INSERT/I 命令插入"图名"图块,设置名称为"大堂 A 立面布置图",大堂 A 立面图绘制完成。

15.7.2　绘制酒店大堂 C 立面图

大堂 C 立面图如图 15-54 所示,下面简单介绍其绘制方法。

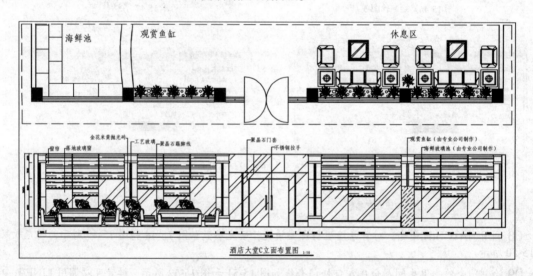

图 15-54　酒店大堂 C 立面布置图

 【案例15-7】：　绘制酒店大堂 C 立面图

01 绘制立面外轮廓。调用 RECTANG/REC 命令,绘制完成的 C 立面外轮廓如图 15-55 所示。

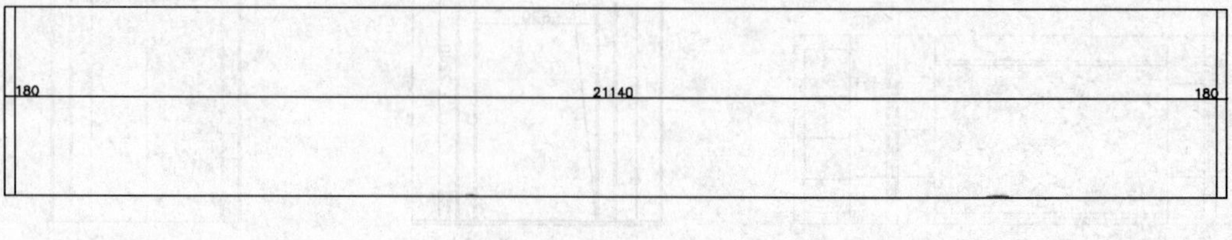

图 15-55　绘制立面外轮廓

02 调用 OFFSET/O 命令，划分立面各区域，结果如图 15-56 所示。

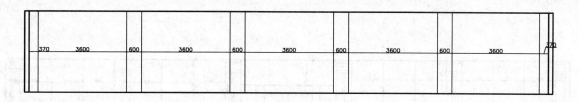

图 15-56　划分立面各区域

03 绘制入口双开门立面图。调用 OFFSET/O 命令，划分区域，结果如图 15-57 所示。

04 根据所给的尺寸，调用 LINE/L 命令和 OFFSET/O 命令，绘制装饰柱，并调用 MIRROR/MI 命令，将绘制完成的装饰柱镜像复制到另一边，完成结果如图 15-58 所示。

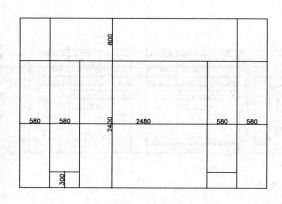

图 15-57　绘制线段

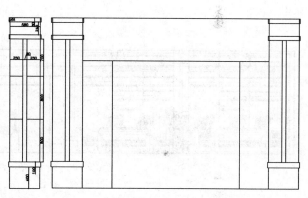

图 15-58　绘制柱子

05 调用 LINE/L 命令，绘制玻璃门，如图 15-59 所示。

06 调用 RECTANG/REC 命令和 CIRCLE/C 命令，绘制双开门不锈钢把手，如图 15-60 所示。

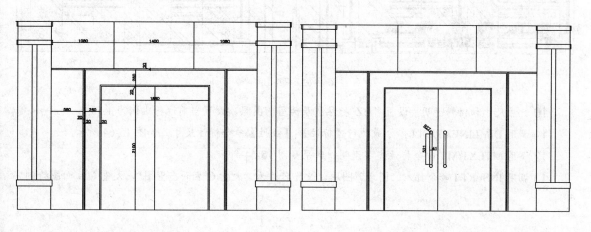

图 15-59　绘制玻璃门

图 15-60　绘制门把手

07 立面的其他区域请读者参照前面介绍的方法自行绘制，这里就不做详细介绍，绘制完成结果如图 15-61 所示。

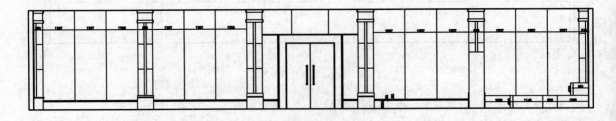

图 15-61　绘制其他各立面区域

08 从图库中调入沙发、窗帘等图块，复制到立面图中，结果如图 15-62 所示。

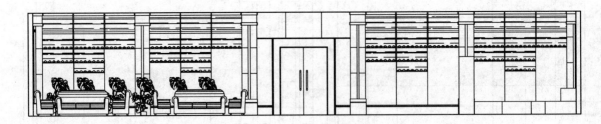

图 15-62　插入图块

09 调用 HATCH/H 命令，对玻璃窗、玻璃门及装饰柱等进行填充，效果如图 15-63 所示。

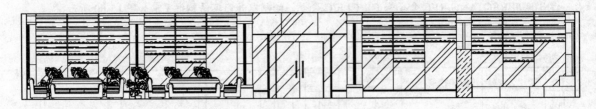

图 15-63　填充图案

10 标注尺寸和材料说明。设置"BZ_标注图层为当前图层，设置当前注释比例为 1:50。

11 调用 DIMLINEAR/DLI 命令或执行【标注】|【线性】命令标注尺寸，如图 15-64 所示。

12 调用 MTEXT/MT 命令标注文字说明，结果如图 15-54 所示。

13 调用 INSERT/I 命令插入"图名"图块，设置名称为"大堂 C 立面布置图"，大堂 C 立面图绘制完成。

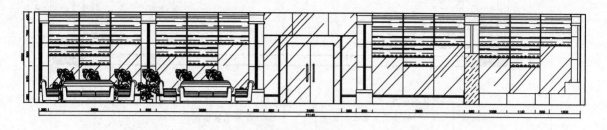

图 15-64　尺寸标注

15.7.3　绘制酒店大堂其他立面图

　　如图 15-65、图 15-66 所示为酒店大堂的 D 立面图及 B 立面图，读者可以参照前面讲解的方法绘制，由于篇幅有限，这里就不再详细讲解了。

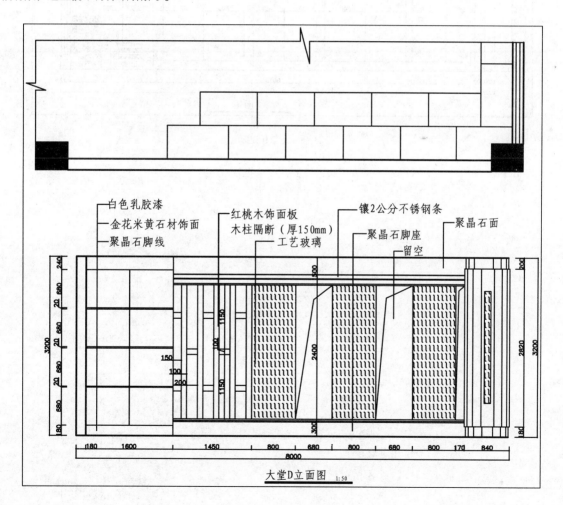

大堂D立面图　1:50

图 15-65　大堂 D 立面图

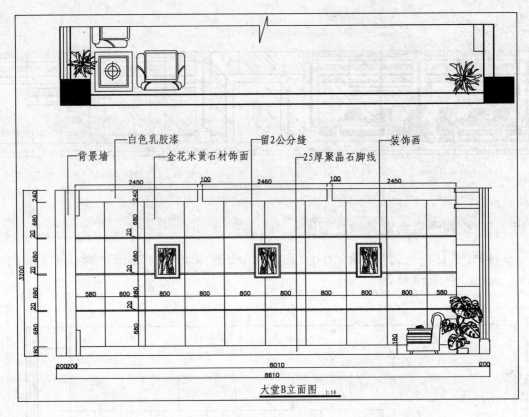

图 15-66　大堂 B 立面图

第 16 章
酒吧室内空间设计

本章导读

　　酒吧相比一般就餐环境，文化氛围会更浓烈一些，是现代人娱乐、休闲、交流的好去处。酒吧种类有：汽车酒吧、足球酒吧、电影酒吧、艺术酒吧、博物馆酒吧、校园酒吧、音乐酒吧和商业酒吧等。

　　本章以某酒吧为例，介绍酒吧室内空间的设计方法及施工图的绘制方法。

本章重点

- 🔩 酒吧空间设计概述
- 🔩 调用样板新建文件
- 🔩 绘制酒吧平面图
- 🔩 绘制酒吧平面布置图
- 🔩 绘制酒吧顶面布置图
- 🔩 酒吧立面设计

16.1 酒吧空间设计概述

酒吧顾名思义就是以吧台为中心的酒馆，其布局中最重要的是因地制宜。由于功能的单一性，酒吧注重的不是功能而是风格，即酒吧的特色。

16.1.1 酒吧设计的内容

酒吧设计主要有 5 个区域：门面、吧台、餐桌区、后勤区和卫生间。

1. 门面

门面是第一印象，酒吧的风格、主体可以从门面上体现出来。设计的关键是提高消费者的兴趣，创造一个引人注目的亮点。

2. 吧台

吧台主要有三种形式：长形、马蹄形、小岛形。长方形吧台长度没有固定尺寸，一般认为，一个服务人员能有效控制的最长吧台是 3m，如图 16-1 所示。如果吧台太长，服务人员就要增加；马蹄形吧台深入室内，一般安排三个或更多的操作点，两端抵住墙壁，中间可以设置一个岛形储藏室用来储存个人用品和冰箱，这种类型的吧台的好处是可以令客人之间有眼神交流；小岛形吧台则会设在酒吧的中间，创造一种热闹的气氛。

3. 餐桌区

通常酒吧会设计很多不同的角落，让客人每次来坐在不同的地方，其感觉会完全不一样，大部分酒吧设计都是灵活弹性的桌椅，无论两个人或者是个人可随意拼拆餐桌，如图 16-2 所示。

图 16-1 吧台设计

图 16-2 餐桌区设计

4. 后勤区

主要是厨房、员工服务柜台、收银台和办公室。这些功能区强调动线流畅，方便实用。

5. 卫生间

卫生间的设计很重要，可以表现出酒吧本身的个性，通常是按照经营范围的座椅来设定卫生间的容量，所以在设计时要符合有关条例。

16.1.2 酒吧设计要点

酒吧空间为公众性休闲娱乐场所。空间处理要尽量轻松随意。酒吧的布局一般分为吧台席和坐席两部分，也可适当设置站席。吧台席都是高脚凳。这是因为酒吧的服务是站立服务，为了使顾客的视线高度与服务员的视线高度持平，所以顾客方面的座椅比较高。吧台座椅中心距离为 580~600mm，一个吧台所持有的坐席数最好在 7~8 个以上，如果吧台所拥有的座位数量太少，就会使人感觉到冷清和孤单而不受欢迎。坐席部分以 2~4 人为主。由于不进行正餐，桌子较小，桌椅的造型比较简单，常采用舒适的沙发座。

根据酒吧的性质，通常把大空间分隔为多个小尺度的部分，使客人感到亲切。根据面积决定席位数，一般每席 1.1~1.7m²，服务通道为 750mm。

空间内应设有酒贮藏库，除了展示用的酒瓶和当日要用的酒瓶外，其余的酒瓶都应妥善放置于仓库中，或顾客看不见的吧台内侧。

酒吧光线以局部照明为主。酒吧公共走道部分应该有较好的照明，特别是在有高度差的部分，应当加设地灯照明，以突出台阶。吧台部分作为整个酒吧视觉中心部分，其明度要求更高更亮。

16.1.3　酒吧的装饰与陈设

酒吧气氛的营造，室内装饰和陈设是一个重要的方面。通过装饰和陈设的艺术手段来创造合理、完美的室内环境，以满足顾客物质和精神生活需要。装饰和陈设是酒吧气氛艺术构思的有力手段，不同的酒吧空间，应具有不同的气氛和艺术感染力的构思目标。

酒吧室内装饰和陈设可分为两种类型，一种是生活功能所必须的日常用品设计和装饰，如家具、窗帘和灯具等；另一种是用来满足精神方面需求的单纯起装饰作用的艺术品，如壁画、盆景和工艺美术品等装饰布置。

酒吧室内装饰与陈设应该注意以下几个方面：

1．装饰材料

酒吧环境设计的形象给人的视觉和触觉，在很大程度上取决于装饰所选用的材料。全面综合地考虑不同材料的特征，巧妙地运用材料的特征，可较好地达到室内装饰的效果。

装饰材料种类繁琐，玻璃、大理石、釉面砖、铝合金、壁纸和木板等都是室内装饰材料。玻璃在酒吧装饰中起着至关重要的作用，最初人们习惯将玻璃用于采光或空透的门窗或隔断等部位。随着玻璃工业的迅速发展，特殊玻璃，如镜面、滤色玻璃、变色玻璃等进入室内装饰材料的范围。

总的来说，室内装饰材料的选择应用，应结合室内空间的不同功能和性质，以创造出适合人们生理、心理状态的装饰形象，如图 16-3 所示。

2．家具

家具是人们生活中不可缺少的实用物，在酒吧的室内装饰陈设中，其地位比较重要。酒吧的家具要美观、高雅、舒适，一般要配备桌椅，还要便于合并，方便团体客人使用，酒吧的桌面应能防酒精、防烫并阻燃。具体地说，酒吧中的酒精造型、大小首先应满足酒吧的特定功能，其次要使顾客感到舒适。应该注意的是，酒吧内酒精色彩不宜太鲜艳，太鲜艳的家具会使酒后已经兴奋的客人产生眩晕。

3．地毯

地毯具有弹性柔适的特点，对人体有显著的保护功能，地毯在揭示空间以及创造象征性空间方面颇有成效。公共场所常用条形地毯做导向，既解决了人们的流向问题，又提高了酒吧的档次，人们在地毯上活动所引起的震动和发出的声音都大幅度地降低，不会影响他人的交流。

地毯可以由毛、棉、麻、丝、化纤等原料制成。地毯的色彩及图案的纹样不宜太花太复杂，以免给人不安定的感觉。地毯的铺设，一般有满铺和局部铺设两种形式，满铺的规格较高。对酒吧来说，高档而无舞池的酒吧要求满铺，而低档次及有舞池的酒吧只要求局部铺设。

4. 窗帘

窗帘是室内装饰织物的一部分，它具有遮挡光线、调节温度、隔热等实用性，同时又有很好的装饰效果，在考虑窗帘本身使用功能的同时，更注重它美化环境的功能，讲究色彩、图案、款式、质地与室内的和谐统一。

酒吧一般有配备两道窗帘，内层配质地较薄的纱帘，外层配质地较厚的布帘。窗帘的式样很多，要视酒吧风格来定，窗帘色彩图案宜简朴大方，不宜繁杂使人眼花缭乱，门厅窗帘可艳丽一些。同时，应注意与墙面色彩协调，注意窗帘上的图案的方向，避免颠倒，影响美感。

5. 装饰小品

对于不同类型的酒吧，应有其特定的装饰小品及服务风格。具体来说，高雅型酒吧应有艺术真品，甚至名人字画，并有鲜花出售；在服务方面，应配以穿着讲究的男性侍者。刺激型酒吧应饰以粗线条画面，或时髦的人体画、明星画，同时配有鲜花或塑料；在服务方面，应配以穿着时髦的女性侍者，并有伴歌、伴舞服务。温情型酒吧其布制及展示的图案以心形、圆形、及其类似形状的图案，如图 16-4 所示；在服务方面，应配以穿着年轻、勤快的女性侍者。

图 16-3　壁纸装饰

图 16-4　装饰小品

16.2　调用样板新建文件

使用已经创建了的室内装潢施工图样板，该样板已经设置了相应的图形单位、样式、图层和图块等，原始结构图可以直接在此样板的基础上进行绘制。

【案例16-1】：　调用样板新建文件

01 执行【文件】|【新建】命令，打开"选择样板文件"对话框。

02 单击使用样板按钮，选择"室内装潢施工图"样板，如图 16-5 所示。

图 16-5　"选择样板"对话框

03 单击【打开】按钮，以样板创建图形，新图形中包含了样板中创建的图层、样式和图块等内容。

04 选择【文件】|【保存】命令，打开"图形另存为"对话框，在"文件名"框中输入文件名，单击【保存】按钮保存图形。

16.3　绘制酒吧平面图

图 16-6 所示为酒吧建筑平面图，请读者参考前面讲解的方法完成绘制。

16.4　绘制酒吧平面布置图

酒吧平面布置图如图 16-7 所示，以下讲解绘制方法。

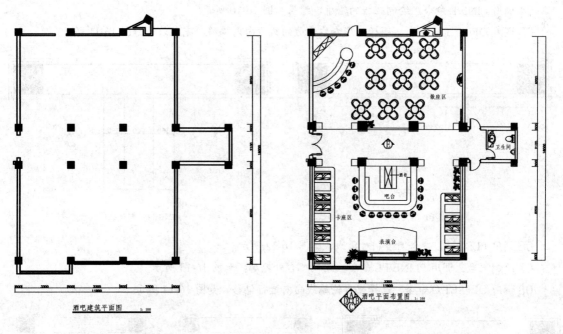

图 16-6　酒吧建筑平面图　　　　　　　　　　图 16-7　酒吧平面布置图

⚙ 16.4.1　绘制吧台平面布置图

吧台是酒吧一道亮丽风景线，吧台用料可以有大理石、花岗石和木质等，并与不锈钢和钛金等材料协调构成，因其空间大小的性质不同，形成风格各异的吧台风貌。

本例吧台采用的形式是弧形，如图 16-8 所示，下面讲解吧台的绘制方法。

课堂举例【案例16-2】：　绘制吧台平面布置图

01 复制图形。调用 COPY/CO 命令，复制酒吧的建筑平面图。

02 绘制吧柜。调用 LINE/L 命令，绘制吧柜的隔断，如图 16-9 所示。

03 调用 OFFSET/O 命令，绘制柱子造型，完成效果如图 16-9 所示。

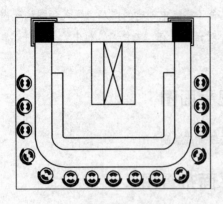

图 16-8 吧台平面布置图

图 16-9 绘制线段

04 调用 LINE/L 命令，绘制吧柜的轮廓，结果如图 16-10 所示。

05 调用 OFFSET/O 命令，选择矩形左右两边的线段向内偏移，完成效果如图 16-11 所示。

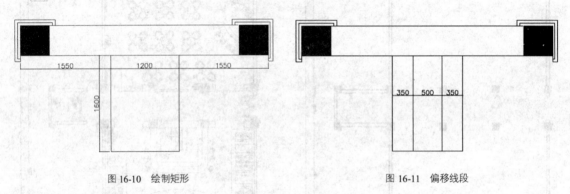

图 16-10 绘制矩形

图 16-11 偏移线段

06 调用 PLINE/PL 命令，绘制对角线，如图 16-12 所示。

07 绘制吧台。调用 PLINE/PL 命令，绘制吧台外轮廓，如图 16-13 所示。

08 调用 OFFSET/O 命令，选择吧台轮廓线向内进行偏移，如图 16-14 所示。

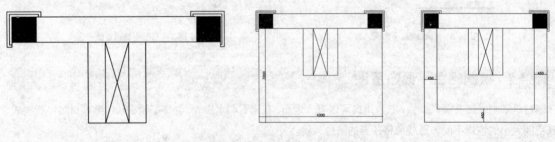

图 16-12 绘制对角线

图 16-13 绘制吧台轮廓

图 16-14 偏移轮廓线

09 调用 FILLET/F 命令，将半径值分别设置为 800 及 350，对绘制的多段线进行倒角处理，完成效果如图 16-15 所示。

10 调用 OFFSET/O 命令，选择倒角半径为 350 的多段线向内偏移，如图 16-16 所示。

11 调用 OFFSET/O 命令及 TRIM/TR 命令，修改所偏移的多段线，如图 16-17 所示。

12 从图库中选择吧椅的图块，复制到吧台平面布置图中，完成效果如图 16-8 所示。

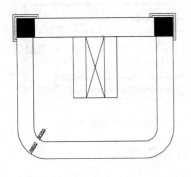
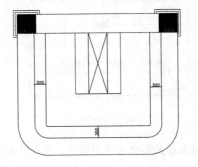
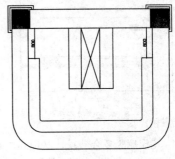

图 16-15　倒角处理　　　　　　图 16-16　偏移多段线　　　　　　图 16-17　修剪多段线

16.4.2　绘制表演台平面布置图

表演台的平面布置图如图 16-18 所示，表演台的造型比较简单，是一个带弧边的矩形，下面讲解表演台的绘制方法。

【案例16-3】：　绘制表演台平面布置图

01 调用 LINE/L 命令，绘制表演台背景墙，如图 16-19 所示。

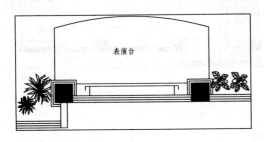
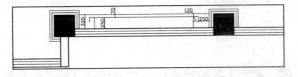

图 16-18　表演台平面布置图　　　　　　　　　图 16-19　绘制线段

02 调用 LINE/L 命令，绘制表演台轮廓，如图 16-20 所示。

03 调用 OFFSET/O 命令，选择上方线段向下偏移 400，如图 16-21 所示。

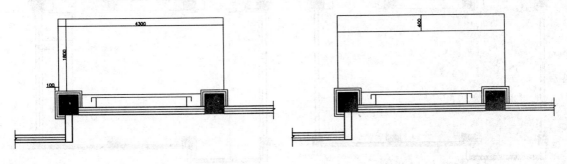

图 16-20　绘制轮廓线　　　　　　　　　　图 16-21　偏移线段

04 调用 ARC/A 命令，拾取如图 16-22 所示的点为圆弧的起点，拾取上方线段的中点为圆弧的第二个点，如图 16-23 所示，拾取如图 16-24 所示的点为圆弧的终点，绘制完成的圆弧如图 16-25 所示。

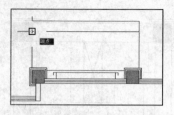

图 16-22　确定起点

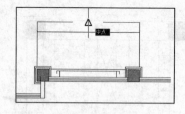

图 16-23　确定第二点

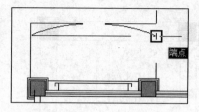

图 16-24　确定终点

05 删除多余线段，从图库中调入植物图块到平面图中，完成效果如图 16-25 所示。

16.4.3　绘制卡座区的平面布置图

卡座区的平面布置图如图 16-26 所示，下面讲解卡座区的绘制方法。

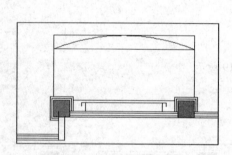

图 16-25　绘制结果

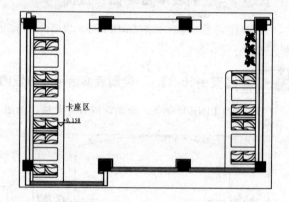

图 16-26　卡座区平面布置图

课堂
举例 【案例16-4】：　绘制卡座区的平面布置图

01 绘制柱子造型。本例的柱子造型均为方形，调用 RECTANG/REC 命令、OFFSET/O 命令及 TRIM/TR 命令，绘制柱子装饰造型，如图 16-27 所示。

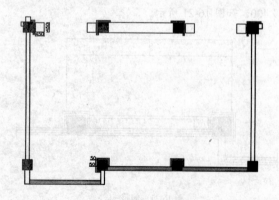

图 16-27　绘制柱子造型

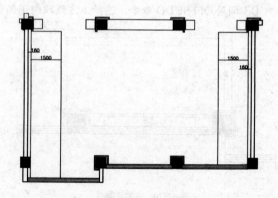

图 16-28　绘制地台轮廓

02 绘制地台。卡座区的地面都做了抬高处理，高度为 1500mm，如图 16-28 所示。

03 调用 LINE/L 命令，绘制地台轮廓，如图 16-29 所示。

04 调用 FILLET/F 命令，对轮廓线进行倒角处理，如图 16-30 所示。

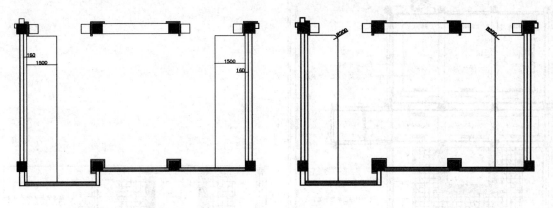

图 16-29 绘制轮廓线   图 16-30 倒角处理

05 绘制门。调用 INSERT/I 命令插入门图块，并对门图块进行旋转，调用 MIRROR/MI 命令，通过镜像得到双开门，如图 16-31 所示。

06 插入图块。按 Ctrl+O 快捷键，打开配套光盘提供的 "第 16 章/家具图例.dwg" 文件，选择其中的沙发座椅和植物图块，将其复制到卡座区域中，完成效果如图 16-32 所示。

07 标注标高。调用 INSERT/I 命令，插入标高图块，结果如图 16-26 所示，卡座平面布置图绘制完成。

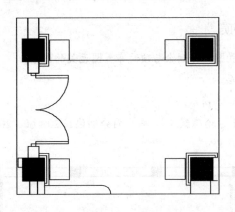
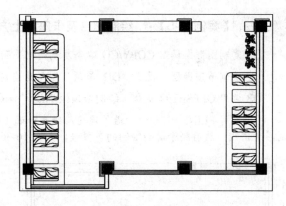

图 16-31 插入门图块   图 16-32 插入图块

16.5 绘制酒吧顶面布置图

酒吧的顶面设计主要是顶面的造型和灯光的设计。本例吧台上方做了造型吊顶，卡座区及散座区均做了石膏板吊顶造型，周围走石膏角线，丰富整个顶面空间。其余原顶采用喷黑处理，如图 16-33 所示。

酒吧环境气氛很重要，灯光是调节气氛的关键，在设计时，采用何种灯型、广度、色素及灯光的数量，都需要经过精细设计，下面讲解本例酒吧顶面布置图的绘制方法。

⚙ 16.5.1 绘制吧台及卡座区上方吊顶

吧台及卡座区上方吊顶如图 16-34 所示，吧台上方做了造型吊顶，卡座区上方为轻钢龙骨石膏板吊顶，下面讲解绘制方法。

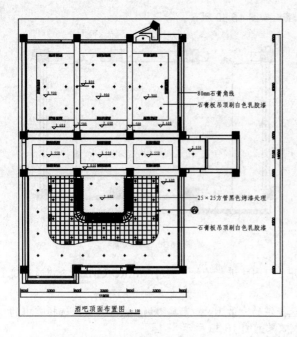

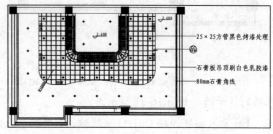

图 16-33　酒吧顶面布置图

图 16-34　吧台及卡座区顶面图

课堂举例【案例16-5】：　绘制吧台及卡座区上方吊顶

01 复制图形。调用 COPY/CO 命令复制酒吧平面布置图，并删除与顶面布置图无关的图形。

02 绘制吊顶造型。设置"DD_吊顶"图层为当前图层。

03 调用 OFFSET/O 命令，绘制吊顶轮廓线，如图 16-35 所示。

04 调用 PLINE/PL 命令，沿吊顶轮廓线走一遍（除上方轮廓线外），并向内分别偏移 20、60、20，绘制石膏角线，然后删除前面绘制的多段线，如图 16-36 所示。

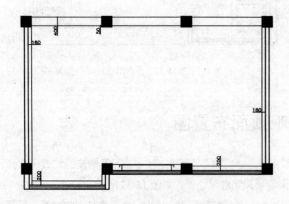

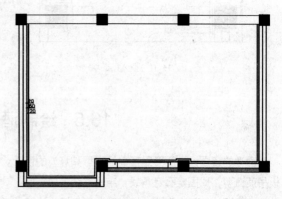

图 16-35　绘制吊顶轮廓线

图 16-36　偏移多段线

05 调用 EXPLODE/X 命令，将最里面的多段线分解，调用 OFFSET/O 命令，选择分解的多段线向内偏移，结果如图 16-37 所示。

06 调用 FILLET/F 命令，设置半径值为 1000，对偏移的线段进行倒角处理，如图 16-38 所示。

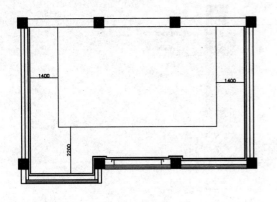

图 16-37　偏移线段

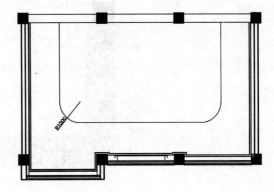

图 16-38　倒角处理

07 调用 OFFSET/O 命令，绘制辅助线，如图 16-39 所示。

08 调用 ARC/A 命令，绘制圆弧，如图 16-40 所示。

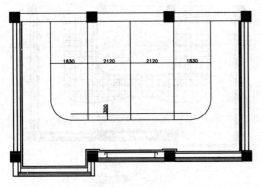

图 16-39　绘制辅助线

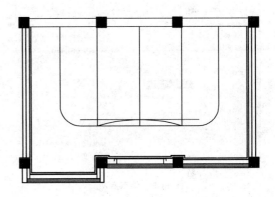

图 16-40　绘制圆弧

09 使用 ERASE/E 命令或 Delete 键删除辅助线，如图 16-41 所示。

10 调用 COPY/CO 命令，复制平面布置图中吧台的外轮廓线至顶面图中，如图 16-42 所示。

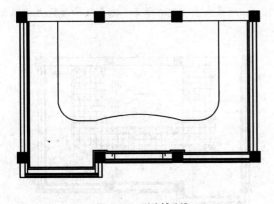

图 16-41　删除辅助线

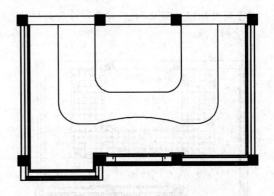

图 16-42　复制吧台轮廓线

　　11 吧台上方造型吊顶如图 16-43 所示，读者可以调用 OFFSERT/O 命令、CIRCLE/C 命令、TRIM/TR 等命令进行绘制。

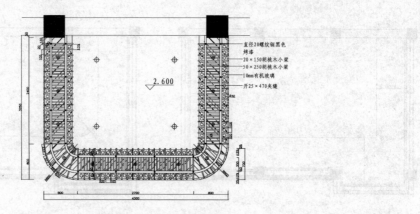

图 16-43 吧台上方造型吊顶

12 调用 HATCH/H 命令，绘制原顶上方 25×25 方格，填充参数如图 16-44 所示，效果如图 16-45 所示。

图 16-44 填充参数

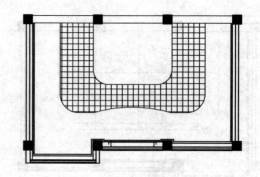

图 16-45 填充效果

13 插入图块。打开本书光盘"第 16 章/家具图例.dwg"文件，复制其中的灯具图形及空调送风口图形到本图形窗口中，位置如图 16-46 所示。

14 插入标高、标注尺寸和文字标注。调用 INSERT/I 命令，插入标高图块。

15 调用 DIMRADIUS/DLI 命令，对吊顶进行尺寸标注，效果如图 16-47 所示。

16 调用 MLEADER/MLD 命令，对顶面材料进行标注，结果如图 16-34 所示，吧台及卡座区上方顶面布置图绘制完成。

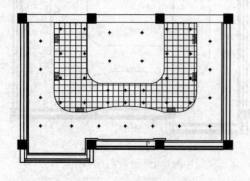

图 16-46 插入图块

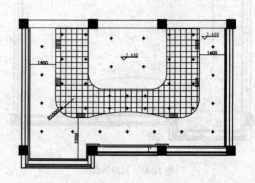

图 16-47 尺寸标注

16.5.2 绘制散座区顶面布置图

散座区顶面布置图如图 16-48 所示，采用的是石膏板吊顶，以下介绍其绘制方法。

课堂举例【案例16-6】： 绘制散座区顶面布置图

01 绘制梁。调用 LINE/L 命令、OFFSET/O 命令，在平面图的基础上绘制假梁，效果如图 16-49 所示。

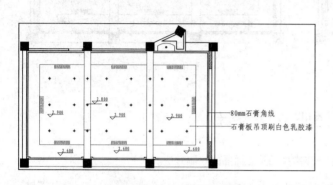

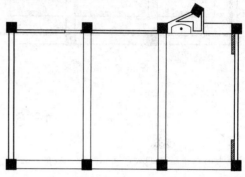

图 16-48 散座区顶面布置图   图 16-49 绘制假梁

02 绘制吊顶造型。设置"DD_吊顶"图层为当前图层。

03 调用 PLINE/PL 命令及 OFFSET 命/O 令，绘制石膏角线，如图 16-50 所示。

04 调用 LINE/L 命令，绘制石膏板吊顶轮廓线，如图 16-51 所示。

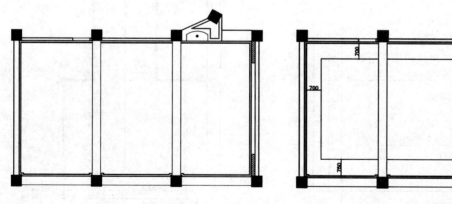

图 16-50 绘制石膏角线   图 16-51 绘制吊顶轮廓线

05 插入图块。从本书光盘的"第 16 章/家具图例.dwg"文件中，复制其中的灯具图形及空调送风口图形到顶面布置图中，位置如图 16-52 所示。

06 插入标高、标注尺寸和文字标注。调用 INSERT/I 命令，插入标高图块。

07 调用 DIMLINEAR/DLI 命令，对吊顶进行尺寸标注，效果如图 16-53 所示。

08 调用 MLEADER/MLD 命令，对顶面材料进行标注，结果如图 16-48 所示，散座区上方顶面布置图绘制完成。

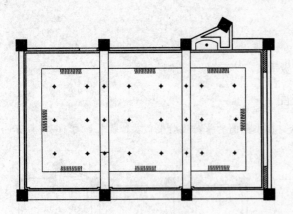

图 16-52 插入图块

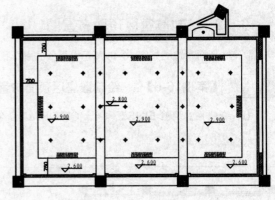

图 16-53 尺寸标注

16.6 酒吧立面设计

本节将讲解酒吧的立面图绘制，有助于读者进一步掌握相关立面图的绘制方法。

16.6.1 绘制酒柜立面图

酒柜的三视图分别如图 16-54～图 16-56 所示，酒柜主要用到的材料有黑胡桃木、大花绿台板及玻璃层板等。

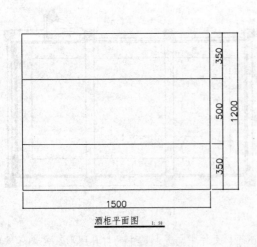

酒柜平面图 1:50

图 16-54 酒柜平面图

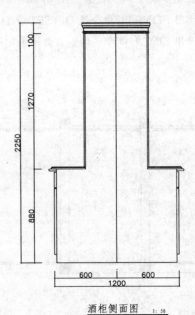

酒柜侧面图 1:50

图 16-55 酒柜侧立面图

课堂
举例 【案例16-7】： 绘制酒柜立面图

01 绘制酒柜。调用 RECTANG/REC 命令，绘制尺寸为 1200×2250 的矩形，如图 16-57 所示。

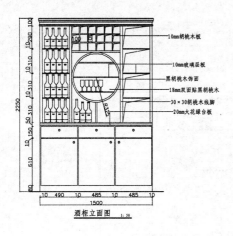

图 16-56　酒柜正立面图

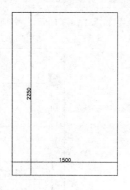

图 16-57　绘制矩形

02 调用 OFFSET/O 命令，对酒柜进行内部区域划分。结果如图 16-58 所示。

03 调用 OFFSET/O 命令及 TRIM/TR 命令，绘制酒柜层板，完成效果如图 16-59 所示。

04 调用 OFFSET/O 命令，绘制酒柜柜门，如图 16-60 所示。

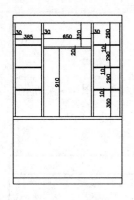

图 16-58　划分区域

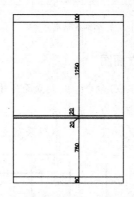

图 16-59　绘制层板

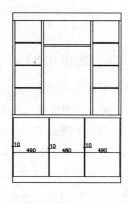

图 16-60　绘制柜门

05 调用 OFFSET/O 命令及 CIRCLE/C 命令，绘制酒柜内部构造，如图 16-61 所示。

06 调用 LINE/L 命令、TRIM/TR 命令及 FILLET/F 命令，绘制酒柜上方线脚造型，结果如图 16-62 所示。

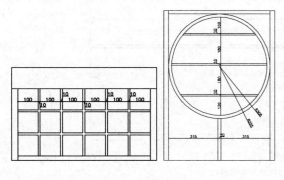

图 16-61　绘制内部构造

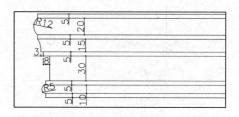

图 16-62　绘制线脚造型

16.6.2　绘制酒吧 A 立面图

酒吧 A 立面图如图 16-63 所示，绘制方法比较简单，以下简要介绍其绘制方法。

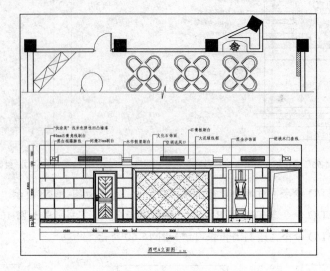

图 16-63　酒吧 A 立面布置图

课堂举例【案例16-8】：　绘制酒吧 A 立面图

01 绘制立面外轮廓。调用 RECTANG/REC 命令，绘制立面外轮廓，完成效果如图 16-64 所示。

02 绘制立面造型。设置"LM_立面"图层为当前图层。

03 调用 OFFSET/O 命令，绘制吊顶及地面轮廓，完成结果如图 16-65 所示。

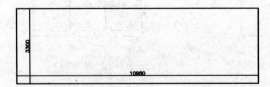

图 16-64　绘制立面外轮廓

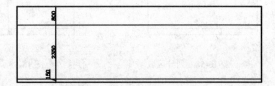

图 16-65　绘制吊顶及地面轮廓

04 调用 PLINE/PL 命令及 OFFSET/O 命令，绘制假梁及石膏角线，如图 16-66 所示。

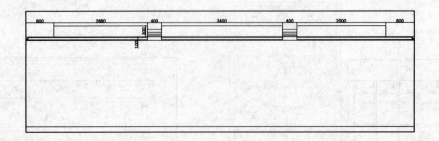

图 16-66　绘制假梁及石膏角线

05 调用 LINE/L 命令及 TRIM/TR 命令，绘制门洞及墙面造型外轮廓线，如图 16-67 所示。

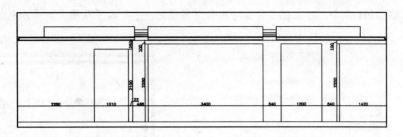

图 16-67　绘制门洞

06 绘制门套线。调用 OFFSET/O 命令，选择门洞线向内进行偏移，并绘制弧形进行连接，尺寸如图 16-68 所示。

07 绘制大花绿线框。调用 OFFSET/O 命令，选择文化石轮廓向内偏移，尺寸如图 16-69 所示。

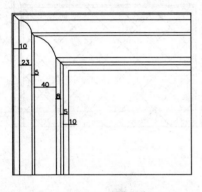

图 16-68　偏移尺寸

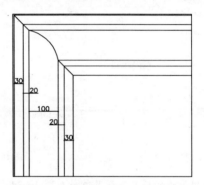

图 16-69　偏移尺寸

08 门套及线框绘制效果如图 16-70 所示。

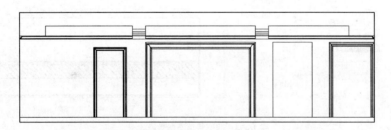

图 16-70　绘制效果

09 调用 OFFSET/O 命令，绘制踢脚线，结果如图 16-71 所示。

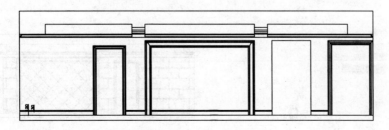

图 16-71　绘制踢脚线

10 调用 HATCH/H 命令，对文化石背景墙进行图案填充，参数设置及填充效果分别如图 16-72 与图 16-73 所示。

图 16-72　填充参数及效果

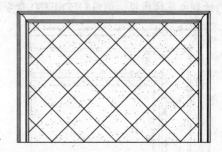

图 16-73　填充参数及效果

11 踢脚线的填充参数及效果如图 16-74 所示。

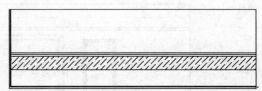

图 16-74　踢脚线填充参数及效果

12 墙面填充参数如图 16-75 所示，填充效果如图 16-76 所示。

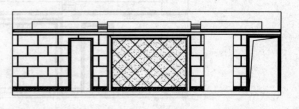

图 16-75　填充参数　　　　　　　　　　图 16-76　填充效果

[13] 调用 OFFSET/O 命令及 TRIM/TR 命令，绘制凹型背景墙造型，如图 16-77 所示。

[14] 插入图块。打开本书光盘"第 16 章/家具图例.dwg"文件，复制其中的门图形及空调送风口图形到本图形窗口中，需要注意的是，凹型背景墙在插入花瓶图块后要进行修剪，以体现出层次感，结果如图 16-78 所示。

[15] 标注。图形绘制完成后，就可以标注尺寸、文字说明和图名，最终完成的酒吧 A 立面图如图 16-63 所示。

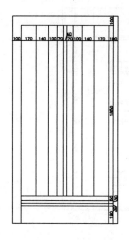

图 16-77　凹型背景墙

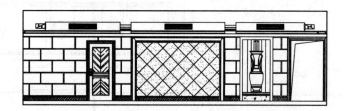

图 16-78　插入图块

16.6.3　酒吧 D 立面图的绘制

酒吧 D 立面图如图 16-79 所示，读者可参照前面介绍的方法自行绘制。

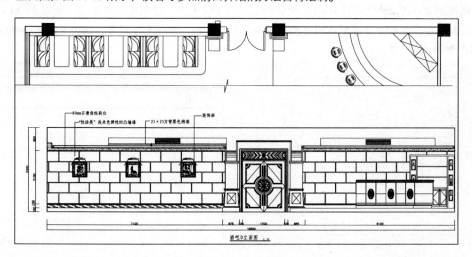

图 16-79　酒吧 D 立面图

16.6.4　绘制吧台立面图

本节介绍的立面图是吧台的立面图，主要用到的材料有胡桃木饰面板、哑光不锈钢装饰线、有机玻璃等，如图 16-80 所示。

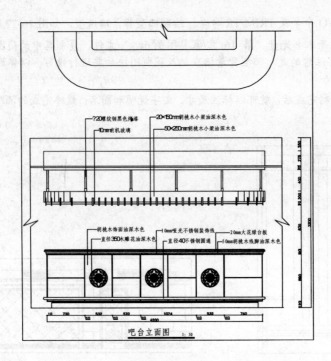

图 16-80 吧台立面图

【案例16-9】： 绘制吧台立面图

01 复制图形。调用 COPY/CO 命令，复制酒吧平面布置图上吧台的平面部分，如图 16-80 所示。

02 绘制立面外轮廓。设置"LM_立面"图层为当前图层。

03 调用 PLINE/PL 命令、TRIM/TR 命令和 OFFSET/O 命令，绘制立面外轮廓，如图 16-81 所示。

04 绘制吊顶。吧台上方造型吊顶使用的材料有有机玻璃、胡桃木小梁等。调用 RECTANG/REC 命令绘制假梁，如图 16-82 所示。

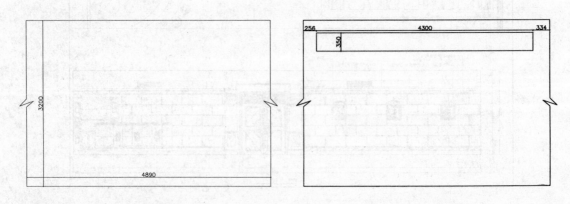

图 16-81 绘制立面外轮廓   图 16-82 绘制假梁

05 调用 OFFSET/O 命令，绘制石膏板，绘制完成后，使用 TRIM/TR 命令对其进行修剪，完成效果如图 16-83 所示。

06 造型吊顶使用了直径为 20 的螺纹钢管，且进行了喷黑处理。调用 LINE/L 命令及 RECTANG/REC 命令，绘制螺纹钢管，如图 16-84 所示。

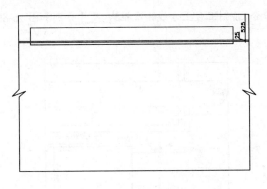

图 16-83　绘制石膏板

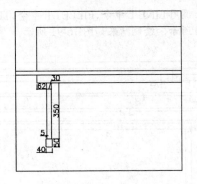

图 16-84　钢管尺寸

07 由于造型吊顶有转角，所以螺纹钢管在立面图上的排列尺寸是不一样的，如图 16-85 所示。

08 调用 RECTANG/REC 命令，绘制尺寸为 50mm×250mm 的胡桃木小梁，如图 16-86 所示。

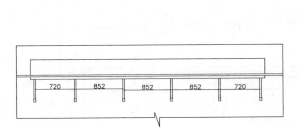

图 16-85　排列尺寸

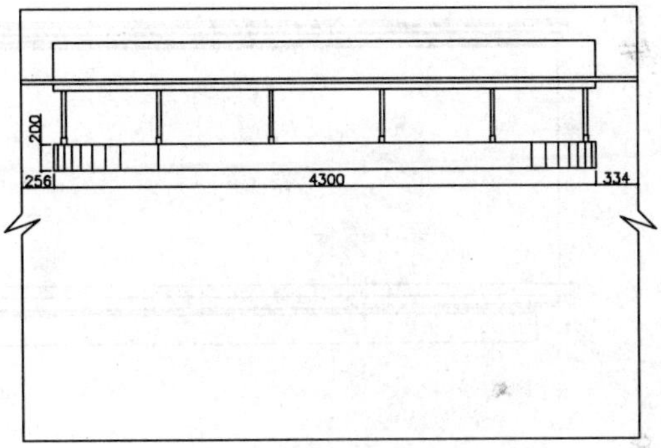

图 16-86　绘制 50mm×250mm 的小梁

09 调用 RECTANG/REC 命令，绘制尺寸为 20mm×150mm 的胡桃木小梁，如图 16-87 所示。

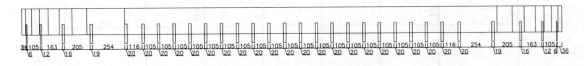

图 16-87　绘制 20mm×150mm 的小梁

提示： 在绘制小梁的过程中，读者可根据尺寸来选择是否需要使用阵列命令来进行绘制，以提高绘图速度。

10 调用 RECTANG/REC 命令，绘制吧台外轮廓，如图 16-88 所示。

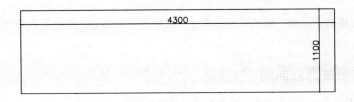

图 16-88　吧台外轮廓

11 调用 LINE/L 命令、FILLET/F 命令、TRIM/TR 命令,绘制吧台上方线脚及柜脚,尺寸分别如图 16-89、图 16-90 所示,绘制结果如图 16-91 所示。

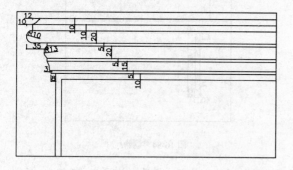

图 16-89　绘制上方线脚

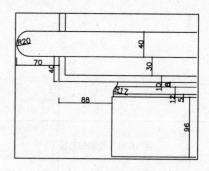

图 16-90　绘制柜脚

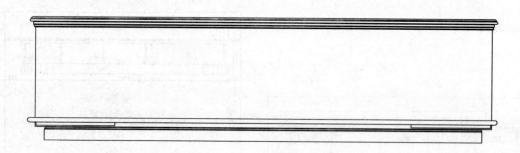

图 16-91　绘制结果

12 调用 OFFSET/O 命令及 TRIM/TR 命令,绘制胡桃木饰面板,结果如图 16-92 所示。

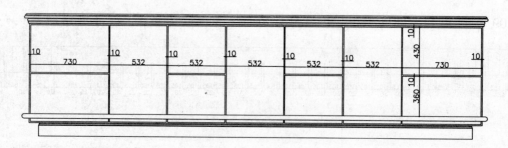

图 16-92　绘制胡桃木饰面板

13 插入图块。打开本书光盘 "第16章/家具图例.dwg" 文件,复制其中的木雕花图块到立面图中,如图 16-93 所示。

14 标注。图形绘制完成后,就可以标注尺寸、文字说明和图名,最终完成的吧台立面图如图 16-80 所示。

16.6.5　绘制吧台侧立面图

吧台侧立面图如图 16-94 所示,读者可参照前面讲解的方法进行绘制。

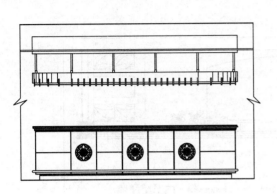

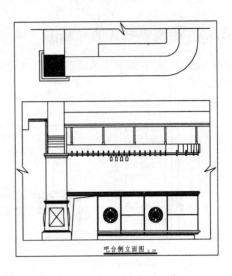

图 16-93　插入雕花图块

图 16-94　吧台侧立面图

16.6.6　绘制酒吧柱子立面图及剖面图

为了反映柱子的具体尺寸和做法，需要绘制剖面图，柱子的剖面图如图 16-95 所示。

技巧：在绘制柱子的立面图之前，可以先绘制剖面图，因为在剖面图中更容易理解柱子各个部分的尺寸关系及使用的材料。柱子的立面图如图 16-96 所示。

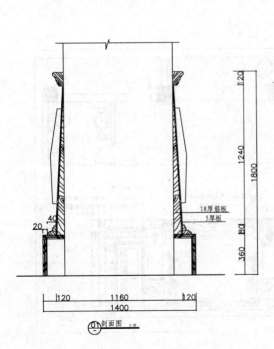

图 16-95　柱子剖面图

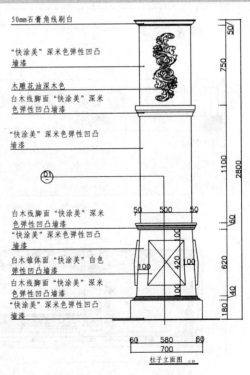

图 16-96　柱子立面图

16.6.7 绘制酒吧其他立面图

如图 16-97 与图 16-98 所示为酒吧的 C 立面图及过道的 E 立面图，请读者运用前面讲解的方法绘制，这里就不详细讲解了。

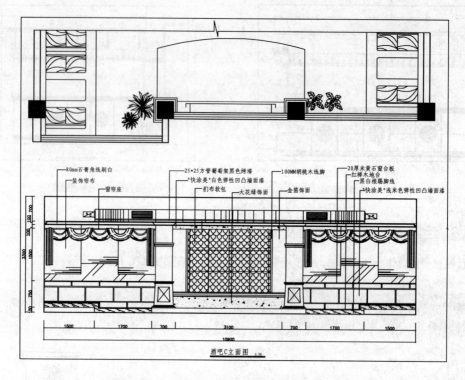

图 16-97 酒吧 C 立面图

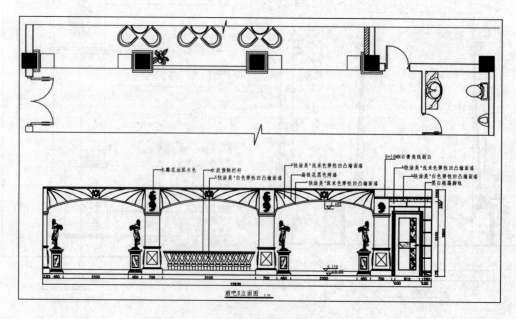

图 16-98 酒吧 E 立面图

第 17 章

室内设计施工详图的绘制

本章导读

　　详图是表示装修做法中局部构造的一种大样图,地面剖面详图主要用于表达地面材料的规格和各材料之间的搭接组合关系,是对地面做法的一种详细表达方式。详图的绘制方法并不难,关键在于需要对构造做法、制作工艺、材料特性和装修施工有一定的了解,具有很强的实际操作性。

本章重点

- ⚙ 绘制别墅地面剖面详图
- ⚙ 绘制别墅顶面剖面详图
- ⚙ 绘制别墅立面节点大样图
- ⚙ 绘制专卖店详图
- ⚙ 绘制酒店大堂服务台大样图

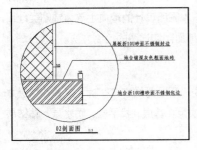

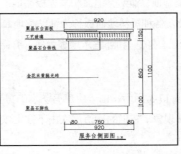

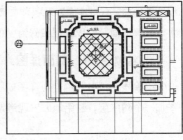

17.1 绘制别墅地面剖面详图

17.1.1 插入剖切索引符号

剖切索引符号用于表示剖切的位置、详图编号以及详图所在的图纸编号，创建样板时已经将其创建成图块，这里只需要直接调用即可。

课堂举例 【案例17-1】： 插入剖切索引符号

01 调用 INSERT/I 命令，打开"插入"对话框，在"名称"列表中选择图块"剖切索引"，单击【确定】按钮，在要剖切的位置适当拾取一点确定剖切符号的位置，如图 17-1 所示，然后按系统提示来操作：

命令：insert↙   //调用插入命令

指定插入点或 [基点(B)/比例(S)/旋转(R)]://鼠标拾取插入点

输入属性值

输入被索引图号： <->：1P-01   //输入详图所在图纸的编号，如果详图与被索引位置位于同一张图纸（指最终打印出的施工图纸），则用"-"表示。

输入索引编号： <01>：01   //输入索引编号，即该详图的编号，结果如图 17-2 所示。

02 调用 MIRROR/MI 命令，将插入的左边的"剖切索引"图块镜像至右边，如图 17-2 所示。

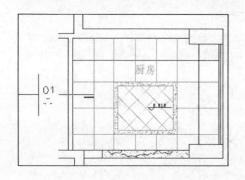

图 17-1 指定剖切索引符号的位置

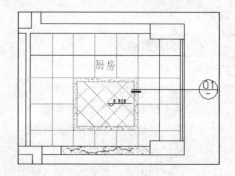

图 17-2 插入剖切索引符号

使用同样的方法，在其他需要绘制剖面详图的位置插入剖切索引符号。

17.1.2 绘制详图

目前常见的地面构造形式有粉刷类地面、铺贴类地面和木地板和地毯，如水泥地面、水磨石地面和涂料地面即粉刷类地面，石材地面以及各种面砖及各种塑料地面板称为铺贴类地面。本图所设计的地面主要为铺贴类地面和木地板，下面分别以索引编号为"01"、"02"和卧室木地板为例，介绍地面剖切详图的绘制方法。

1．绘制"01"剖面详图

索引编号为"01"的剖面详图如图 17-3 所示，由于厨房有防水的需要，所以此处应该在找平层和粘结层之间增加一个防水层，避免地面出现渗漏现象。它们的构造层次由下往上依次为：基层、找平层、防水层、粘结层和面层。

课堂举例【案例17-2】：　绘制"01"剖面详图

01. 设置"JD_节点"图层为当前图层。

02. 调用 LINE/L 命令绘制找平层，如图 17-4 所示。

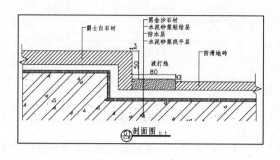

图 17-3　"01"剖面详图

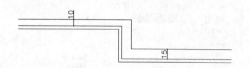

图 17-4　绘制找平层

03. 分别调用 OFFSET/O 命令和 TRIM/TR 命令，将线段向上偏移 5 表示防水层，结果如图 17-5 所示。

04. 分别调用 OFFSET/O 命令和 TRIM/TR 命令，将线段向上偏移 10 和 15 绘制粘结层，完成效果如图 17-6 所示。

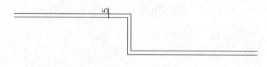

图 17-5　绘制防水层

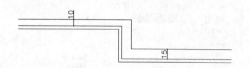

图 17-6　绘制粘结层

05. 分别调用 OFFSET/O 命令、LINE/L 命令和 CHAMFER/CHA 等命令绘制面层，结果如图 17-7 所示。

06. 分别调用 PLINE/PL 命令和 TRIM/TR 命令，绘制两端的折断线。如图 17-8 所示。

07. 设置"TC_填充"图层为当前图层。

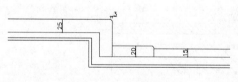

图 17-7　绘制面层

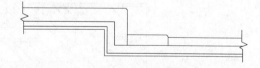

图 17-8　绘制折断线

08. 调用 HATCH/H 命令，填充面层、粘结层、防水层的剖切面的图案，参数设置分别如图 17-9～图 17-11 所示。

图 17-9　爵士白石材和防滑地砖填充参数

图 17-10　黑金沙石材填充参数

09 调用 LINE/L 命令，在找平层下方绘制一条线段，如图 17-12 所示。

图 17-11 防水层填充参数

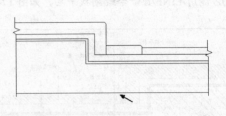

图 17-12 绘制线段

10 调用 HATCH/H 命令，在找平层内分别按照如图 17-13 所示的参数设置填充图案，之后删除刚才绘制的线段，结果如图 17-3 所示。

图 17-13 找平层填充参数

11 将当前注释比例设置为 1：5，调用 DIMLINEAR/DLI 命令标注尺寸，如图 17-14 所示。

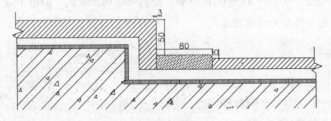

图 17-14 尺寸标注

12 调用 MLEADER/MLD 命令，标注剖面材料。调用 INSERT/I 命令插入"剖切索引符号"和"图名"图块，结果如图 17-3 所示。

2．绘制"02"剖面详图

索引编号为"02"的剖切详图如图 17-15 所示，此处为门厅的入口，地面铺设的材料是玛雅米黄石材和爵士白石材，它们的构造层次由下往上依次为基层、找平层、粘结层和面层。具体的绘制过程请参照"01"剖面详图。

3．绘制木地板剖面详图

木地板的做法依然是由基层、找平层、粘结层组成。木地板一般有实木地板、复合实木地板和软木地板等。别墅中的卧室及书房采用的是复合木地板，采用粘贴式的做法，如图 17-16 所示。具体绘制过程请参照"01"剖面详图。

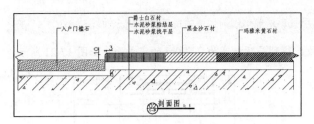

图 17-15 "02"剖面详图

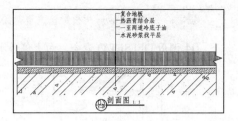

图 17-16 木地板剖面详图

17.2 绘制别墅顶面剖面详图

17.2.1 插入剖切索引符号

调用 INSERT/I 命令，插入图块"剖切索引符号"到顶面布置图中。

17.2.2 绘制客厅吊顶 03 剖面详图

客厅剖面详图如图 17-17 所示，以下介绍该图的绘制方法。

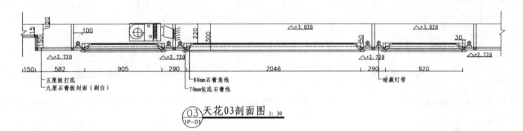

图 17-17 天花 03 剖面图

课堂举例【案例17-3】： 绘制客厅吊顶 03 剖面详图

01 绘制图形。调用 COPY/CO 命令，将客厅顶面部分复制到一旁，如图 17-18 所示。

02 调用 LINE/L 命令，根据剖切位置绘制剖切面的投影线，如图 17-19 所示。

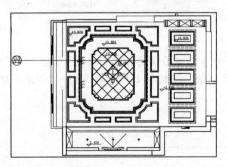

图 17-18 复制客厅顶面布置图

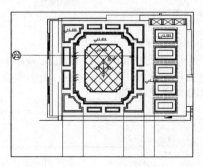

图 17-19 绘制投影线

03 绘制吊顶面层轮廓线。调用 LINE/L 命令，在投影线下方位置绘制一条水平线段，该线段表示吊顶标高 3.020m 的完成面，如图 17-20 所示。

提示： 剖面图可以采用投影法来进行绘制，使用投影法能确保剖面图的精确性和统一性。

04 调用 OFFSET/O 命令，向上偏移水平线段，得到吊顶标高为 2.720m 的完成面，如图 17-21 所示。

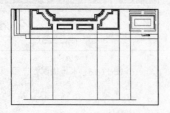

图 17-20　绘制线段

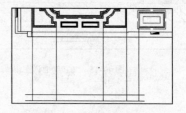

图 17-21　偏移线段

05 调用 TRIM/TR 命令修剪线段，得到吊顶面层轮廓如图 17-22 所示。由于 03 剖面图左右两侧的造型完全相同，所以此处只对其中一侧进行了修剪，另一侧到最后通过镜像得到。

06 调用 LINE/L 命令，绘制剖切面的中轴线，再将中轴线右侧如箭头所指的投影线之外的投影线全部删除，完成结果如图 17-23 所示。

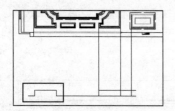

图 17-22　修剪线段

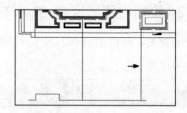

图 17-23　删除投影线

07 调用 ZOOM/Z 命令，局部放大中轴线左侧部分，使用相关命令，根据如图 17-17 所示尺寸绘制出灯槽，如图 17-24 所示。

08 调用 OFFSET/O 命令，绘制长宽都为 150 的窗帘盒，如图 17-25 所示。

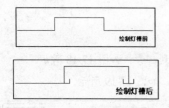

图 17-24　绘制灯槽

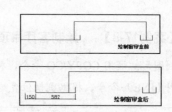

图 17-25　绘制窗帘盒

09 调用 OFFSET/O 命令、LINE/L 命令和 TRIM/TR 等命令绘制吊顶的底板和面板，如图 17-26 所示。此处使用五厘板打底，九厘板封面，由于单位太小，因此可以统一绘制成 15mm 或 30mm，但是应该使用文字按实际尺寸进行说明。

图 17-26　绘制底板和面板

10 绘制木龙骨。调用 LINE/L 命令进行绘制，完成效果如图 17-27 所示。

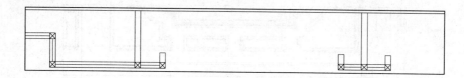

图 17-27　绘制木龙骨

11 在灯槽内绘制灯具，完成效果如图 17-28 所示。

图 17-28　绘制灯具

12 调用画线命令，绘制当前剖切面主视方向的吊顶投影线，如图 17-29 所示，其中中间的虚线表示灯槽内的灯。

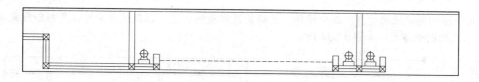

图 17-29　绘制投影线

13 插入图块。调用 COPY/CO 命令，复制配套光盘提供的"第 17 章/家具图例.dwg"文件中的石膏角线及包底石膏线图形到吊顶区域中，如图 17-30 所示。

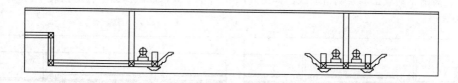

图 17-30　插入图块

14 调用 LINE/L 命令，完善石膏角线图形，如图 17-31 所示。

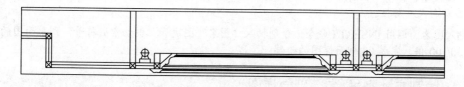

图 17-31　绘制直线

15 选择中轴线左侧所有图形，使用 MIRROR/MI 命令，以中轴线为镜像线，镜像复制出剖面图的另一半，并用 TRIM/TR 命令或 EXTEND/EX 命令，将线段与箭头所指的投影线对齐，结果如图 17-32 所示。

16 在剖面图左侧绘制折断线，如图 17-33 所示。

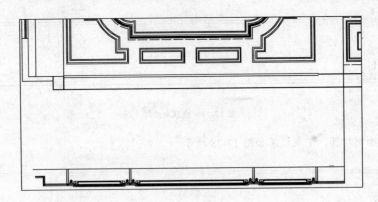

图 17-32　镜像图形

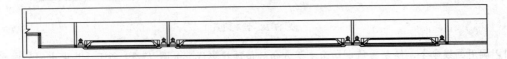

图 17-33　绘制折断线

17 由于该剖面被拉的太宽，而中间部分的结构没有说明变化，因此这部分可以用折断线来表示，以减少图形占用的图纸空间，如图 17-34 所示。

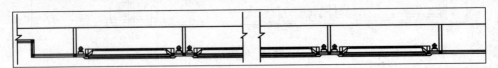

图 17-34　绘制折断线

18 在剖面图上的最上端绘制折断线，如图 17-35 所示。如果在剖面图中将地板表示出来，则此折断线就不需要绘制。

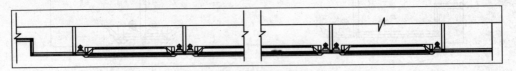

图 17-35　绘制折断线

19 标注尺寸、标高。在图层工具栏中设置"BZ_标注"为当前图层，设置当前注释比例为 1:30。调用 DLI 命令进行尺寸标注。

20 插入图名。调用 INSERT/I 命令，分别插入"图名"图块和"剖切索引符号"到剖面图的下方，并将其缩小 30/100 倍，完成 03 剖面详图的绘制。

⊙ 17.2.3　绘制主卧室吊顶 07 剖面详图

主卧室吊顶 07 剖面详图如图 17-36 所示，它的绘制方法与客厅吊顶 03 剖面详图基本相同，因此请读者参照前面介绍的方法自行完成，在此就不再做详细讲解。

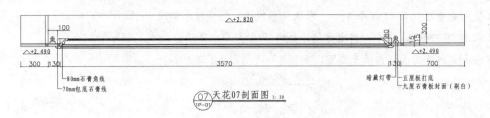

图 17-36　07 剖面详图

17.3　绘制别墅立面节点大样图

17.3.1　绘制次卧室窗台剖面图

次卧室 A 立面图如图 17-37 所示，窗台剖面图如图 17-38、图 17-39 所示。

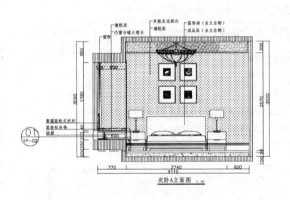

图 17-37　次卧室 A 立面图

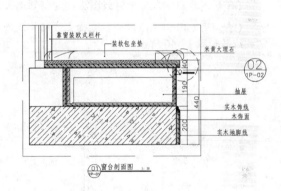

图 17-38　01 窗台剖面图

课堂举例 【案例17-4】：　绘制次卧室窗台剖面图

01 绘制墙体剖切面。调用 RECTANG/REC 命令，绘制 800×400 的矩形表示墙体剖面，并填充图案，如图 17-40 所示。

02 绘制踢脚线剖面。踢脚线的做法是大芯板做底，之后安装饰面板。调用 OFFSET/O 命令，分别将墙体右侧边向外偏移两次，偏移距离分别为 15、3，如图 17-41 所示。

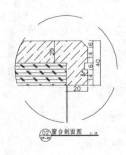

图 17-39　02 窗台剖面图

图 17-40　绘制墙体剖面

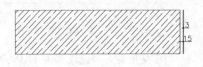

图 17-41　偏移墙体线

03 使用夹点功能或 LINE/L 命令，修改偏移线段，完成结果如图 17-42 所示。

04 调用 OFFSET/O 命令，将上方墙体线向下偏移 33，并修剪如图 17-43 所示。

05 在大芯板和饰面板内填充图案，如图 17-44 所示。

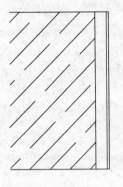
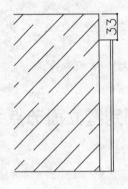
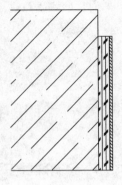

图 17-42　编辑线段　　　　　　　　　图 17-43　偏移线段　　　　　　　　　图 17-44　填充图案

06 从图库中调入实木饰线图块，复制到剖面图中合适位置，结果如图 17-45 所示。

07 调用 OFFSET/O 命令，选择上方墙体线向上偏移 2 次，偏移距离分别是 15、175，表示抽屉轮廓，完成结果如图 17-46 所示。

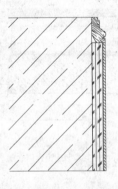
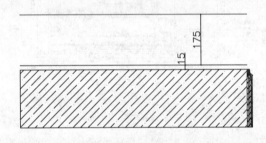

图 17-45　插入图块　　　　　　　　　　　　　　　　　　图 17-46　偏移线段

08 调用 LINE/L 命令，绘制线段闭合偏移线段，如图 17-47 所示。

09 调用 OFFSET/O 命令，绘制抽屉内部结构，尺寸如图 17-48 所示。

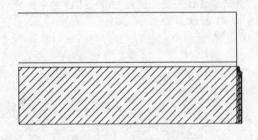
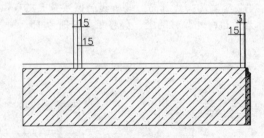

图 17-47　绘制线段　　　　　　　　　　　　　　　　　　图 17-48　偏移线段

10 使用夹点功能或调用 TRIM/TR 命令，对偏移线段进行修剪，如图 17-49 所示。

11 调用 HATCH/H 命令，对抽屉的底板、背板及饰面板进行填充，完成效果如图 17-50 所示。

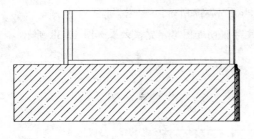

图 17-49　修剪线段

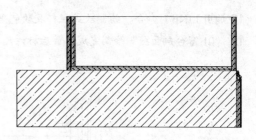

图 17-50　填充效果

12 调用 LINE/L 命令及 TRIM/TR 命令，绘制抽屉的柜体，如图 17-51 所示。

13 调用 OFFSET/O 命令，选择上方墙体线向上偏移 3 次，偏移如图 17-52 所示，表示窗台台面做法的剖切面。

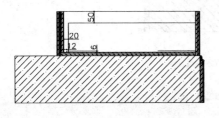

图 17-51　绘制抽屉柜体

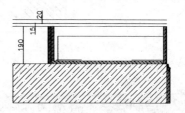

图 17-52　偏移线段

14 调用 LINE/L 命令，封闭偏移线段，如图 17-53 所示。

15 调用 LINE/L 命令，绘制窗户，如图 17-54 所示。

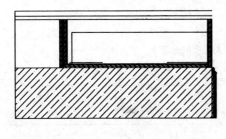

图 17-53　绘制线段

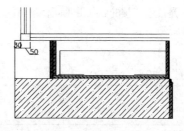

图 17-54　绘制窗户

16 调用 PLINE/PL 命令，绘制窗台台面，收边绘制尺寸参照 02 窗台剖面图，完成结果如图 17-55 所示。

17 调用 HATCH/H 命令，对表示窗台的矩形填充图案，如图 17-56 所示。

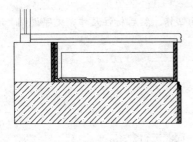

图 17-55　绘制台面

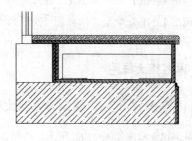

图 17-56　填充效果

18 调用 LINE/L 命令，绘制欧式栏杆及软包坐垫，如图 17-57 所示。

19 "01 窗台剖面图"绘制完成，最后标注尺寸、文字说明和图名，完成效果如图 17-38 所示。

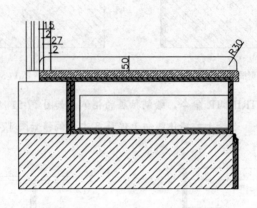

图 17-57　绘制栏杆及软包坐垫

17.3.2　绘制公卫 1 淋浴间大样图

1.　地面大样图

【案例17-5】：　绘制地面大样图

公卫 1 是位于一楼的公共卫生间，淋浴间地面大样图如图 17-58 所示。

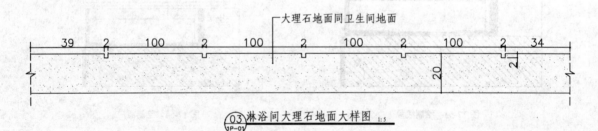

图 17-58　地面大样图

01 调用 LINE/L 命令和 HATCH/H 等命令，绘制出地面，如图 17-59 所示。

02 调用 LINE/L 命令，依据图 17-58 所示尺寸，绘制地面凹槽。然后标注尺寸、文字说明，淋浴间地面大样图绘制完成。

2.　淋浴格大样图

【案例17-6】：　绘制淋浴格大样图

公卫淋浴格大样图如图 17-60 所示，绘制方法比较简单，以下简略进行介绍。

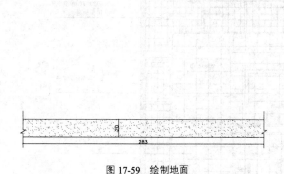

图 17-59　绘制地面

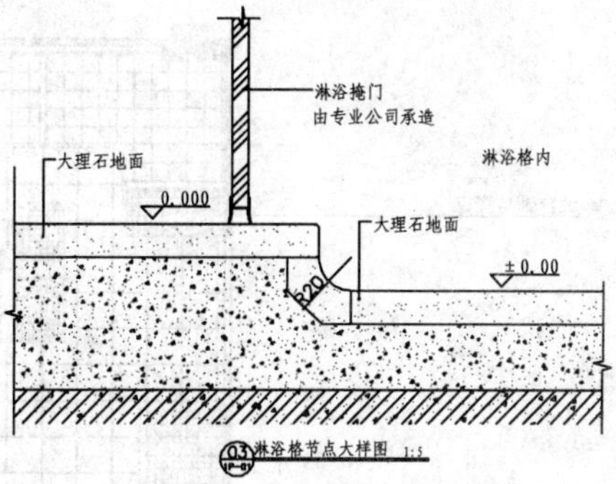

图 17-60　淋浴格 03 节点大样图

01 调用 LINE/L 命令绘制地面，如图 17-61 所示。

02 调用 HATCH/H 命令对地面进行填充，删除地面下方轮廓线，如图 17-62 所示。

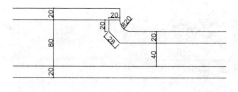

图 17-61　绘制地面

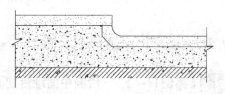

图 17-62　填充效果

03 调用 LINE/L 命令与 HATCH/H 命令，绘制淋浴掩门，结果如图 17-63 所示。

04 标注尺寸、文字说明和图名，淋浴格 03 节点大样图绘制完成。

05 淋浴格 04 节点大样图如图 17-64 所示，读者可按照前面介绍的方法绘制完成。

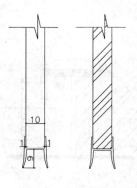

图 17-63　绘制淋浴掩门

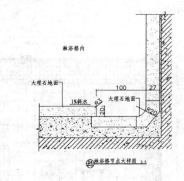

图 17-64　淋浴格 04 节点大样图

17.4　绘制专卖店地面详图

　　地面详图主要用于表达地面材料规格及各材料之间的搭接关系，是对地面做法的一种详细表达。接下来讲解地面详图的绘制方法。

　　目前常见的地面构造形式有粉刷类地面、铺贴类地面、木地板和地毯三类。这里以专卖店的地砖铺贴为例讲解如何绘制地砖剖面详图。本专卖店中间地台铺贴采用的是地砖，如图 17-65 所示，接下来讲解绘制方法。

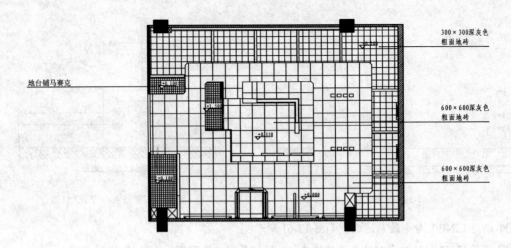

图 17-65　文字标注

17.4.1　绘制中间地台剖面图

【案例17-7】：　绘制中间地台剖面图

01 插入剖切索引符号。复制专卖店地面布置图，调用 INSERT/I 命令，打开"插入"对话框，在"名称"下拉列表框中选择"剖切索引"图块，单击【确定】按钮，在需要剖切的位置适当拾取一点确定剖切位置，如图 17-66 所示。

02 绘制地台详图。设置"JD_节点"图层为当前图层，如图 17-67 所示。

03 绘制地面基层。调用 LINE/L 命令绘制地面基层，地面基层是未经任何装饰的原始层面，所以用一条线段来表示。

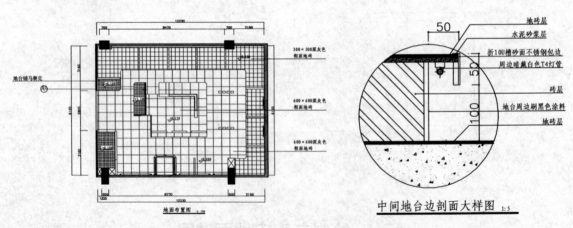

图 17-66　插入剖切符号　　　　　　　　　　　　　　图 17-67　中间地台边剖面大样图

04 铺设地砖不需要对地面进行找平，可以在基层上直接进行铺贴。调用 OFFSET/O 命令，绘制地砖面层。如图 17-68 所示

05 调用 OFFSET/O 命令，绘制线段表示砖层，结果如图 17-69 所示。

06 调用 OFFSET/O 命令，选择表示砖层的线段向下偏移两次，绘制水泥砂浆层及面层，偏移距离分别为 10、15，调用 LINE 命令，封闭所偏移线段，结果如图 17-70 所示。

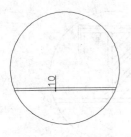

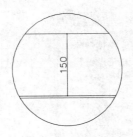

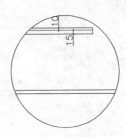

图 17-68　绘制面层　　　　　　　　图 17-69　绘制砖层　　　　　　　　图 17-70　偏移线段

07 调用 LINE/L 命令，绘制地台周边刷黑色涂料层，完成效果如图 17-71 所示。

08 调用 LINE/L 命令，绘制砂面不锈钢包边，如图 17-72 所示。

09 从图库调入 T4 灯管图块，复制到详图中，如图 17-73 所示。

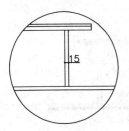

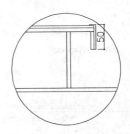

图 17-71　绘制涂料层　　　　　　　图 17-72　绘制结果　　　　　　　图 17-73　插入图块

10 调用 HTACH/H 命令，对地面基层、地砖层、砖层及水泥砂浆层进行图案填充，填充参数及效果如图 17-74～图 17-77 所示。

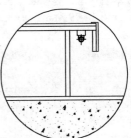

图 17-74　地面基层填充参数及效果

图 17-75　地砖填充参数及效果

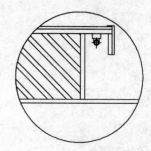

图 17-76　砖层填充参数及效果

11 最终填充效果如图 17-78 所示。

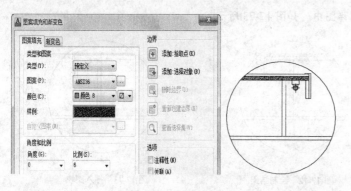

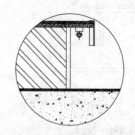

图 17-77　水泥砂浆层填充参数及效果　　　　　　　　图 17-78　填充图案效果

12 尺寸标注及文字说明。标注材料，调用多重引线命令，或单击工具栏上的多重引线按钮 $\diagup$，在需要标注的地方单击一下，然后拖向上方或左、右方单击，在弹出的"文字格式"窗口，设置参数并输入"地转层"文字，如图 17-79 所示。输入文字后单击【确定】按钮，并用同样的方法标注其他材料。

图 17-79　输入文字

13 插入图名。调用插入图块命令 INSERT/I，插入"图名"图块，设置图名为"中间地台边剖面大样图"。中间地台边剖面大样图绘制完成。

◎ 17.4.2　绘制 A 立面图 01、02 剖面图

A 立面图 01、02 剖面详图如图 17-80 所示，读者可参照前面介绍的方法进行绘制。

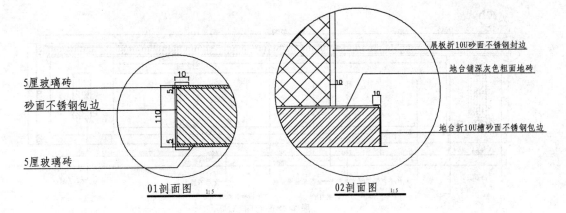

图 17-80　01、02 剖面图

17.5　绘制酒店大堂服务台大样图

为了表示服务台的具体做法，常常要绘制详图和剖面图，反映服务台结构的具体尺寸和做法。

如图 17-81～图 17-83 所示为服务台的平面图、侧面图及剖面图。

图 17-81　服务台立面图

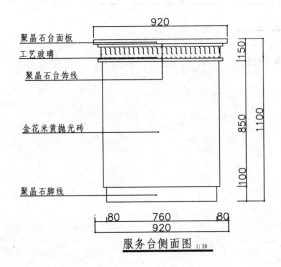

图 17-82　服务台侧面图

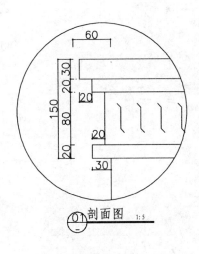

图 17-83　剖面图

如图 17-84 与图 17-85 所示为服务台的正面图及背面图。

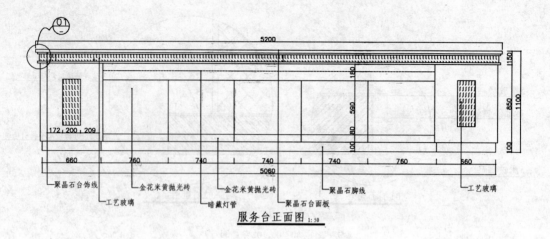

服务台正面图 1:50

图 17-84 服务台正面图

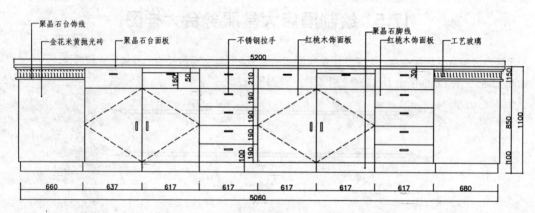

服务台背面图 1:50

图 17-85 服务台背面图

第 *18* 章
施工图打印方法及技巧

本章导读

对于室内装潢设计施工图而言，其输出对象主要为打印机，打印输出的图纸将成为施工人员施工的主要依据。

室内设计施工图一般采用 A3 纸进行打印，也可以根据需要选用其他大小的纸张。在打印时，需要确定纸张的大小、输出比例及打印线宽、颜色等相关内容，对于图形的打印线宽、颜色等属性，均可以通过打印样式来进行控制。

在最终打印输出之前，需要对图形进行认真检查、核对，在确定正确无误之后方可进行打印。

本章重点

- ⚙ 进入布局空间
- ⚙ 页面设置
- ⚙ 创建视口
- ⚙ 加入图签
- ⚙ 打印

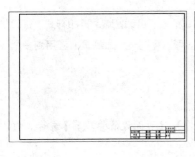

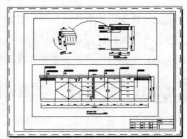

18.1 模型空间打印

打印有模型空间打印和图纸空间打印两种方式。模型空间打印是指在模型窗口中进行相关设置并进行打印；图纸空间打印是指在布局窗口中进行相关设置并进行打印。

当打开或新建 AutoCAD 文档时，系统默认显示的是模型窗口。如果当前工作区已经以布局窗口显示，可以单击绘图窗口左下角"模型"标签（"AutoCAD 经典"工作空间），从布局窗口切换到模型窗口。

本节以小户型平面布置图为例，介绍模型空间的打印方法。

18.1.1 调用图签

 【案例18-1】： 调用图签

01 施工图在打印输出的时候，需要为其加上图签。图签在创建样板时就已经绘制好，并创建为图块，这里直接调用即可。调用 INSERT/I 命令，插入"A3 图签"图块到当前图形，如图 18-1 所示。

02 由于样板中的图签是按 1:1 的比例绘制的，图签图幅大小为 420×297（A3 图纸），而平面布置图的绘制比例同样是 1:1，为了使图形能够打印在图签之内，需要将图签放大，或者将图形缩小，缩放比例为 1:50。为了保持图形的实际尺寸不变，这里将图签放大，放大比例为 50 倍。

03 调用 SCALE/SC 命令将图签放大 50 倍。

04 图签放大之后，便可以使图形置于图签之内。调用 MOVE/M 命令，移动图签至平面布置图的上方，如图 18-2 所示。

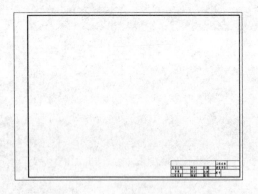

图 18-1 插入图签

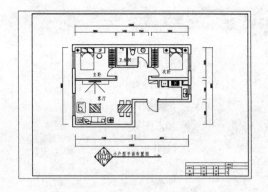

图 18-2 加入图签后的结果

18.1.2 页面设置

页面设置是出图准备过程中的最后一个步骤。页面设置是包括打印设备、纸张、打印区域、打印样式、打印方向等影响最终打印外观和格式的所有设置的几何。页面设置可以命名保存，可以将同一个命名页面应用到多个布局图中，下面介绍页面设置的创建和设置方法。

 【案例18-2】： 页面设置

01 在命令窗口中输入 PAGESETUP/PAG 并按回车键，或执行【文件】|【页面设置管理器】命令，打开"页面设置管理器"对话框，如图 18-3 所示。

02 单击【新建】按钮,打开如图 18-4 所示"新建页面设置"对话框,在对话框中输入新页面设置名称"A3 图纸页面设置",单击【确定】按钮,即创建了新的页面设置"A3 图纸页面设置"。

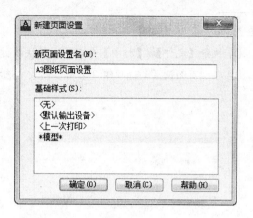

图 18-3　"页面设置管理器"对话框　　　　　　　　　　图 18-4　"新建页面设置"对话框

03 系统弹出"页面设置"对话框,如图 18-5 所示,在"页面设置"对话框"打印机/绘图仪"选项组中选择用于打印当前图纸的打印机。在"图纸尺寸"选项组中选择 A3 类图纸。

04 在"打印样式表"列表中选择样板中已设置好的打印样式"A3 纸打印样式表",如图 18-6 所示,在随后弹出的"问题"对话框中单击【是】按钮,将制定的打印样式指定给所有的布局。

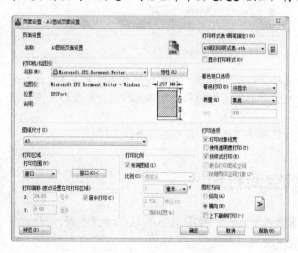

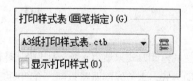

图 18-5　"页面设置"对话框　　　　　　　　　　图 18-6　选择打印样式

05 勾选"打印选项"选项组"按样式打印"复选框,如图 18-5 所示,使打印样式生效,否则图形将按其自身的特性进行打印。

06 勾选"打印比例"选项组"布满图纸"复选框,图形将根据图纸尺寸缩放打印图形,使打印图形布满图纸。

07 在"图形方向"栏设置图形打印方向为横向。

08 设置完成后单击【预览】按钮,检查打印效果。

09 单击【确定】按钮返回"页面设置管理器"对话框,在页面设置列表中可以看到刚才新建的页面设置"A3 图纸页面设置",选择该页面设置,单击【置为当前】按钮,如图 18-7 所示。

10 单击【确定】按钮关闭对话框。

18.1.3 打印

【案例18-3】： 打印

01 执行【文件】/【打印】命令，或按快捷键 Ctrl+P，打开"打印"对话框，如图 18-8 所示。

02 在"页面设置"选项组"名称"列表中选择前面创建的"A3 图纸页面设置"，如图 18-8 所示。

图 18-7　指定当前页面设置　　　　　　　　　　　　图 18-8　"打印"对话框

03 在"打印区域"选项组"打印范围"列表中选择"窗口"选项，如图 18-9 所示。单击【窗口】按钮，"页面设置"对话框暂时隐藏，在绘图窗口中分别拾取图签图幅的两个对焦点确定一个矩形范围，该范围即为打印范围。

04 完成设置后，确认打印机与计算机已正确连接，单击【确定】按钮开始打印。

18.2　图纸空间打印

模型空间打印方式只适用于统一比例图形打印，当需要在一张图纸中打印输出不同比例的图形时，可使用图纸空间打印方式。本节以剖面图为例，介绍图纸空间的视口布局及打印方法。

18.2.1　进入布局空间

按 Ctrl+O 键，打开本书第 15 章绘制的"酒店大堂服务台节点大样图.dwg"文件，删除其他图形，只留下剖面图及节点图。

要在图纸空间打印图形，必须在布局中对图形进行布置。在"AutoCAD 经典"工作空间下，单击绘制窗口左下角的"布局 1"或"布局 2"选项卡即可进入图纸空间。在任意"布局"选项卡上单击鼠标右键，从弹出的快捷菜单中选择"新建布局"命令，可以创建新的布局。

单击图形窗口左下角"布局 1"选项卡进入图纸空间。当第一次进入布局时，系统会自动创建一个视口，如图 18-10 所示，该视口一般不符合要求，可以将其删除。

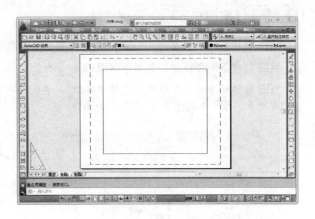

图 18-9　设置打印范围　　　　　　　　　　　　　图 18-10　进入布局空间

18.2.2　页面设置

在图纸空间中打印，需要重新进行页面设置。

【案例18-4】：　页面设置

01 在"布局 1"选项卡上单击鼠标右键，从弹出的快捷菜单中选择【页面设置管理器】命令，如所图 18-11 示。在弹出的"页面设置管理器"对话框中单击【新建】按钮创建"A3 图纸页面设置-图纸空间"新页面设置。

02 进入"页面设置"对话框中后，在"打印范围"列表中选择"布局"，在"比例"列表中选择"1：1"，其他参数设置如图 18-12 所示。

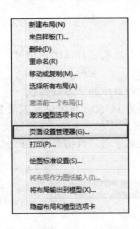

图 18-11　弹出菜单　　　　　　　　　　　　　图 18-12　"页面设置"对话框

03 设置完成后单击【确定】按钮关闭"页面设置"对话框，在"页面设置管理器"对话框中选择新建的"A3 图纸页面设置-图纸空间"页面设置，单击【置为当前】按钮，将该页面设置应用到当前布局。

18.2.3　创建视口

通过创建视口，可将多个图形以不同的比例打印布置在同一张图纸空间中。创建视口的命令有 VPORTS 和 SOLVIEW，下面介绍使用 VPORTS 命令创建视口的方法，以将立面图剖面图用不同的比例打印在同一张图纸中。

课堂举例【案例18-5】：　创建视口

01 创建一个新图层"VPOSTS"，并设置为当前图层。

02 创建第一个视口。调用 VPORTS 命令打开"视口"对话框，如图 18-13 所示。

03 在"标准视口"视口中选择"单个"，单击【确定】按钮，在布局内拖动鼠标创建一个视口，如图 18-14 所示，该视口用于显示"01 剖面图"。

图 18-13　"视口"对话框

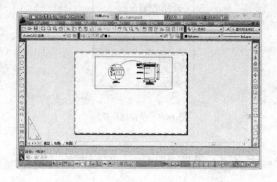

图 18-14　创建视口

04 在创建的视口中双击鼠标，进入模型空间，或在命令窗口中输入 MSPACE 并按空格键。处于模型空间的视口边框以粗线显示。

05 在状态栏右下角设置当前注释比例为 1:1，如图 18-15 所示。调用 PAN 命令平移视图，使"01 剖面图"在视口中显示出来。注意，视口比例应根据图纸的尺寸适当设置，在这里设置为 1:2 以适合 A3 图纸，如果是其他尺寸图纸，则应该做相应调整。

图 18-15　设置比例

06 视口比例应该与视口内的图形（即在该视口内打印的图形）的尺寸标注比例相同，这样在同一张图纸内就不会有不同大小的文字或尺寸标注出现（针对不同视口）。

07 AutoCAD 从 2008 版开始新增了一个自动匹配的功能，即视口中的"可注释性"对象（如文字、尺寸标注等）可随视口比例的变化而变化。假如图形尺寸标注比例为 1∶50，当视口比例设置为 1∶10 时，尺寸标注比例也自动调整为 1～10。要实现这个功能，只需要单击状态栏右下角的 按钮使其亮显即可，如图 18-16 所示。启用该功能后，就可以随意设置视口比例，而无须手动修改图形标注比例（前提是图形标注为"可注释性"）。

图 18-16　开启添加比例功能

08 在视口外双击鼠标，或在命令行中输入 PSPACE 并按空格键，返回图纸空间。

09 选择视口，使用夹点法适当调整视口大小，使视口内只显示"01 剖面图"，结果如图 18-17 所示。

10 创建第二个视口。选择第一个视口，调用 COPY/CO 命令复制出第二个视口，该视口用于显示"02 剖面图"，输出比例为 1～5，调用 PAN 命令平移视口（需要双击视口或使用 MSPACE 命令进入模型空间），使"02 剖面图"在视口中显示出来，并适当调整视口大小，结果如图 18-18 所示。

 提示：在图纸空间中，可以使用 MOVE/M 命令调整视口位置。

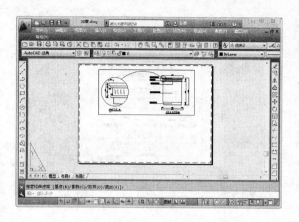

图 18-17 调整视口

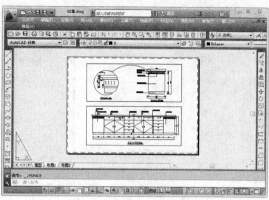

图 18-18 创建第二个视口

视口创建完成。"01、02 剖面图"将以 1：1 的比例进行打印。

注意：设置好视口比例之后，在模型空间内不宜使用 ZOOM/Z 命令或鼠标中间改变视口比例。

18.2.4 加入图签

在图纸空间中，同样可以为图形加上图签，方法很简单，调用 INSERT/I 命令插入图签图块即可。

课堂举例 【案例18-6】：加入图签

01 调用 PSPACE 命令进入图纸空间。

02 调用 INSERT/I 命令，在打开的"插入"对话框中选择图块"A3 图块"，单击【确定】按钮关闭"插入"对话框，在图形窗口中拾取一点确定图签位置，插入图签后的效果如图 18-19 所示。

提示：图签是以 A3 图纸大小绘制的，它与当前布局的图纸大小相符。

18.2.5 打印

创建好视口并且加入图签后，接下来就可以开始打印了。

课堂举例 【案例18-7】：打印

01 在打印之前，执行【文件】/【打印预览】命令预览当前的打印效果，如图 18-20 所示。

02 从图 18-1 的打印效果可以看出，图签部分不能完全打印，这是因为图签大小超越了图纸可打印区域的缘故。图 18-19 所示的虚线表示了图纸的可打印区域。

03 解决办法是通过"绘图配置编辑器"对话框中的"修改标准图纸所示（可打印区域）"选择重新设置图纸的可打印区域。执行【文件】/【绘图仪管理器】命令，打开"Plotters"文件夹，如图 18-21 所示。

04 在对话框中双击当前使用的打印机名称（即在"页面设置"对话框"打印选项"选项卡中选择的打印机），打开"绘图仪配置编辑器"对话框。选择"设备和文档设置"选项卡，在上方的树形结构目录中选择"修改标准图纸尺寸（可打印区域）"选项，如图 18-22 所示光标所在位置。

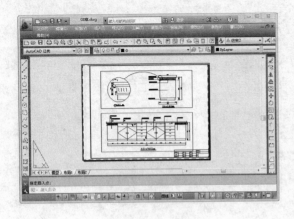

图 18-19 加入图签

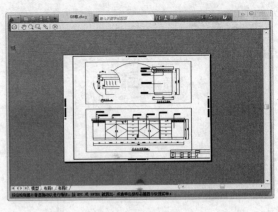

图 18-20 打印预览

图 18-21 "Plotters"文件夹

图 18-22 绘图仪配置编辑器

05 在"修改标准图纸尺寸"栏中选择当前使用的图纸类型（即在"页面设置"对话框中的"图纸尺寸"列表中选择的图纸类型），如图 18-23 所示光标所在的位置（不同打印机有不同的显示）。

06 单击【修改】按钮弹出"自定义图纸尺寸"对话框，如图 18-24 所示，将上、下、左、右页边距分别设置为 2、2、10、2（可以使打印范围略大于图框即可），单击两次【下一步】按钮，再单击【完成】按钮，返回"绘图仪配置编辑器"对话框，单击【确定】按钮关闭对话框。

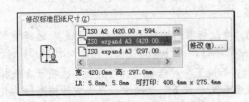

图 18-23 选择图纸类型

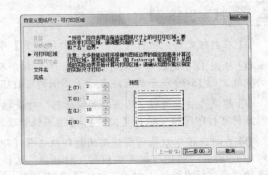

图 18-24 "自定义图纸尺寸"对话框

07 修改图纸后可打印区域之后，此时布局如图 18-25 所示（虚线内表示可打印区域）

08 调用 LAYER 命令打开"图层特性管理器"对话框，将图层"VPORTS"设置为不可打印，如图 18-26 所示，这样视口边框将不会被打印。

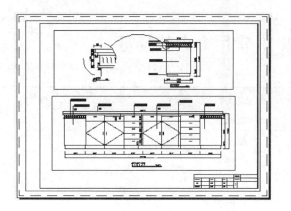

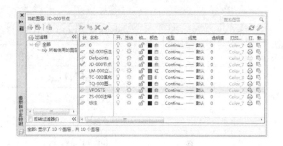

图 18-25　布局效果　　　　　　　　　　　　　　图 18-26　设置"VPORTS"图层属性

09 此时再次预览打印效果，如图 18-27 所示，图签已能正确打印。

10 如果满意当前的预览效果，按 Ctrl+P 键既可以正式打印输出。

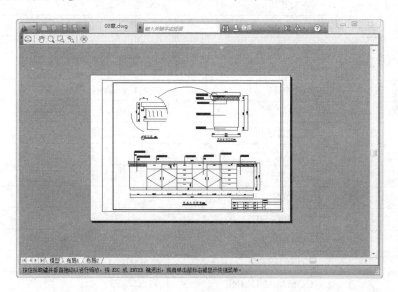

图 18-27　修改页边距后的打印效果

附 录

附录 1 AutoCAD 2013 常用命令快捷键

快捷键	执行命令	命令说明
A	ARC	圆弧
ADC	ADCENTER	AutoCAD 设计中心
AA	AREA	区域
AR	ARRAY	阵列
AV	DSVIEWER	鸟瞰视图
AL	ALIGN	对齐对象
AP	APPLOAD	加载或卸载应用程序
ATE	ATTEDIT	改变块的属性信息
ATT	ATTDEF	创建属性定义
ATTE	ATTEDIT	编辑块的属性
B	BLOCK	创建块
BH	BHATCH	绘制填充图案
BC	BCLOSE	关闭块编辑器
BE	BEDIT	块编辑器
BO	BOUNDARY	创建封闭边界
BR	BREAK	打断
BS	BSAVE	保存块编辑
C	CIRCLE	圆
CH	PROPERTIES	修改对象特征
CHA	CHAMFER	倒角
CHK	CHECKSTANDARD	检查图形 CAD 关联标准
CLI	COMMANDLINE	调入命令行
CO 或 CP	COPY	复制
COL	COLOR	对话框式颜色设置
D	DIMSTYLE	标注样式设置
DAL	DIMALIGNED	对齐标注
DAN	DIMANGULAR	角度标注
DBA	DIMBASELINE	基线式标注
DBC	DBCONNECT	提供至外部数据库的接口
DCE	DIMCENTER	圆心标记

快捷键	执行命令	命令说明
DCO	DIMCONTINUE	连续式标注
DDA	DIMDISASSOCIATE	解除关联的标注
DDI	DIMDIAMETER	直径标注
DED	DIMEDIT	编辑标注
DI	DIST	求两点之间的距离
DIV	DIVIDE	定数等分
DLI	DIMLINEAR	线性标注
DO	DOUNT	圆环
DOR	DIMORDINATE	坐标式标注
DOV	DIMOVERRIDE	更新标注变量
DR	DRAWORDER	显示顺序
DV	DVIEW	使用相机和目标定义平行投影
DRA	DIMRADIUS	半径标注
DRE	DIMREASSOCIATE	更新关联的标注
DS、SE	DSETTINGS	草图设置
DT	TEXT	单行文字
E	ERASE	删除对象
ED	DDEDIT	编辑单行文字
EL	ELLIPSE	椭圆
EX	EXTEND	延伸
EXP	EXPORT	输出数据
EXIT	QUIT	退出程序
F	FILLET	圆角
FI	FILTER	过滤器
G	GROUP	对象编组
GD	GRADIENT	渐变色
GR	DDGRIPS	夹点控制设置
H	HATCH	图案填充
HE	HATCHEDIT	编修图案填充
HI	HIDE	生成三位模型时不显示隐藏线
I	INSERT	插入块
IMP	IMPORT	将不同格式的文件输入到当前图形中
IN	INTERSECT	采用两个或多个实体或面域的交集创建复合实体或面域并删除交集以外的部分
INF	INTERFERE	采用两个或三个实体的公共部分创建三维复合实体
IO	INSERTOBJ	插入链接或嵌入对象
IAD	IMAGEADJUST	图像调整

快捷键	执行命令	命令说明
IAT	IMAGEATTACH	光栅图像
ICL	IMAGECLIP	图像裁剪
IM	IMAGE	图像管理器
J	JOIN	合并
L	LINE	绘制直线
LA	LAYER	图层特性管理器
LE	LEADER	快速引线
LEN	LENGTHEN	调整长度
LI	LIST	查询对象数据
LO	LAYOUT	布局设置
LS、LI	LIST	查询对象数据
LT	LINETYPE	线型管理器
LTS	LTSCALE	线型比例设置
LW	LWEIGHT	线宽设置
M	MOVE	移动对象
MA	MATCHPROP	线型匹配
ME	MEASURE	定距等分
MI	MIRROR	镜像对象
ML	MLINE	绘制多线
MO	PROPERTIES	对象特性修改
MS	MSPACE	切换至模型空间
MT	MTEXT	多行文字
MV	MVIEW	浮动视口
O	OFFSET	偏移复制
OP	OPTIONS	选项
OS	OSNAP	对象捕捉设置
P	PAN	实时平移
PA	PASTESPEC	选择性粘贴
PE	PEDIT	编辑多段线
PL	PLINE	绘制多段线
PLOT	PRINT	将图形输入到打印设备或文件
PO	POINT	绘制点
POL	POLYGON	绘制正多边形
PR	OPTIONS	对象特征
PRE	PREVIEW	输出预览
PRINT	PLOT	打印
PRCLOSE	PROPERTIESCLOSE	关闭"特性"选项板

快捷键	执行命令	命令说明
PARAM	BPARAMETRT	编辑块的参数类型
PS	PSPACE	图纸空间
PU	PURGE	清理无用的空间
QC	QUICKCALC	快速计算器
R	REDRAW	重画
RA	REDRAWALL	所有视口重画
RE	REGEN	重生成
REA	REGENALL	所有视口重生成
REC	RECTANGLE	绘制矩形
REG	REGION	2D 面域
REN	RENAME	重命名
RO	ROTATE	旋转
S	STRETCH	拉伸
SC	SCALE	比例缩放
SE	DSETTINGS	草图设置
SET	SETVAR	设置变量值
SN	SNAP	捕捉控制
SO	SOLID	填充三角形或四边形
SP	SPELL	拼写
SPE	SPLINEDIT	编辑样条曲线
SPL	SPLINE	样条曲线
SSM	SHEETSET	打开图纸集管理器
ST	STYLE	文字样式
STA	STANDARDS	规划 CAD 标准
SU	SUBTRACT	差集运算
T	MTEXT	多行文字输入
TA	TABLET	数字化仪
TB	TABLE	插入表格
TH	THICKNESS	设置当前三维实体的厚度
TI、TM	TILEMODE	图纸空间和模型空间的设置切换
TO	TOOLBAR	工具栏设置
TOL	TOLERANCE	形位公差
TR	TRIM	修剪
TP	TOOLPALETTES	打开工具选项板
TS	TABLESTYLE	表格样式
U	UNDO	撤销命令
UC	UCSMAN	UCS 管理器

快捷键	执行命令	命令说明
UN	UNITS	单位设置
UNI	UNION	并集运算
V	VIEW	视图
VP	DDVPOINT	预设视点
W	WBLOCK	写块
WE	WEDGE	创建楔体
X	EXPLODE	分解
XA	XATTACH	附着外部参照
XB	XBIND	绑定外部参照
XC	XCLIP	剪裁外部参照
XL	XLINE	构造线
XP	XPLODE	将复合对象分解为其组件对象
XR	XREF	外部参照管理器
Z	ZOOM	缩放视口
3A	3DARRAY	创建三维阵列
3F	3DFACE	在三维空间中创建三侧面或四侧面的曲面
3DO	3DORBIT	在三维空间中动态查看对象
3P	3DPOLY	在三维空间中使用"连续"线型创建由直线段构成的多段线

附录 2　重要的键盘功能键速查

快捷键	命令说明	快捷键	命令说明
Esc	Cancel<取消命令执行>	Ctrl + G	栅格显示<开或关>，功能同 F7
F1	帮助 HELP	Ctrl + H	Pickstyle<开或关>
F2	图形/文本窗口切换	Ctrl + K	超链接
F3	对象捕捉<开或关>	Ctrl + L	正交模式，功能同 F8
F4	数字化仪作用开关	Ctrl + M	同【ENTER】功能键
F5	等轴测平面切换<上/右/左>	Ctrl + N	新建
F6	坐标显示<开或关>	Ctrl + O	打开旧文件
F7	栅格显示<开或关>	Ctrl + P	打印输出
F8	正交模式<开或关>	Ctrl + Q	退出 AutoCAD
F9	捕捉模式<开或关>	Ctrl + S	快速保存
F10	极轴追踪<开或关>	Ctrl + T	数字化仪模式
F11	对象捕捉追踪<开或关>	Ctrl + U	极轴追踪<开或关>，功能同 F10
F12	动态输入<开或关>	Ctrl + V	从剪贴板粘贴
窗口键 + D	Windows 桌面显示	Ctrl + W	对象捕捉追踪<开或关>
窗口键 + E	Windows 文件管理	Ctrl + X	剪切到剪贴板
窗口键 + F	Windows 查找功能	Ctrl + Y	取消上一次的 Undo 操作
窗口键 + R	Windows 运行功能	Ctrl + Z	Undo 取消上一次的命令操作
Ctrl + 0	全屏显示<开或关>	Ctrl + Shift + C	带基点复制
Ctrl + 1	特性 Propertices<开或关>	Ctrl + Shift + S	另存为
Ctrl + 2	AutoCAD 设计中心<开或关>	Ctrl + Shift + V	粘贴为块
Ctrl + 3	工具选项板窗口<开或关>	Alt + F8	VBA 宏管理器
Ctrl + 4	图纸管理器<开或关>	Alt + F11	AutoCAD 和 VAB 编辑器切换
Ctrl + 5	信息选项板<开或关>	Alt + F	【文件】POP1 下拉菜单
Ctrl + 6	数据库链接<开或关>	Alt + E	【编辑】POP2 下拉菜单
Ctrl + 7	标记集管理器<开或关>	Alt + V	【视图】POP3 下拉菜单
Ctrl + 8	快速计算机<开或关>	Alt + I	【插入】POP4 下拉菜单
Ctrl + 9	命令行<开或关>	Alt + O	【格式】POP5 下拉菜单
Ctrl + A	选择全部对象	Alt + T	【工具】POP6 下拉菜单
Ctrl + B	捕捉模式<开或关>，功能同 F9	Alt + D	【绘图】POP7 下拉菜单
Ctrl + C	复制内容到剪贴板	Alt + N	【标注】POP8 下拉菜单
Ctrl + D	坐标显示<开或关>，功能同 F6	Alt + M	【修改】POP9 下拉菜单
Ctrl + E	等轴测平面切换<上/左/右>	Alt + W	【窗口】POP10 下拉菜单
Ctrl + F	对象捕捉<开或关>，功能同 F3	Alt + H	【帮助】POP11 下拉菜单

附录3　客厅设计要点及常用尺度

1 客厅的处理要点

　　1.客厅是人们日间的主要活动场所，平面布置应按会客、娱乐、学习等功能进行区域划分。
　　2.功能区的划分与通道应避免干扰。

2 客厅常用人体尺度

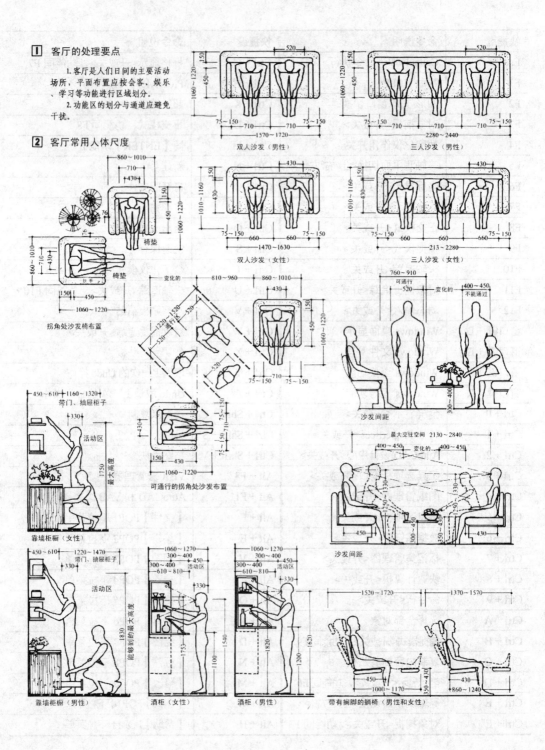

拐角处沙发椅布置

双人沙发（男性）

三人沙发（男性）

双人沙发（女性）

三人沙发（女性）

可通行的拐角处沙发布置

沙发间距

沙发间距

靠墙柜橱（女性）

靠墙柜橱（男性）

酒柜（女性）

酒柜（男性）

带有搁脚的躺椅（男性和女性）

附录4 餐厅设计要点及常用尺度

1 餐厅的处理要点

1.餐厅可单独设置，也可设在起居室靠近厨房的一隅。

2.就餐区域尺寸应考虑人的来往、服务等活动。

3.正式的餐厅内应设有备餐台、小车及餐具贮藏柜等设备。

2 餐厅的功能分析

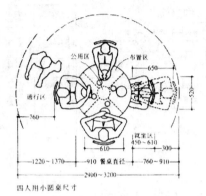

四人用小圆桌尺寸

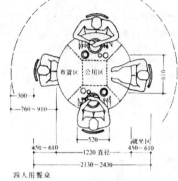

四人用餐桌

3 餐厅常用人体尺寸

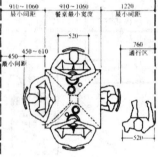

四人用小方桌

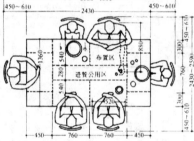

长方形六人进餐桌（西餐）

最佳进餐布置尺寸

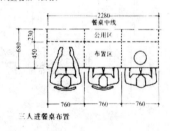

三人进餐桌布置

最小就坐区间距（不能通行）

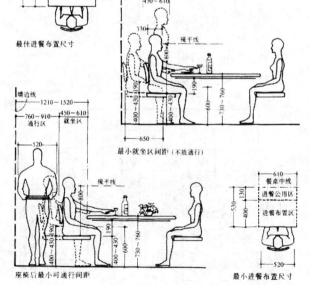

座椅后最小可通行间距

最小进餐布置尺寸

最小用餐单元宽度

附录5 厨房设计要点及常用尺度

1 厨房处理要点

1.厨房设备及家具的布置应按照烹调操作顺序来布置。以方便操作，避免走动过多。

2.平面布置除考虑人体和家具尺寸外，还应考虑家具的活动。

2 厨房功能分析

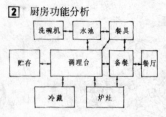

3 厨房常用人体尺寸

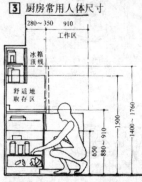

冰箱布置立面

冰箱布置立面

设备之间最小间距

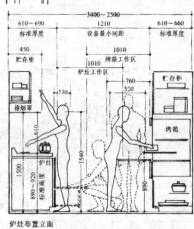

炉灶布置立面

水池布置尺寸

调制备餐布置

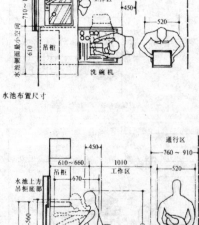

水池布置

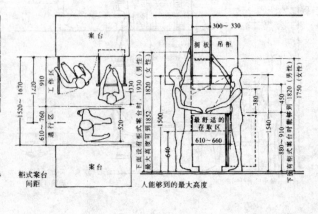

柜式案台间距

人能够到的最大高度

附录6 卫生间设计要点及常用尺度

1 卫生间处理要点

1.卫生间中洗浴部分应与厕所部分分开。如不能分开,也应在布置上有明显的划分。并尽可能设置隔屏、帘等。

2.浴缸及便池附近应设置尺度适宜的扶手,以方便老弱病人的使用。

3.如空间允许,洗脸梳妆部分应单独设置。

2 卫生间功能分析

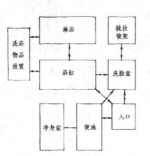

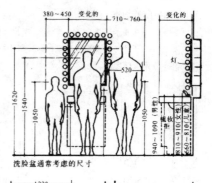

洗脸盆通常考虑的尺寸

男性的洗脸盆尺寸

女性和儿童的洗盆尺寸

3 卫生间人体尺寸

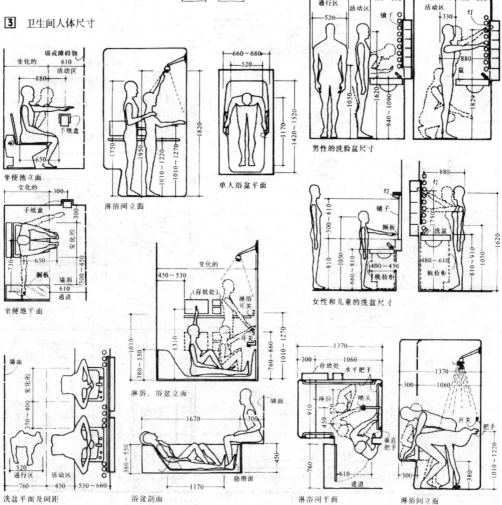

坐便池立面

坐便池平面

淋浴间立面

单人浴盆平面

淋浴、浴盆立面

洗盆平面及间距

浴盆剖面

淋浴间平面

淋浴间立面

附录7　卧室设计要点及常用尺度

1　卧室的处理要点

　　卧室的功能布局应有睡眠、贮藏、梳妆及阅读等部分。平面布局应以床为中心。睡眠区的位置应相对比较安静。

2　卧室常用人体尺度

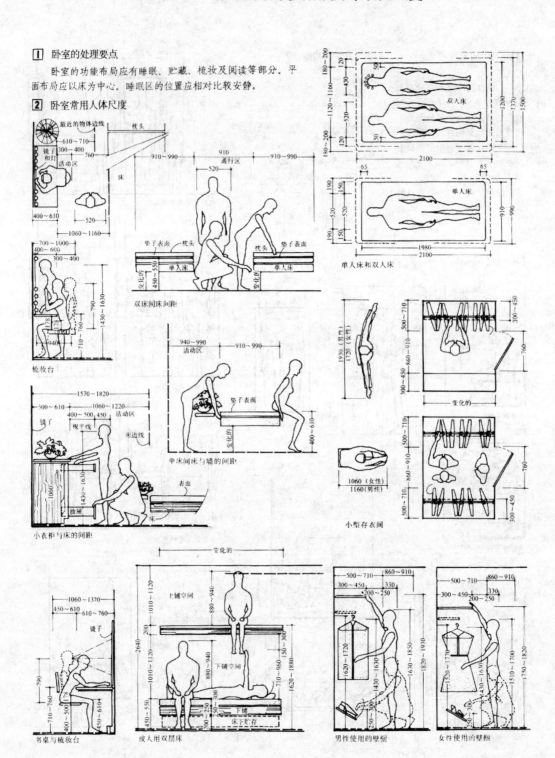

附录 8 厨房设计要点及常用尺度

4 厨房家具的布置

1.厨房中的家具主要有三大部分：带冰箱的操作台、带水池的洗涤台及带炉灶的烹调台。

2.主要的布局形式见右图。

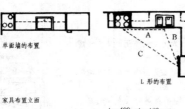

单面墙的布置

L 形的布置

U 形的布置

通道式的布置

家具布置立面

5 厨房操作台的长度

厨房设备及相配的操作台	住宅内的卧室数量				
工作区域	最小正面尺度(mm)				
	0	1	2	3	4
清洗池	450	600	600	810	810
两边的操作台	380	450	530	600	760
炉 灶	530	530	600	760	760
一边的操作台	380	450	530	600	
冰 箱	760	760			
一边的操作台	380	380	380	380	450
调理操作台	530	760			

注：三个主要工作区域之间的总距离：

A+B+C（见右图）

最大距离=6.71m，最小=3.66m

正立面

正立面

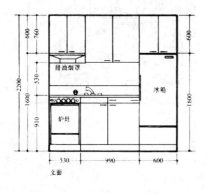

立面

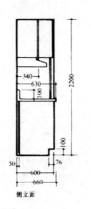

侧立面

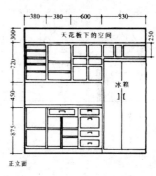

正立面

附录9 办公室设计要点及常用尺度

1 普通办公室处理要点

1.传统的普通办公室空间比较固定，如为个人使用则主要考虑各种功能的分区，既要分区合理又应避免过多走动。

2.如为多人使用的办公室，在布置上则首先应考虑按工作的顺序来安排每个人的位置及办公设备的位置。应避免相互的干扰。其次，室内的通道应布局合理，避免来回穿插及走动过多等问题出现。

2 普通办公室功能分析

3 普通办公室常用人体尺度

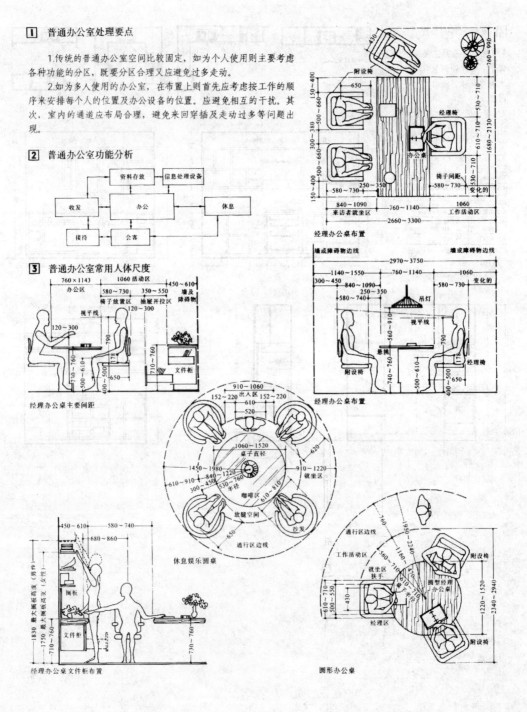

经理办公桌布置

经理办公桌主要间距

经理办公桌布置

休息娱乐圆桌

经理办公桌文件柜布置

圆形办公桌

附录 10　常用办公家具尺寸

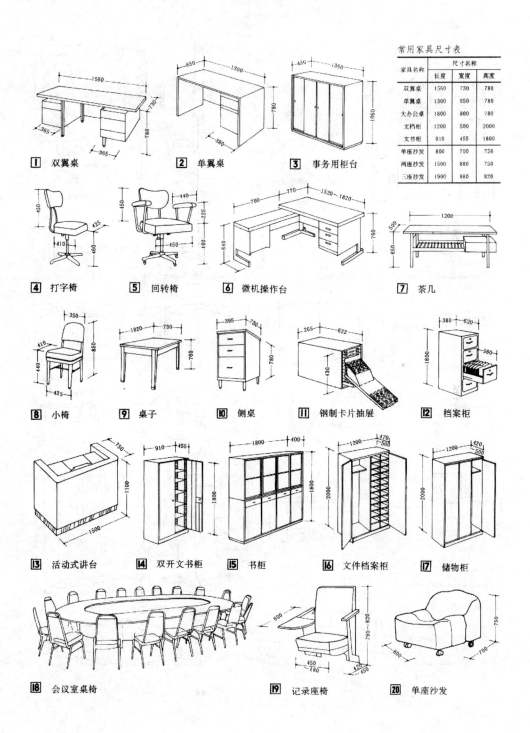

常用家具尺寸表

家具名称	尺寸名称		
	长度	宽度	高度
双翼桌	1560	730	780
单翼桌	1300	650	780
大办公桌	1800	800	780
文档柜	1200	500	2000
文书柜	910	455	1800
单座沙发	800	700	750
两座沙发	1500	880	750
三座沙发	1900	880	820

1　双翼桌　　2　单翼桌　　3　事务用柜台

4　打字椅　　5　回转椅　　6　微机操作台　　7　茶几

8　小椅　　9　桌子　　10　侧桌　　11　钢制卡片抽屉　　12　档案柜

13　活动式讲台　　14　双开文书柜　　15　书柜　　16　文件档案柜　　17　储物柜

18　会议室桌椅　　19　记录座椅　　20　单座沙发

附录 11　常用家具尺寸

附录 12　休闲娱乐设备尺寸

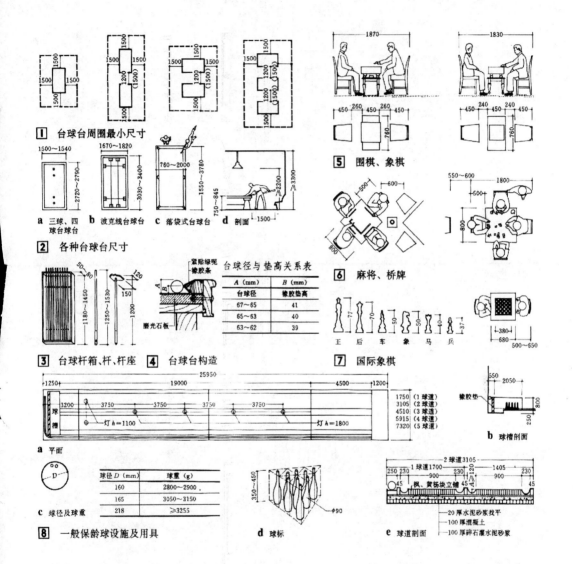

1 台球台周围最小尺寸

a 三球、四球台球台　b 波克线台球台　c 落袋式台球台　d 剖面

2 各种台球台尺寸

3 台球杆箱、杆、杆座　**4** 台球台构造

台球径与垫高关系表

A (mm)	B (mm)
台球径	橡胶垫高
67~65	41
65~63	40
63~62	39

5 围棋、象棋

6 麻将、桥牌

7 国际象棋

王　后　车　象　马　兵

8 一般保龄球设施及用具

a 平面

球径 D (mm)	球重 (g)
160	2800~2900
165	3050~3150
218	≥3255

c 球径及球重

b 球槽剖面

球道
1750（1球道）
3105（2球道）
4510（3球道）
5915（4球道）
7320（5球道）

d 球标

e 球道剖面

20 厚水泥砂浆找平
100 厚混凝土
100 厚碎石灌水泥砂浆